高等职业教育
机械行业"十二五"规划教材

电工电子实验实训

（第2版）

Electrical and Electronic Experimental Training (2nd Edition)

◎ 熊海涛 鲍方 主编
◎ 王心宇 副主编

人民邮电出版社
北京

图书在版编目（CIP）数据

电工电子实验实训 / 熊海涛，鲍方主编. -- 2版
. -- 北京 : 人民邮电出版社，2014.9（2019.8重印）
高等职业教育机械行业“十二五”规划教材
ISBN 978-7-115-36728-0

Ⅰ. ①电… Ⅱ. ①熊… ②鲍… Ⅲ. ①电工技术－实验－高等职业教育－教材②电子技术－实验－高等职业教育－教材 Ⅳ. ①TM-33②TN-33

中国版本图书馆CIP数据核字（2014）第200277号

内 容 提 要

本书较系统地介绍了电工电子学课程实验实训的基础知识、基础实验和综合实训。内容包括：测量的基础知识，常用仪器、仪表及其使用，常用元器件简介；验证性实验，应用及设计性实验；综合性实训，如常见控制电路（遥控开关、延时开关、光电开关控制电路等）和小型器件（稳压电源、石英钟、音乐门铃等）的制作等内容。每个实验后均附有思考题，引导学生积极思考，培养创新意识，提高创新能力。

本书内容由浅入深、通俗易懂，实验实训项目丰富，能较好地培养学生的实践操作技能，以及分析问题和解决问题的能力。

本书可作为高职高专院校电工电子学课程配套的实验实训教材，也可供从事电工与电子技术的工程技术人员参考。

◆ 主　　编　熊海涛　鲍　方
　副 主 编　王心宇
　责任编辑　韩旭光
　责任印制　张佳莹　杨林杰

◆ 人民邮电出版社出版发行　　北京市丰台区成寿寺路 11 号
　邮编　100164　　电子邮件　315@ptpress.com.cn
　网址　http://www.ptpress.com.cn
　固安县铭成印刷有限公司印刷

◆ 开本：787×1092　1/16
　印张：14.25　　　　2014 年 9 月第 2 版
　字数：350 千字　　　2019 年 8 月河北第 3 次印刷

定价：32.00 元

读者服务热线：（010）81055256　印装质量热线：（010）81055316
反盗版热线：（010）81055315

第2版前言

在科学技术高速发展的今天，国家对人才的要求越来越高，特别是近年来我国经济的快速发展，急需一批既懂理论又有较强操作技能的复合型人才；大力发展职业教育，更好地服务地方经济，成为党中央、国务院和全国人民的共同心声。

为适应现代化建设的需要，满足用人单位对人才的需求，我们培养的学生不仅要有扎实的理论知识，还要有较强的动手能力。通过实验实训可以帮助学生巩固和加深所学的理论知识，培养他们的动手能力、分析问题和解决问题的能力、工程设计能力、创新意识和能力，树立严谨的科学作风。

本书是《电工电子学》的配套实验实训教材，在第一版的基础上，内容上进行了一定的取舍，增加了安全知识，丰富了元器件的相关知识和典型器件的制作，删掉了一些交叉的内容。要求学生通过实验实训掌握测量的基本知识，电工电子实验的基本方法，学会各种常用电工仪表和电子仪器的使用方法，认识常用电子元器件并了解其如何使用，具备正确选择电子元器件且能正确安装的能力，能独立进行实验操作、读取数据、观察实验现象和测绘波形，能整理分析实验数据，得出实验结论，写出条理清楚、内容完整的实验报告，具备制作一般电路（如报警电路等）和小型器件（如稳压电源、石英钟等）的能力。

本书由武汉职业技术学院熊海涛、鲍方担任主编，王心宇担任副主编。全书由熊海涛负责统稿。

由于编者经验不足，加之水平有限，书中难免存在一些缺点和错误，恳请广大师生及其他读者批评指正。

编　者

2014年6月

目 录

第 1 章　电路实验实训基础知识…………1
1.1　测量的基础知识……………………1
1.1.1　电工测量方法的分类…………1
1.1.2　测量误差…………………………2
1.1.3　测量数据的处理…………………5
1.1.4　电阻、电容、电感的测量……7
1.1.5　电流、电压、功率的测量…13
1.2　常用仪器、仪表及其使用………16
1.2.1　电工仪表的基础知识…………16
1.2.2　常用电工工具的安全使用…19
1.2.3　常用电工仪表的使用…………32
1.2.4　常用电子仪器的使用…………46
1.3　常用元器件简介……………………57
1.3.1　电阻器……………………………57
1.3.2　电容器……………………………58
1.3.3　半导体二极管……………………59
1.3.4　半导体三极管……………………60
1.3.5　场效应管（FET）………………60
1.3.6　可控硅（SCR）…………………60
1.3.7　半导体集成电路…………………61
第 2 章　电路基础实验……………………62
2.1　元器件伏安特性的测量……………62
2.1.1　实验目的…………………………62
2.1.2　实验原理…………………………62
2.1.3　实验仪器与元器件………………64
2.1.4　实验内容与步骤…………………64
2.1.5　实验报告…………………………65
2.1.6　思考题……………………………65
2.2　基尔霍夫定律的验证………………65
2.2.1　实验目的…………………………65
2.2.2　实验原理…………………………66
2.2.3　实验仪器与元器件………………66
2.2.4　实验内容与步骤…………………66
2.2.5　实验报告…………………………66
2.2.6　思考题……………………………67
2.3　叠加定理……………………………67
2.3.1　实验目的…………………………67
2.3.2　实验原理…………………………67
2.3.3　实验仪器与元器件………………68
2.3.4　实验内容与步骤…………………68
2.3.5　实验报告…………………………69
2.3.6　思考题……………………………69
2.4　戴维南定理和诺顿定理的验证……………………………………69
2.4.1　实验目的…………………………69
2.4.2　实验原理…………………………69
2.4.3　实验仪器与元器件………………71
2.4.4　实验内容与步骤…………………71
2.4.5　实验报告…………………………72
2.4.6　思考题……………………………72
2.5　频率特性及 RLC 串联交流电路……………………………………73
2.5.1　实验目的…………………………73
2.5.2　实验原理…………………………73
2.5.3　实验仪器与元器件………………75
2.5.4　实验内容与步骤…………………75
2.5.5　实验报告…………………………76
2.5.6　思考题……………………………76
2.6　一阶 RC 电路的矩形脉冲响应…76
2.6.1　实验目的…………………………76
2.6.2　实验原理…………………………77
2.6.3　实验仪器与元器件………………78

2.6.4 实验内容与步骤……78
2.6.5 实验报告……80
2.6.6 思考题……80
2.7 晶体管单管放大电路……80
2.7.1 实验目的……80
2.7.2 实验原理……80
2.7.3 实验仪器与元器件……82
2.7.4 实验内容与步骤……82
2.7.5 实验报告……83
2.7.6 思考题……83
2.8 两级阻容耦合负反馈放大电路……83
2.8.1 实验目的……83
2.8.2 实验原理……84
2.8.3 实验仪器与元器件……85
2.8.4 实验内容与步骤……85
2.8.5 实验报告……86
2.8.6 思考题……86
2.9 运算放大器的应用……86
2.9.1 实验目的……86
2.9.2 实验原理……86
2.9.3 实验仪器与元器件……87
2.9.4 实验内容与步骤……88
2.9.5 实验报告……88
2.9.6 思考题……88
2.10 OCL功率放大器……89
2.10.1 实验目的……89
2.10.2 实验原理……89
2.10.3 实验仪器与元器件……90
2.10.4 实验内容与步骤……90
2.10.5 实验报告……92
2.10.6 思考题……92
2.11 直流稳压电源……92
2.11.1 实验目的……92
2.11.2 实验原理……93
2.11.3 实验仪器与元器件……95
2.11.4 实验内容与步骤……95
2.11.5 实验报告……96
2.11.6 思考题……96
2.12 门电路逻辑功能及其测试……96
2.12.1 实验目的……96
2.12.2 实验原理……96
2.12.3 实验仪器与元器件……97
2.12.4 实验内容与步骤……97
2.12.5 实验报告……99
2.12.6 思考题……99
2.13 组合逻辑电路的设计与测试……99
2.13.1 实验目的……99
2.13.2 实验原理……99
2.13.3 实验仪器与元器件……100
2.13.4 实验内容与步骤……100
2.13.5 实验报告……100
2.13.6 思考题……100
2.14 触发器……100
2.14.1 实验目的……100
2.14.2 实验原理……101
2.14.3 实验仪器与元器件……101
2.14.4 实验内容与步骤……101
2.14.5 实验报告……102
2.14.6 思考题……103
2.15 计数、译码、显示电路……103
2.15.1 实验目的……103
2.15.2 实验原理……103
2.15.3 实验仪器与元器件……104
2.15.4 实验内容与步骤……104
2.15.5 实验报告……105
2.15.6 思考题……105
2.16 555定时器及其应用……105
2.16.1 实验目的……105
2.16.2 实验原理……105
2.16.3 实验仪器与元器件……106
2.16.4 实验内容与步骤……106
2.16.5 实验报告……107
2.16.6 思考题……107
2.17 A/D、D/A转换器……107
2.17.1 实验目的……107
2.17.2 实验原理……107

2.17.3 实验仪器与元器件 ········ 109
2.17.4 实验内容与步骤 ········ 110
2.18 三相电路 ········ 111
2.18.1 实验目的 ········ 111
2.18.2 实验原理 ········ 111
2.18.3 实验仪器与元器件 ········ 112
2.18.4 实验内容与步骤 ········ 112
2.18.5 实验报告 ········ 114
2.18.6 思考题 ········ 114
2.19 日光灯电路的测试及功率因数的提高 ········ 115
2.19.1 实验目的 ········ 115
2.19.2 实验原理 ········ 115
2.19.3 实验仪器与元器件 ········ 117
2.19.4 实验内容与步骤 ········ 117
2.19.5 实验报告 ········ 118
2.19.6 思考题 ········ 118
2.20 电磁式继电器特性 ········ 118
2.20.1 实验目的 ········ 118
2.20.2 实验原理 ········ 119
2.20.3 实验仪器与元器件 ········ 119
2.20.4 实验内容与步骤 ········ 119
2.20.5 实验报告 ········ 120
2.20.6 思考题 ········ 121
2.21 变压器特性实验 ········ 121
2.21.1 实验目的 ········ 121
2.21.2 实验原理 ········ 121
2.21.3 实验仪器与元器件 ········ 122
2.21.4 实验内容与步骤 ········ 122
2.21.5 实验报告 ········ 124
2.21.6 思考题 ········ 124
2.22 三相鼠笼式异步电动机启动（点动）控制 ········ 124
2.22.1 实验目的 ········ 124
2.22.2 实验原理 ········ 125
2.22.3 实验仪器与元器件 ········ 125
2.22.4 实验内容与步骤 ········ 127
2.22.5 实验报告 ········ 127
2.22.6 思考题 ········ 127
2.23 两台三相异步电动机顺序启动控制线路 ········ 128
2.23.1 实验目的 ········ 128
2.23.2 实验原理 ········ 128
2.23.3 实验仪器与元器件 ········ 129
2.23.4 实验内容与步骤 ········ 129
2.23.5 实验报告 ········ 129
2.23.6 思考题 ········ 129
2.24 三相笼型异步电动机 Y—△减压启动控制 ········ 129
2.24.1 实验目的 ········ 129
2.24.2 实验原理 ········ 130
2.24.3 实验仪器与元器件 ········ 131
2.24.4 实验内容与步骤 ········ 131
2.24.5 实验报告 ········ 131
2.24.6 思考题 ········ 131
第 3 章 电路综合实训 ········ 132
3.1 ZX2009 型交流调压器 ········ 132
3.1.1 实训目的 ········ 132
3.1.2 实训原理 ········ 132
3.1.3 实训仪器与元器件 ········ 134
3.1.4 实训内容与步骤 ········ 134
3.1.5 实训报告 ········ 136
3.2 调功电路安装 ········ 137
3.2.1 实训目的 ········ 137
3.2.2 实训原理 ········ 137
3.2.3 实训仪器与元器件 ········ 137
3.2.4 实训内容与步骤 ········ 138
3.2.5 实训报告 ········ 138
3.3 自动开门电路 ········ 139
3.3.1 实训目的 ········ 139
3.3.2 实训原理 ········ 139
3.3.3 实训仪器与元器件 ········ 140
3.3.4 实训内容与步骤 ········ 140
3.3.5 实训报告 ········ 140
3.4 红外线光电开关控制电路 ········ 140
3.4.1 实训目的 ········ 140
3.4.2 实训原理 ········ 140
3.4.3 实训仪器与元器件 ········ 142

3.4.4 实训内容与步骤 …… 142
3.4.5 实训报告 …… 142
3.5 亚超声波遥控开关 …… 143
3.5.1 实训目的 …… 143
3.5.2 实训原理 …… 143
3.5.3 实训仪器与元器件 …… 145
3.5.4 实训内容与步骤 …… 146
3.5.5 实训报告 …… 147
3.6 声光控延时开关 …… 147
3.6.1 实训目的 …… 147
3.6.2 实训原理 …… 147
3.6.3 实训仪器与元器件 …… 149
3.6.4 实训内容与步骤 …… 149
3.6.5 实训报告 …… 150
3.7 ZX-2018 直流稳压电源与充电器 …… 150
3.7.1 实训目的 …… 150
3.7.2 实训原理 …… 150
3.7.3 实训仪器与元器件 …… 151
3.7.4 实训内容与步骤 …… 152
3.7.5 实训报告 …… 154
3.8 石英数字钟 …… 154
3.8.1 实训目的 …… 154
3.8.2 实训原理 …… 154
3.8.3 实训仪器与元器件 …… 156
3.8.4 实训内容与步骤 …… 157
3.8.5 实训报告 …… 158
3.9 闪光报警音乐门铃的制作与安装 …… 158
3.9.1 实训目的 …… 158
3.9.2 实训原理 …… 158
3.9.3 实训仪器与元器件 …… 159
3.9.4 实训内容与步骤 …… 159
3.9.5 实训报告 …… 160
3.10 防盗和水位报警电路的制作 …… 160
3.10.1 实训目的 …… 160
3.10.2 实训原理 …… 161
3.10.3 实训仪器与元器件 …… 162
3.10.4 实训内容与步骤 …… 162
3.10.5 实训报告 …… 162
3.11 光控电路 …… 162
3.11.1 实训目的 …… 162
3.11.2 实训原理 …… 163
3.11.3 实训仪器与元器件 …… 164
3.11.4 实训内容与步骤 …… 164
3.11.5 实训报告 …… 164
3.12 AD590 温度传感器在温度测量中的应用 …… 165
3.12.1 实训目的 …… 165
3.12.2 实训原理 …… 165
3.12.3 实训仪器与元器件 …… 167
3.12.4 实训内容与步骤 …… 167
3.12.5 实训报告 …… 167
3.13 MF47 型磁电式指针万用表的应用 …… 167
3.13.1 实训目的 …… 167
3.13.2 实训原理 …… 168
3.13.3 实训仪器与元器件 …… 177
3.13.4 实训内容与步骤 …… 178
3.13.5 实训报告 …… 182
3.14 电气控制柜的拆装 …… 182
3.14.1 实训目的 …… 182
3.14.2 实训原理 …… 182
3.14.3 实训仪器与元器件 …… 184
3.14.4 实训内容与步骤 …… 185
3.14.5 实训报告 …… 189
3.15 三相电动机正反转控制电路安装 …… 189
3.15.1 实训目的 …… 189
3.15.2 实训原理 …… 189
3.15.3 实训仪器与元器件 …… 190
3.15.4 实训内容与步骤 …… 190
3.15.5 实训报告 …… 193
3.16 电动机启动运行能耗制动控制线路 …… 194
3.16.1 实训目的 …… 194
3.16.2 实训原理 …… 194

3.16.3 实训仪器与元器件………196
3.16.4 实训内容与步骤…………196
3.16.5 实训报告……………………197
3.17 电动机自动往返控制线路……197
3.17.1 实训目的……………………197
3.17.2 实训原理……………………197
3.17.3 实训仪器与元器件………198
3.17.4 实训内容与步骤…………198
3.17.5 实训报告……………………200
3.18 小型变压器的设计与绕制……200
3.18.1 实训目的……………………201
3.18.2 实训原理……………………201
3.18.3 实训仪器与元器件………207
3.18.4 实训内容与步骤…………207
3.18.5 实训报告……………………215
3.19 水位控制电路……………………216
3.19.1 实训目的……………………216
3.19.2 实训原理……………………216
3.19.3 实训仪器与元器件………217
3.19.4 实训内容与步骤…………217
3.19.5 实训报告……………………217
参考文献……………………………………218

第1章 电路实验实训基础知识

1.1 测量的基础知识

测量是人类对客观世界获取定量信息的过程。人们通过对客观事物进行大量观察和测量，形成定性和定量的认识，归纳并建立起各种定理和定律。测量是用数字语言描述周围世界，揭示客观世界规律，进而改造世界的重要手段。

1.1.1 电工测量方法的分类

电工测量是指把被测的电量或磁量直接或间接地与作为测量单位的同类物理量（或者可以推算出被测量的异类物理量）进行比较的过程。

电量有电流、电压、功率、电能和频率。电参量有电阻、电感、电容、时间常数和介质损耗等。

磁量主要指磁场及物质在磁场磁化下的各种磁特性，例如，磁场强度、磁通、磁感应强度、磁势、磁导率、磁滞和涡流损耗等。电测量和磁测量又可统称为电磁测量或电气测量。

电工仪表及测量技术对从事电气技术工作的人员来说是十分必要的。不论是电气设备的安装、调试、实验、运行和维修，还是对电气产品进行检验、测试和鉴定，都会涉及电磁测量方面的技术问题。电工仪表及测量技术应用于工农业生产、生活、国防、科研等各领域，如变电所、配电室、发电厂、电力监控网、火箭发射中心、家用电器、电能计量表等。

对同一电量的测量可以使用不同的测量仪器和设备，采用各种不同的测量方法。测量方法有多种，下面介绍几种常见的分类方式。

1. 按测量的手段分类

（1）直接测量

直接测量是指从测量仪器上直接得到被测量值的测量方法。例如，用电压表测量电压值，用安培表测量电流值，用功率表测量功率，用欧姆表测量电阻值等。其优点是简单、便于操作、节省时间，缺点是不够准确。

（2）间接测量

间接测量是指通过测量与被测量值有函数关系的其他量，经过计算而得到被测量值的测量方法。例如，用伏安法测量电阻值，就是通过测量出电阻两端的电压降 U 及流过电阻的电流 I 后，再用欧姆定律计算求出电阻值；又如，测量电阻上消耗的直流功率 P，可以通过直接测量电阻两端电压 U 及流过电阻的电流 I，再根据函数关系 $P=UI$，“间接”获得功率 P。

（3）组合测量

组合测量是指先直接测量与被测量有一定函数关系的某些量，然后在一系列直接测量的基础上，通过求解方程组来获得测量结果的方法。这是一种兼用直接测量和间接测量的方法。

2. 按被测量值的性质分类

（1）时域测量

时域测量是指测量以时间为函数的量。例如，随时间变化的电压、电流等。这些量的稳态值、有效值多用仪器仪表直接测量；它们的瞬态值可通过示波器等仪器显示其波形，以便观测其随时间变化的规律。

（2）频域测量

频域测量是指测量以频率为函数的量。例如，随频率变化的电路的增益、相位移等。这些量可通过分析电路的频率特性或频谱特性等方法进行测量。

（3）数字域测量

数字域测量是指测量数字量。例如，用具有多个输入通道的逻辑分析仪，可以同时观测许多单次并行的数据；对于微处理器地址线、数据线上的信号，既可显示时序波形，也可用 **1**、**0** 显示其逻辑状态。

（4）随机测量

随机测量是目前较新的测量技术。例如，对各类噪声、干扰信号等的测量均属于随机测量。

3. 按测量方式分类

按测量方式分类有替代法、指零法、差值法等。

4. 按与被测量值的距离分类

按与被测量值的距离分类有原位测量和远距离测量。

除了上述几种常见分类方式外，电子测量技术还有许多其他的分类方式，例如，动态与静态测量技术、模拟与数字测量技术、实时与非实时测量技术、有源与无源测量技术、点频和扫频与多频测量技术等。测量方法是多种多样的，测量者应根据测量任务的要求，进行认真分析，确定切实可行的测量方法，然后选择合适的测量仪器组成测量系统，进行实际测量。

1.1.2 测量误差

一个量本身所具有的真实数值，称为这个量的真值。使用测量仪器进行测量时，无论采用什么测量仪器和测量方法，测量结果与被测量的真值总会有所差异，这个差异称为测量误差。

测量误差有多种分类方式。

1. 按误差表示方法分类

（1）绝对误差

被测量的测量值 x 与其真值 A_0 之差，称为绝对误差，用 Δx 表示，即

$$\Delta x=x-A_0 \tag{1-1}$$

绝对误差是误差的代数值，量纲与测量值相同。真值是一个理想的概念，实际应用中（工程上）通常用实际值 A 来代替真值 A_0。实际值是根据测量误差的要求，用更高一级的标准器具测量所得之值。因此绝对误差一般按下式计算：

$$\Delta x=x-A \tag{1-2}$$

与绝对误差的大小相等，但符号相反的量值，称为修正值，用 C 表示，即

$$C=-\Delta x=A-x \tag{1-3}$$

对测量仪器进行鉴定时，要用标准仪器与受检仪器对比，以表格、曲线或公式的形式给出受检仪器的修正值。日常测量中，用下面的公式修正测量值，以求得被测量的实际值，即

$$A=x+C \tag{1-4}$$

（2）相对误差

绝对误差只能说明测量结果偏离实际值的情况，但不能确切反映测量的准确度。因此，另外给出相对误差的概念。被测量值的绝对误差与其真值之比称为相对误差，用 γ_{A_0} 表示，即

$$\gamma_{A_0}=\frac{\Delta x}{A_0}\times 100\% \tag{1-5}$$

在实际应用中，常用实际值 A 代替真值 A_0 来表示相对误差，称为实际值相对误差，用 γ_A 表示，即

$$\gamma_A=\frac{\Delta x}{A}\times 100\% \tag{1-6}$$

在误差较小、要求不太严格的情况下，也可用被测量值 x 代替实际值 A 来表示相对误差，称为指示值相对误差，用 γ_x 表示，即

$$\gamma_x=\frac{\Delta x}{x}\times 100\% \tag{1-7}$$

当 Δx 很小时，$x\approx A$，则 $\gamma_x\approx\gamma_A$。

有些情况下，也常用绝对误差与仪器的满刻度值 x_{m} 之比来表示相对误差，称为引用相对误差（或称满度相对误差），用 γ_{m} 表示，即

$$\gamma_{\mathrm{m}}=\frac{\Delta x}{x_{\mathrm{m}}}\times 100\% \tag{1-8}$$

测量仪器使用最大引用相对误差来表示它的准确度，即

$$\gamma_{\mathrm{mm}}=\frac{\Delta x_{\max}}{x_{\mathrm{m}}}\times 100\% \tag{1-9}$$

式中：$\Delta x_{\max}$ 表示仪器在该量程范围内出现的最大绝对误差。

γ_{mm} 是仪器在工作条件下不应超过的最大相对误差，它反映了该仪表的综合误差大小。电

工仪表按γ_{mm}值分为0.1、0.2、0.5、1.0、1.5、2.5、5.0，共7级。例如，1.0级的电表，也称准确度等级为1.0级，常用符号S表示，表明$\gamma_{mm} \leqslant \pm 1.0\%$。

准确度公式（1-9）表明，当仪表的准确度等级选定后，被测量值x越接近满刻度值x_m，测量的相对误差就越小。

2. 按测量误差的性质分类

（1）系统误差

若在同种条件下多次测量同一被测量时，误差的绝对值和符号保持不变；或在测量条件改变时，误差按某一确定的规律变化，则这样的误差称为系统误差。

产生系统误差的主要原因有以下几种。

① 测量方法或测量所依据的理论不完善，也称因这种原因引起的系统误差为方法误差或理论误差。

② 测量仪器、仪表结构和制作上欠完善引起的系统误差，也称为基本误差。

③ 使用仪器、仪表时，未能满足所规定的使用条件产生的系统误差。例如，仪器、仪表的放置位置、温度、电压、频率、外磁场等不满足使用要求。由这种原因引起的系统误差也称为附加误差。

④ 测量人员的不良测量习惯或感觉器官不完善产生的系统误差，也称为人为误差。

系统误差有以下3个基本特点。

① 系统误差为非随机变量，即系统误差的出现不服从统计规律，而是满足某种确定的函数关系。

② 系统误差具有重现性，即测量条件不变，重复测量时，系统误差可以重现。

③ 系统误差具有可修正性。由于系统误差可以重现，因此对其可加以修正。

（2）偶然误差

偶然误差是指在相同条件下，多次测量同一被测量时，误差的大小和方向均发生变化，且无确定的变化规律，这种误差称为偶然误差，也称为随机误差。随机误差对个体而言是不确定的，但就其总体来说（即大量测量结果的总和），用统计学观点看，随机误差的分布接近正态分布，只有少数服从均匀分布或其他分布。

产生偶然误差的主要原因有以下几种。

① 测量仪器中零部件配合的不稳定或有摩擦，仪器内部器件产生噪声等。

② 温度及电源电压的频繁波动，电磁场干扰，地基振动等。

③ 测量人员感觉器官的无规则变化，读数不稳定等。

偶然误差有以下4个基本特性。

① 有界性——在一定的测量条件下，偶然误差的绝对值不会超过一定的界限。

② 单峰性——绝对值小的误差出现的概率大，而绝对值大的误差出现的概率小。

③ 对称性——绝对值相等的正误差和负误差出现的概率相同。

④ 抵偿性——将全部的误差相加时可相互抵消。

根据偶然误差的抵偿性，在实际测量中可采用多次测量后取算术平均值的方法消除偶然误差。一般情况下偶然误差较小，工程测量中可以不考虑。

（3）粗大误差

在一定的测量条件下，测量值明显地偏离实际值所形成的误差称为粗大误差，也称为疏失误差，简称粗差。含有粗大误差的实验数据是不可靠的，应予舍弃。

产生粗大误差的主要原因有以下几种。

① 测量方法不当或错误。例如，用普通万用表电压挡直接测量高内阻电源的开路电压；用普通万用表交流电压挡测量高频交流信号的幅值等。

② 测量操作疏忽和失误。例如，未按规程操作，读错读数或单位；记录及计算错误等。

③ 测量条件的突然变化。例如，电源电压突然升高或降低，雷电干扰，机械冲击等这类变化虽然也带有随机性，但由于它造成的示值明显偏离实际值，因此将其列入粗大误差范围。

1.1.3 测量数据的处理

测量数据的处理，就是对测量得到的原始数据进行计算、分析、整理和归纳，去粗取精，去伪存真，求出被测量的最佳估计值，并计算其精确程度，以引出正确的科学结论的过程。测量结果通常用数字、表格、图形或经验公式表示。用数字方式表示的测量结果，可以是一个数据，也可以是一组数据；用图形方式表示的测量结果，可以是将测量中数据处理后绘制的图形，也可以是显示在屏幕上的图形，这种方式具有形象、直观的特点。例如，放大器的幅频特性曲线等。下面分别介绍测量结果的表示方法。

1. 有效数字表示法

有效数字是指从被测数据左边第一个非零数字算起，直到右边最后一位数字为止的所有各位数字。例如，0.0516kΩ，9.06V，465kHz，2.30mA 等都有 3 位有效数字。以数字方式表示的测量结果——数据，包括数值和计量单位两部分，例如 3.27V，98A 等。测量结果一定要注明单位，否则就毫无意义。有时为了表明测量结果的可信度，还要注明误差范围，如 3.27V ± 0.01V 等。

（1）关于有效数字的几个问题

① 在第一位非零数字左边的 0 不是有效数字，而在非零数字中间的 0 和右边的 0 是有效数字。例如，0.0516kΩ的左边两个 0 不是有效数字，而 9.06V 和 2.30mA 中的 0 都是有效数字。

② 有效数字与测量误差的关系：一般规定误差不超过有效数字末位单位数字的一半。因此，有效数字的末位数字为 0 时，不能随意删除。例如 2.30mA 表明误差不超过±0.005mA，若随意改写为 2.3mA，则意味着测量误差不超过 ± 0.05mA。

③ 若用 10 的方幂来表示数据，则 10 的方幂前面的数字都是有效数字，如 10.50×10^3 Hz，它的有效数字是 4 位。

④ 有效数字不能因选用的单位变化而改变，如 9.06V，它的有效数字为 3 位，若改用 mV 为单位，则 9.06V 变为 9060mV，有效数字就变成了 4 位，所以当单位改变后应写为 9.06×10^3 mV，这时它的有效数字仍是 3 位。

（2）有效数字的数据舍入规则

当只需要 N 位有效数字时，对第 N+1 位及其后面的各位数字就要根据舍入规则进行处理，现在普遍采用的舍入规则有两种。

① 四舍六入。当第 N+1 位为小于 5 的数时，舍掉第 N+1 位及其后面的所有数字；若第 N+1 位为大于 5 的数时，舍掉第 N+1 位及其后面的所有数字的同时第 N 位加 1。

② 当第 N+1 位恰为 5 时，若 5 之后有非零数字，则在舍 5 的同时第 N 位加 1；若 5 之后无数字或为 0 时，则由 5 之前的数的奇偶性来决定舍入，如果 5 之前为奇数则舍 5 且第 N 位加 1，如果 5 之前为偶数则舍 5，第 N 位不变。

（3）有效数字的运算

当需要对 N 个测量结果进行运算时，有效数字的保留原则上取决于误差最大即小数点后有效数字位数最少的那一项。

① 加、减运算。先将各数据小数点后的位数处理成与小数点后有效数字位数最少的数据相同后再进行计算。要尽量避免两个相近数的相减，以免对计算结果产生很大的影响，非减不可时，应多取几位有效数字。

② 乘、除运算。先将各数据处理成与有效数字位数最少的数据相同或多一位后再进行计算，运算结果的有效数字位数也应处理成与有效数字位数最少的数据相同。

③ 乘方与开方运算。运算结果应比原数据多保留一位有效数字。

④ 对数运算。取对数前后的有效数字位数应相等。

2. 列表法

测量获得的实验数据时，一般都是以表格的形式记录。当然，表格往往需要整理。若测量结果是线性关系，则从表格中就能看出被测量的变化规律。不过通常都要把测量数据用一条连续光滑曲线表示出来，这样，被测量的变化规律就更直观明了了。

3. 作图法

适当选择纵坐标和横坐标的比例关系与比例尺得到平面坐标系，把实验数据用点标在坐标系中，然后用平滑法或分组平均法，以尽可能小的误差绘制出连续光滑的曲线。

（1）平滑法

将坐标系中各点依次用虚线连线，然后在这些连线的中间做一条连续光滑的曲线，尽量使曲线两边的虚线与曲线所围成的面积相等，如图 1-1（a）所示。

（2）分组平均法

将坐标系中各点按相邻分组，偏离曲线较多者三点一组构成三角形找其重心，偏离曲线较少者两点一组，找其连线的中点，然后连接重心和中点成一条光滑连续的曲线，如图 1-1（b）所示。

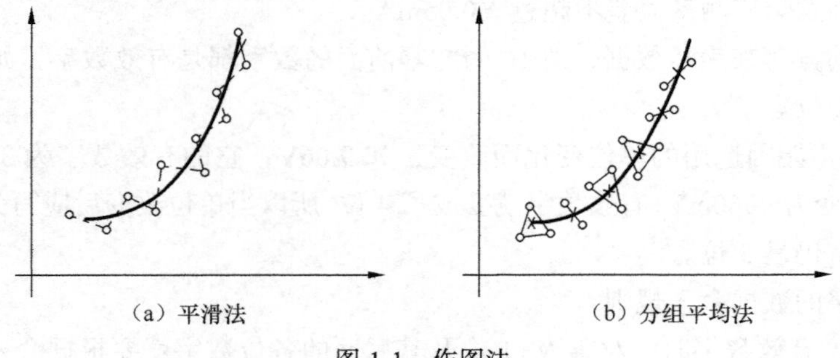

图 1-1　作图法

4. 函数法

将实验数据用函数式表示，称为实验数据的函数表示法，又称为回归分析法。先观察作图法所得到的曲线的变化规律，判断其最接近哪种常见函数的变化规律，以确定函数的类型，得到函数的一般表达式，再由实验数据确定函数式中的常系数和常数。

1.1.4 电阻、电容、电感的测量

1. 电阻器与电位器的测量

（1）图形符号

常用电阻器和电位器的图形符号如图 1-2 所示。

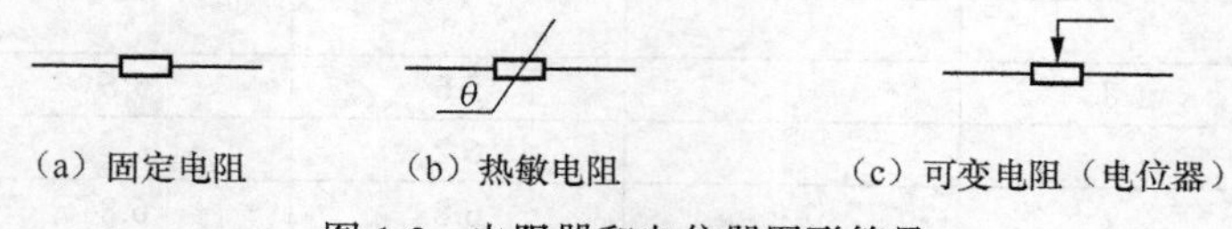

（a）固定电阻　（b）热敏电阻　（c）可变电阻（电位器）

图 1-2　电阻器和电位器图形符号

（2）基本单位 Ω

欧姆（简称欧），用字母“Ω”表示。常用单位：欧（Ω）、千欧（kΩ）和兆欧（MΩ）。

$$1M\Omega=1000k\Omega=10^6\Omega$$

（3）型号命名

电阻器和电位器的型号命名法见表 1-1。

表 1-1　电阻器和电位器的型号命名法

第 1 部分		第 2 部分		第 3 部分		第 4 部分
用字母表示主称		用字母表示材料		用数字或字母表示分类		用数字表示序号
符号	意义	符号	意义	符号	意义	
R	电阻器	T	碳膜	1	普通	
W	电位器	P	硼碳膜	2	普通	
		U	硅碳膜	3	超高频	
		H	合成膜	4	高阻	
		I	玻璃釉膜	5	高温	
		J	金属膜（箔）	7	精密	
		Y	氧化膜	8	*高压或特殊函数	
		S	有机实芯	9	特殊	
		N	无机实芯	G	高功率	
		X	线绕	T	可调	
		R	热敏	X	小型	
		G	光敏	L	测量用	
		M	压敏	W	微调	
				D	多圈	

应用示例：RJ7 型精密金属膜电阻器；WSW1 型普通微调有机实芯电位器。

* 第 3 部分数字“8”，对电阻来说表示“高压”，对于电位器来说表示“特殊函数”。

（4）主要参数

标称阻值和允许偏差。标称阻值及允许偏差有 3 个数系，即 E24、E12 和 E6，见表 1-2。

表 1-2 电阻器标称阻值系列

E24 允许偏差 ± 5%	E12 允许偏差 ± 10%	E6 允许偏差 ± 20%	E24 允许偏差 ± 5%	E12 允许偏差 ± 10%	E6 允许偏差 ± 20%
1.0	1.0	1.0	3.3	3.3	3.3
1.1			3.6		
1.2	1.2		3.9	3.9	
1.3			4.3		
1.5	1.5	1.5	4.7	4.7	4.7
1.6			5.1		
1.8	1.8		5.6	5.6	
2.0			6.2		
2.2	2.2	2.2	6.8	6.8	6.8
2.4			7.5	8.2	
2.7	2.7		8.2		
3.0			9.1		

注意：允许偏差 ± 2%、允许偏差 ± 1%、允许偏差 ± 0.5%等的电阻称为精密电阻。

（5）电阻的识别与测量

电阻值的范围很大，为 10^{-6}～$10^{17}\Omega$，所以应采用不同的测量方法。

1）通过色环标记识别读取电阻值时，分普通电阻和精密电阻。

① 普通电阻色环标记的意义见表 1-3。第一环为数值，[0～9 之一]；第二环为数值，[0～9 之一]；第三环为倍乘，[$(10)^{-2\sim9}$ 之一]；第四环为误差，[金—± 5%、银—± 10%]。

表 1-3 普通电阻色环代表的意义

色环颜色	第一色环 第一位数	第二色环 第二位数	第三色环 应乘的倍乘	第四色环 误差
黑	0	0	$\times 10^0$	± 1%
棕	1	1	$\times 10^1$	± 2%
红	2	2	$\times 10^2$	± 3%
橙	3	3	$\times 10^3$	± 4%
黄	4	4	$\times 10^4$	
绿	5	5	$\times 10^5$	
蓝	6	6	$\times 10^6$	
紫	7	7	$\times 10^7$	
灰	8	8	$\times 10^8$	
白	9	9	$\times 10^9$	
金			$\times 10^{-1}$	± 5%
银			$\times 10^{-2}$	± 10%
无色				± 20%

② 精密电阻色环标记的意义见表 1-4。第一环为数值，[0～9 之一]；第二环为数值，[0～9

之一]；第三环为数值，[0～9 之一]；第四环为倍乘，[$(10)^{-2\sim9}$ 之一]；第五环为误差，[金—±5%、银—±10%]。

表 1-4　精密电阻色环代表的意义

色环颜色	第一色环 第一位数	第二色环 第二位数	第三色环 第三位数	第四色环 应乘的倍乘	第五色环 误差
黑	0	0	0	$\times10^0$	±1%
棕	1	1	1	$\times10^1$	±2%
红	2	2	2	$\times10^2$	
橙	3	3	3	$\times10^3$	
黄	4	4	4	$\times10^4$	
绿	5	5	5	$\times10^5$	
蓝	6	6	6	$\times10^6$	
紫	7	7	7	$\times10^7$	
灰	8	8	8	$\times10^8$	
白	9	9	9	$\times10^9$	
金				$\times10^{-1}$	
银				$\times10^{-2}$	

2）用欧姆表或万用表的电阻挡可直接测量电阻的阻值。测量时要选择合适的量程，使指针的偏转角度稍大些，两手不要同时接触两表笔的金属部分。电阻的精密测量可采用直流单臂或双臂电桥。用万用表的测量直接读数见表 1-5。

表 1-5　万用表对电阻的直接测量

电阻的数值（标称值）	100Ω	1.5kΩ	4.7kΩ	68kΩ	100kΩ
色环的颜色	棕黑棕	棕绿红	灰紫红	黑灰橙	棕黑黄
挡位（Ω）及量程	200Ω	2kΩ	20kΩ	200kΩ	200kΩ
万用表的测量读数	98	1.501	4.63	67.3	99.7
绝对误差	2Ω	−0.001kΩ	0.7kΩ	0.7kΩ	0.3kΩ
相对误差	2%	−0.2%	1.5%	1%	0.3%

3）间接测量。间接测量法也称为外加电压法。对于正处于工作状态的非线性元器件的电阻用欧姆表是无法测量的，而用间接法则可测量，如图 1-3 所示。

一般情况下，电压表的读数与电流表的读数之比就是被测量电阻之值。若要考虑测量仪表的影响，则要分不同接法分别考虑。

在图 1-3（a）中，电压表的读数包含了电流表的压降 U_A，电流表的内阻给测量带来误差，应去除电流表的内阻 R_A，被测电阻为

$$R=\frac{U_V}{I_R}-R_A \tag{1-10}$$

在图 1-3（b）中，电流表的读数中含有电压表的电流 I_V，由 $R//R_V=\frac{U_R}{I_A}$，可得被测量电

阻为

$$R=\frac{R_V U_R}{R_V I-U_R} \tag{1-11}$$

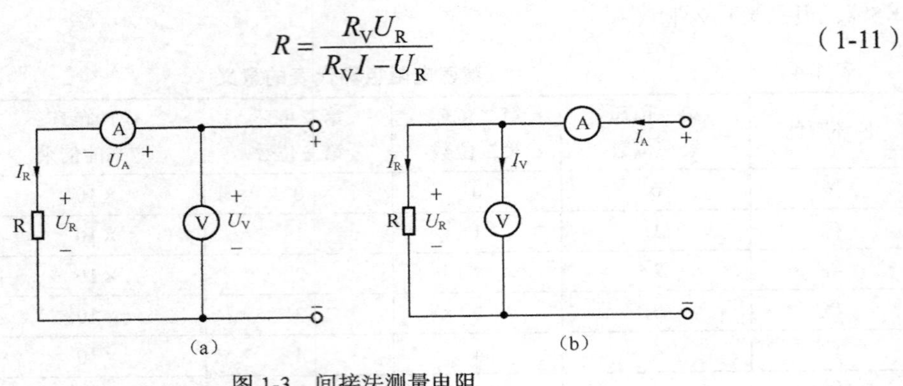

图 1-3　间接法测量电阻

2. 电感、电容的测量

电感和电容的测量可用谐振法，如图 1-4 所示。图中标准信号发生器输出信号电压的大小及其频率可连续调节且能直接读出。若要测量电感，则需用标准电容，已知其容量；若要测量电容，则需用标准电感，已知其电感量。测量过程是：调节信号发生器输出信号电压的频率，其大小保持不变，使毫安表或毫伏表的读数达到最大。此时电路已达串联谐振状态，已知信号源的频率 f，用下式计算 L 或 C，即

$$f=\frac{1}{2\pi\sqrt{LC}} \tag{1-12}$$

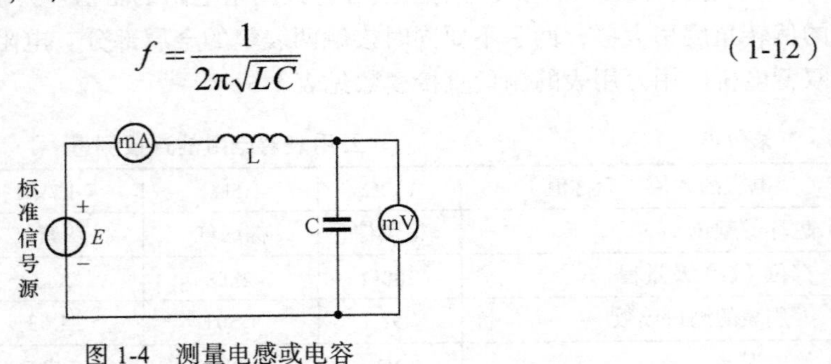

图 1-4　测量电感或电容

式（1-12）称为 R、L、C 串联谐振的条件。

（1）电容器

1）图形符号：如图 1-5 所示。

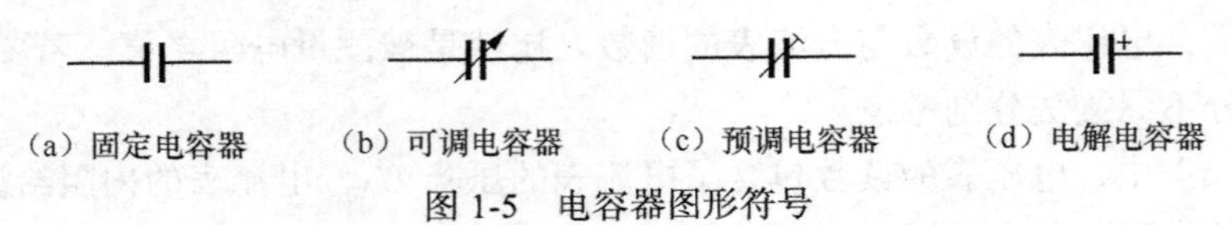

图 1-5　电容器图形符号

2）基本单位：法拉，用字母“F”表示。常用单位：法（F）、微法（μF）、纳法（nF）和皮法（pF）。

$$1\text{F}=10^6\ \mu\text{F}=10^9\text{nF}=10^{12}\text{pF}$$

3）型号命名。电容器型号命名见表 1-6。

表 1-6 电容器型号命名

第一部分	第二部分		第三部分		第四部分
主称	材料		特征		序号
符号意义	符号	意义	符号	意义	
C 电容器	C	高频瓷	D	低压	
	T	低频瓷	X	小量	
	O	玻璃釉	Y	高压	
	O	玻璃膜	M	密封	
	Y	云母	T	铁电	
	V	云母纸	W	微调	
	Z	纸介	J	金属化	
	J	金属化纸	C	穿心式	
	B	聚苯乙烯等非极性有机薄膜	S	独石	
	BF	聚网氟乙烯非极性有机薄膜			
	Q	漆膜			
	H	复合介质			
	D	铝电解质			
	A	钽电解质			
	N	银电解质			
	G	合金电解质			
	LS	聚碳酸醴饭性有机薄膜			
	E	其他材料电解质			

例：CZ11G 型纸介电容器；CY 型云母电容器；CDI 型铝电解质电容器；CO3 型玻璃膜电容器。

4）主要参数：标称电容量和允许偏差。

固定式电容器标称容量系列见表 1-7 和表 1-8。

表 1-7 所示为高频无极性有机薄膜介质电容器和瓷介电容器、玻璃釉电容器、云母电容器等无机介质电容器的标称容量。表 1-8 所列为钽、铌、钛、铝等电解电容器的标称容量。

表 1-7 固定式电容器标称容量系列 1

允许偏差			允许偏差			允许偏差			允许偏差		
± 5%	± 10%	± 20%	± 5%	± 10%	± 20%	± 5%	± 10%	± 20%	± 5%	± 10%	± 20%
E24	E12	E6	E24	E12	E6	E24	E12	E6	E24	E12	E6
1.0	1.0	1.0	1.8	1.8		3.3	3.3	3.3	5.6	5.6	
1.1			2.0			3.6			6.2		
1.2	1.2		2.2	2.2	2.2	3.9	3.9		6.8	6.8	6.8
1.3			2.4			4.3			7.5		
1.5	1.5	1.5	2.7			4.7	4.7	4.7	8.2	8.2	
1.6			3.0			5.1			9.1		

表 1-8 固定式电容器标称容量系列 2

标称容量（μF）	1，1.5，2.2，3.3，4.7，6.8
允许偏差	± 10% ；± 20% ；+50% ；+100%

5）电容的识别与测量。

① 数字万用表拨至 CAP[CX]挡位对应的预测元器件量程，元器件插入电容测量的长方形孔，待数值变化稳定后读取数值，见表 1-9。

表 1-9 数字万用表读数

电容数值（标称值）	680pF	0.01μF	0.1μF	10μF
标记数	680pF	103	104	10μF
挡位（CAP）及量程	2000pF	20nF	200nF	20μF
万用表的测量读数	不稳	9.8	9.9	8.9

② 直接读标记：瓷片电容器前两位为数值，第三位为倍乘即 10 的次方数，单位为 pF。无极电容参数值直接读取，其单位为 μF。电解电容参数值直接读取，其单位为 μF。

③ 电容漏电电阻的测量：将万用表拨至 Ω 挡对应位“待显 1”，表笔对调再测一次，小数点后“1”即∞，见表 1-10。

表 1-10 电容漏电电阻的测量

数值（标称值）	680pF	0.01μF	0.1μF	10μF
挡位（Ω）及量程	200M	200M	20M	200k
数字变化情况	无“1”	21→“1”	10→“1”	60→“1”

④ 电容的漏电电阻特性：万用表拨至 Ω 挡对应挡位，两表笔分别接触电容器的两引脚，如数值不动，将表笔对调后再测量（或万用表左旋一挡），表数值仍不动，说明电容器已断路。如指示值很小或为零，且数值不返回“1”即∞，说明电容器已被击穿，不能使用。

（2）电感器

电感器是电子电路的重要元器件之一，应用在调谐、振荡、耦合、匹配、滤波等方面。按其作用分类，通常将电感器分为具有自感作用的电感线圈和具有互感作用的变压线圈。

1）图形符号。小型固定电感器的外形与图形符号如图 1-6 所示。

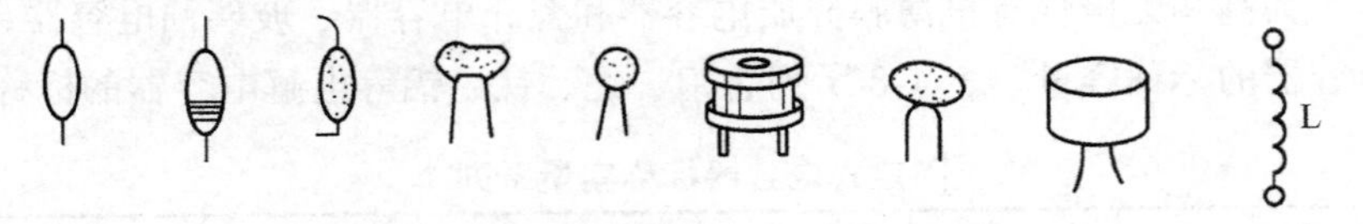

图 1-6 小型固定电感器的外形与图形符号

可变电感线圈的外形与图形符号如图 1-7 所示。

2）基本单位：亨利（H），简称亨，常用单位还包括毫亨（mH）和微亨（μH）。其单位换算关系为

$$1\text{H}=10^3\text{mH}=10^6\mu\text{H}$$

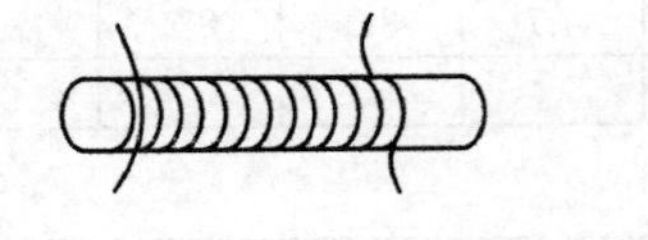
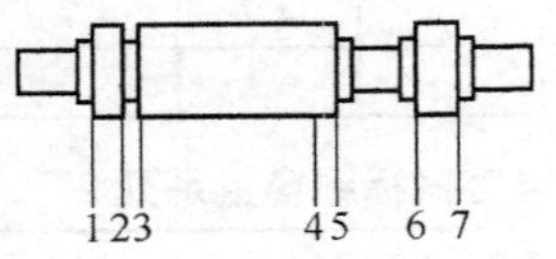

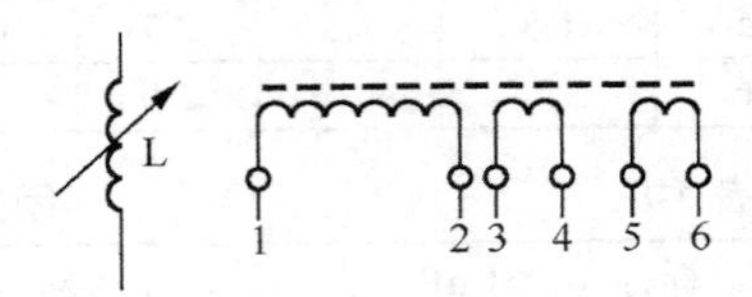

图 1-7 可变电感线圈的外形与图形符号

3）型号及命名。电感器的命名方法目前有两种，采用汉语拼音字母或阿拉伯数字串表示。电感器的型号命名包括 4 个部分，如图 1-8 所示。

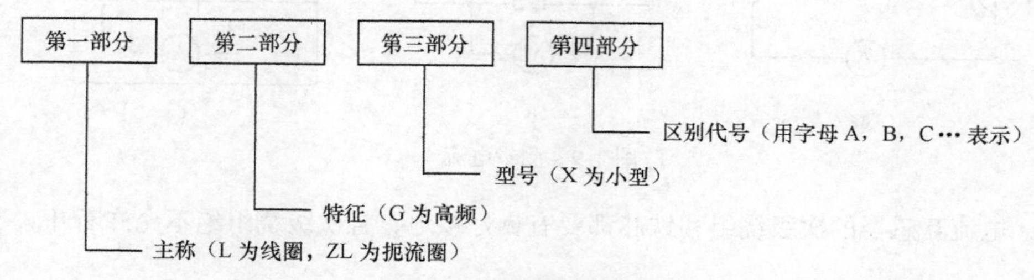

图 1-8 电感器的型号命名

例：LGX 的含义是小型高频电感线圈。

4）电感器的识别方法。为了表明各种电感器的不同参数，便于在生产、维修时识别和应用，常在小型固定电感器的外壳上涂上标志。其标志方法有直标法和色环标志法两种。目前我国生产的固定电感器一般采用直标法，而国外的电感器常采用色环标志法。

① 直标法。直标是指将电感器的主要参数，如电感量、误差、最大直流工作电流等用文字直接标注在电感器的外壳上。电感器的最大工作电流常用字母 A，B，C，D，E 等标注，字母和电流的对应关系见表 1-11。

表 1-11 小型固定电感器工作电流的字母表示

字　母	A	B	C	D	E
最大工作电流（mA）	50	150	300	700	1600

② 色标法。色标法是指在电感器外壳涂上各种颜色不同的环，用来标注主要参数。电感器色标与普通色环电阻标志法相同（表 1-3），单位为微亨（μH）。最靠近某一端的第一条色环表示电感量的第一位有效数字；第二条色环表示第二位有效数字；第三条色环表示 10^n 位乘数；第四条表示误差。其数字与颜色的对应关系和色环电阻标志法相同。

例如：一电感器的色环颜色依次为：棕、红、红、银，则表示其电感量为 1200μH，允许误差为 ± 10%。

万用表拨至 Ω 挡 200Ω，若测得电阻很小，则正常（如磁性天线线圈电阻约 4.5Ω）；若显“1”为断路，若显“0”为短路，两者均不能使用。电感的电感量直接读标记值。

1.1.5 电流、电压、功率的测量

1. 电流的测量

电流的测量过程首先要保证电路的工作状态不受影响。电流表的内阻很小（精确度越高其内阻越小），直接测量法是将电流表串入被测量支路，其读数就是该支路的电流，如图 1-9（a）所示。图 1-9（b）、（c）是间接测量法。其中，图 1-9（b）是在被测量支路中串联接入阻值较小的已知电阻，用高内阻电压表测出已知电阻的端电压 U，再用欧姆定律计算出电流。图 1-9（c）是用于测量交流大电流的，不用断开电路，通过电流互感器，可用小电流表测出较大的电流。

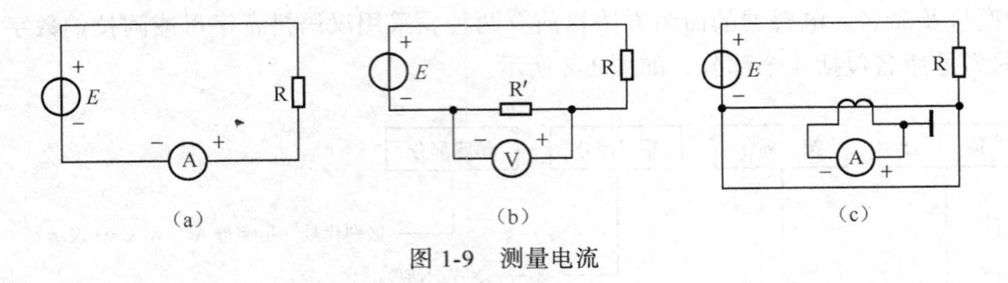

图 1-9　测量电流

注意：电流互感器的次级绕组和铁芯都要有良好接地，且次级绕组绝不允许断开。

2. 电压的测量

如图 1-10 所示，其中图 1-10（a）是直接测量法，内阻高（越高越好）的电压表与被测量电路并联对电路的影响可忽略不计，故其读数就是电阻 R 两端的电压。图 1-10（b）是间接测量法，用于测量交流高电压，通过电压互感器实现测量。

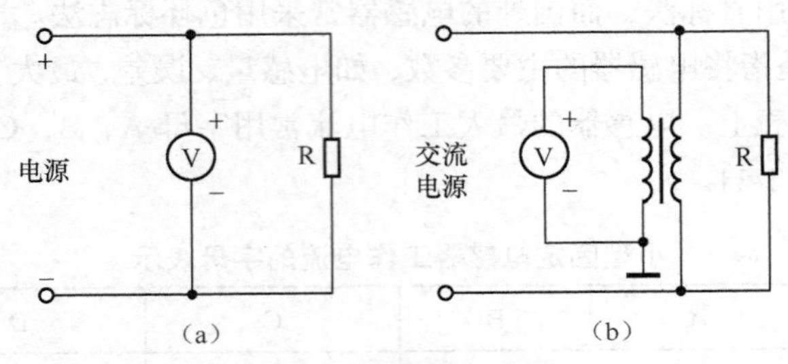

图 1-10　测量电压

注意：电压互感器的初级绕组和次级绕组中都应串联保险装置，以防短路；次级绕组、外壳和铁芯都要有良好接地，万一绝缘件损坏时，次级绕组、外壳和铁芯对地的电压也不会升高，确保人身和设备安全。

测量精度要求较高时，可采用补偿测量法，如图 1-11 所示。图中，R 和 E 是标准元器件，R_P 是可变电阻，G 是灵敏度较高的检流计。若要测量 a、b 两端的电压，测量电路按如图 1-11 所示接好后，调节 R_P 使检流计电流为零，可得

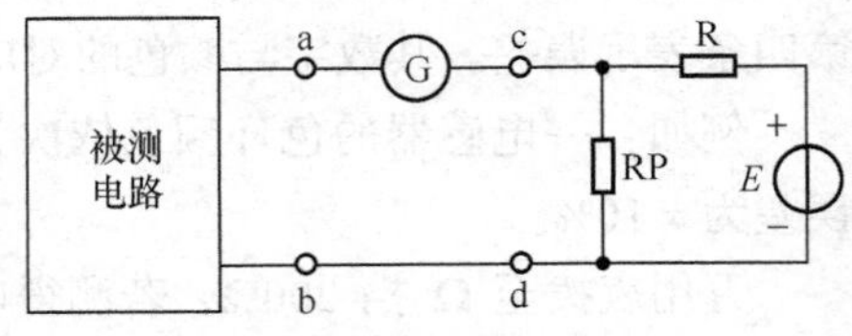

图 1-11　补偿法测量电压

$$U_{ab} = U_{cd} = \frac{R_P}{R + R_P} E = KE \tag{1-13}$$

由于测量过程对被测量电路没有任何影响，且式中有两个标准元器件，故测量精度较高。

3. 功率的测量

利用功率表（瓦特表）直接测量功率。功率表有单相和三相之分。单相功率表用于测量单相交流电路和直流电路的功率。三相功率表可一次测得三相电路的总功率。功率表有两个线圈：一个是电压线圈，其匝数很多，呈现高阻，常用电阻和线圈串联表示，测量时并联在被测量负载两端；另一个是电流线圈，其匝数较少，测量时串联在被测量负载所在支路之中。两个线圈

有一个公共端，常用“*”表示，测量时应连接在一起接入电路，否则可能出现功率表指针反向偏转的情况。

（1）直流或单相交流电路功率的测量

测量电路如图 1-12 所示。加在电压线圈上的电压为 U，通过电流线圈的电流为 I，带“*”的端子是公共端连接在一起。若为直流电路，则读数为 $P=UI$；若为交流电路，则读数为 $P=UI\cos\varphi$。

（2）三相交流电路功率的测量

若为对称三相电路，则可用单相功率表如上述测得某一相的功率，再乘以 3 便是三相电路的总功率。若为不对称三相电路，则可用一块单相功率表分 3 次分别测量各相功率求和得总功率。也可用 3 块表一次性测量，3 块表读数之和就是总功率。还可采用两瓦特表法如图 1-13 所示一次性测量，两块表读数之和就是三相电路的总功率。由图 1-13 可知，瞬时值电流的关系是 $i_A+i_B+i_C=0$，即 $i_C=-(i_A+i_B)$。

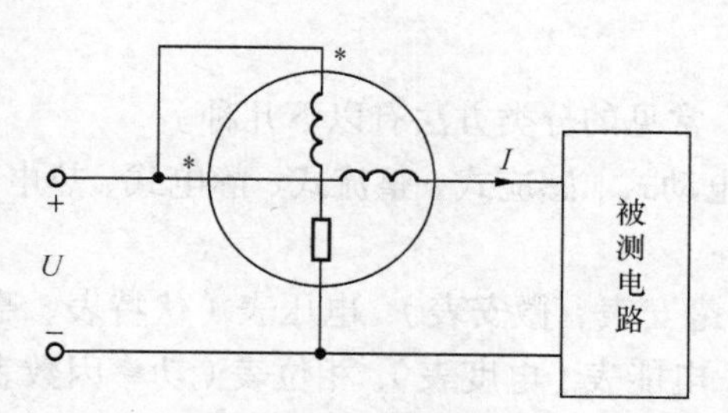

图 1-12　测量直流或单相交流电路的功率

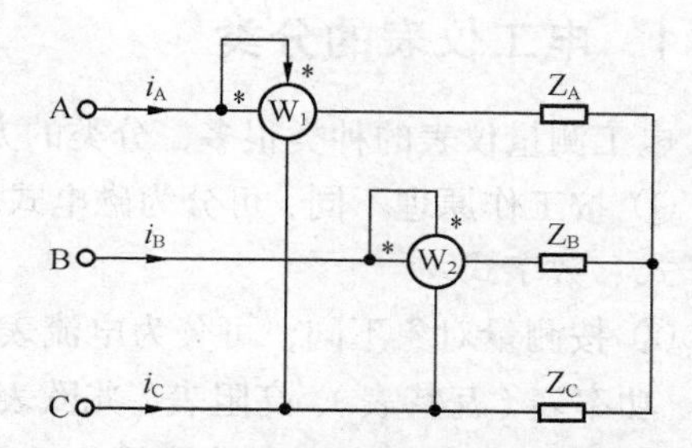

图 1-13　两瓦特表法测量三相电路的功率

此三相电路的瞬时功率为 $p=u_Ai_A+u_Bi_B+u_Ci_C=u_Ai_A+u_Bi_B-u_C(i_A+i_B)=u_{AC}i_A+u_{BC}i_B=p_1+p_2$，其平均（有功）功率为

$$\begin{aligned}P&=\frac{1}{T}\int_0^T p\mathrm{d}t=\frac{1}{T}\int_0^T u_{AC}i_A\mathrm{d}t+\frac{1}{T}\int_0^T u_{BC}i_B\mathrm{d}t\\&=U_{AC}I_A\cos\varphi_1+U_{BC}I_B\cos\varphi_2=P_1+P_2\end{aligned}\qquad(1\text{-}14)$$

在式（1-14）中，P_1、P_2 分别为图 1-13 中两瓦特表 W_1 和 W_2 的读数；φ_1 为 u_{AC} 与 i_A 的相位差角；φ_2 为 u_{BC} 与 i_B 的相位差角。所以此两瓦特表的读数就是三相电路的总功率，且不论三相负载是否对称，不管负载是星形还是三角形都一样。

注意：两瓦特表法在实际测量中，可能会出现某一块表的指针反向偏转的情况，这时说明此表测量的线电压与线电流的相位差角大于 90°，应对调瓦特表的电流线圈的两个接线端才能读出结果，此表的读数为负值，它与另一表的读数之和为三相电路的总功率（实为两表之差）。另外，选取功率表时，不仅要考虑功率量程，还要分别考虑电流和电压线圈的测量范围。

电能的测量仪表称为电能表（瓦时表），有直流、交流之分，交流电能表也称为电度表，又有单相和三相两类。与功率表不同，它不可能是指针式。电能与时间有关，电度表不仅要测量功率的大小，还要测量用电时间的长短，故电度表是一种累加计算型仪表。不过电度表的接线方法与功率表完全相同。家用电度表是单相的，其接线方法与单相功率表相同。

1.2 常用仪器、仪表及其使用

1.2.1 电工仪表的基础知识

测量电气参数，如电压、电流、功率、电阻、相位角及频率等的指示仪表称为电气测量指示仪表，也称为电工仪表。除了能直接测量电量以外，它还可以间接测量多种非电量，如磁通、温度、湿度、压力、流量等。

1. 电工仪表的分类

电工测量仪表的种类很多，分类的方法也很多。常见的分类方法有以下几种。

① 按工作原理不同，可分为磁电式、电磁式、电动式、感应式、整流式、静电式、热电式、电子式、数字式。

② 按测量对象不同，可分为电流表（安培表、毫安表、微安表）、电压表（伏特表、毫伏表）、功率表（瓦特表）、高阻表（兆欧表）、欧姆表、电能表（电度表）、相位表（功率因数表）、频率表，以及多种用途的仪表万用表（复用表）等。

③ 按使用方式不同，可分为固定式（开关板式）与便携式。

④ 按仪表的工作电流不同，可分为直流式、交流式、交直流两用式。

此外，仪表还可按准确度等级、对电磁场的防御能力及使用条件等分类。

2. 指针式电工仪表的一般结构和工作原理

电工仪表的种类繁多，但它们的基本结构和工作原理大体相同，掌握了其共性就可以比较好地了解各种不同仪表各自的特点。

（1）仪表的组成

电测量仪表通常由测量机构和测量线路两部分组成，如图 1-14 所示。测量线路的作用是将被测量 x（如电压、电流、功率等）转换成测量机构可以直接测量的中间量 y（如电磁量）。电压表的附加电阻、电流表的分流器电路等都是测量线路。测量机构是指示仪表的核心部分，它把中间量的能量转换成机械能，使指针偏转α角。α角的大小反映被测量的大小。指针式仪表结构如图 1-15 所示。

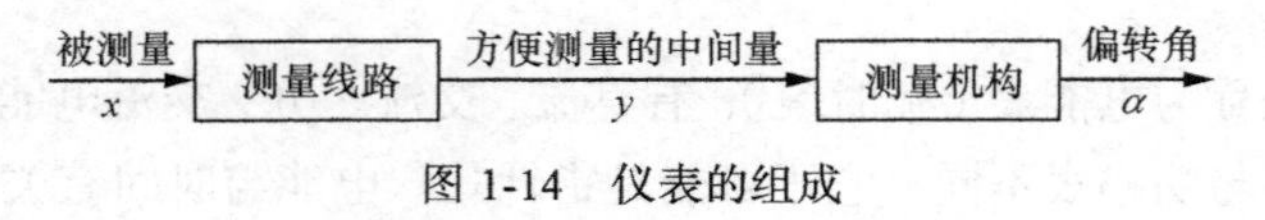

图 1-14 仪表的组成

（2）仪表测量机构的结构及工作原理

仪表的测量机构可分为两个部分，即活动部分及固定部分。用以指示被测量数值的指针或光标指示器就安装在活动部分上。

测量机构是电测量指示仪表的核心，没有测量机构就不成为电测量指示仪表，而测量线路则根据被测对象的不同而配置，如果被测对象可以直接为测量机构接受，也可以不配置测量线路。例如，变换式仪表就是用磁电系仪表作为测量机构，不论是功率表、频率表、相位表都用相同的测量机构做表芯，然后配上不同的变换器（即测量线路）以达到测量不同被测量的目的。为此在下面着重讨论一下测量机构的组成，如图 1-16 所示。

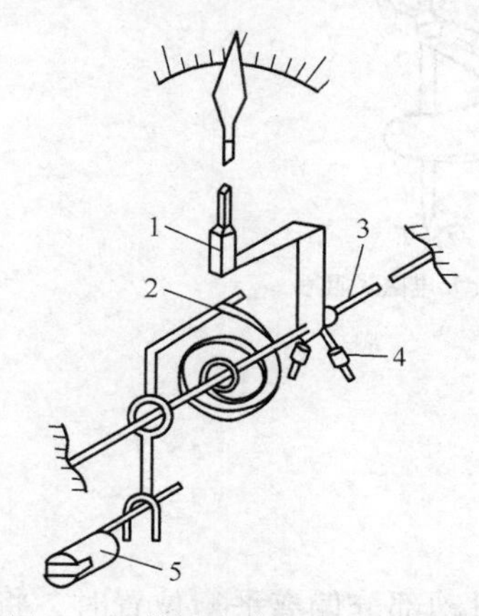

图 1-15 指针式仪表结构示意图

1—指针；2—游丝；3—转轴；4—平衡垂；5—止动器

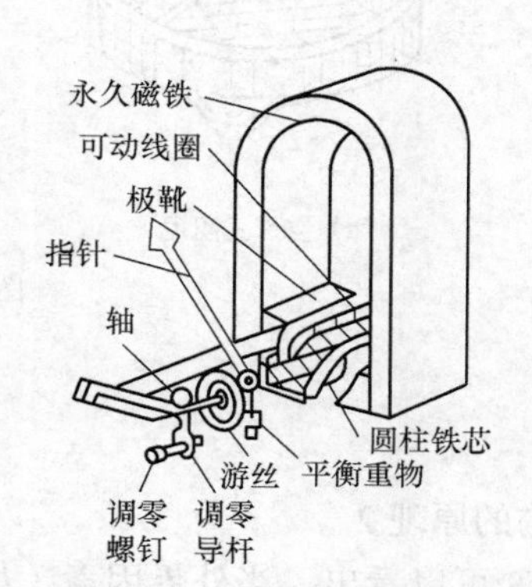

图 1-16 指针式仪表表头结构示意图

测量机构的组成：驱动装置、控制装置、固定部分、可动部分、阻尼装置等。

可动部分：产生转动力矩 M 的驱动装置。

为了使电测量指示仪表的指针能够在被测量的作用下产生偏转，就必须有一个能产生转动力矩的驱动装置，不同类型的仪表，驱动原理也不一样。

对电磁系、电动系仪表有

$$M=F(X,\alpha)$$

对磁电系仪表有

$$M=F(X)$$

如果测量机构只有驱动装置，而没有控制装置，则不论被测量 x 是大还是小，可动部分在转动力矩作用下，总是偏转到尽头，好像一杆不挂秤砣的秤，不论被测重量多大，秤杆总是向上翘起。平衡时

$$M\alpha=D\alpha$$

式中：D 为反作用力矩系数（弹性模量）；α为可动部分偏转角。

由于可动部分具有一定的转动惯量，这会造成指针在平衡位置附近来回摆动。

为了尽快读数，测量机构必须设有吸收这种振荡能量的阻尼装置，如图 1-17 所示，以便产生与可动部分运动方向相反的力矩，即阻尼力矩。

常用的阻尼装置有两种，一种是空气阻尼器，另一种是电磁阻尼器。

除了以上几种主要装置外，还应有指示装置，即指针式的指针与刻度盘、光标式的光路系统和刻度尺、调零器、平衡锤、止动器、外壳等部分。

测量机构的原理 1

当转动力矩等于反作用力矩时，可动部分就停止，这时对应的偏转角α可按下式推得，对

于磁电系仪表有

$$F(x)=D\alpha$$

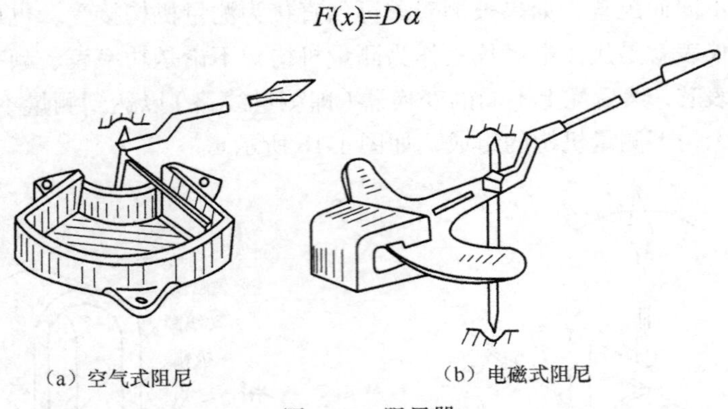

（a）空气式阻尼　　（b）电磁式阻尼

图 1-17　阻尼器

则

$$\alpha=F(x)/D$$

测量机构的原理 2

从图 1-18 可以看出，当外界因素（如振动）使可动部分偏离平衡位置时，将使 $M\neq M_\alpha$，从而产生差力矩 $M_b=M-M_\alpha$，这个力矩我们称之为定位力矩。定位力矩将力图使仪表的可动部分返回原来的平衡位置，但是由于轴尖与轴间总是存在摩擦力，可动部分总是没有办法回到原来的平衡点，从而造成仪表的示数误差，这种误差也称为摩擦误差，它是仪表基本误差的一个部分。为了减少摩擦误差，可以提高游丝反作用力矩系数 D，以便增加定位力矩，也可以想法减轻可动部分的重量，或提高制造精度减少摩擦力矩。除了用游丝产生反作用力矩外，还可以用张丝、吊丝或重力装置，也有用电磁力产生反作用力矩，如比率型电表。

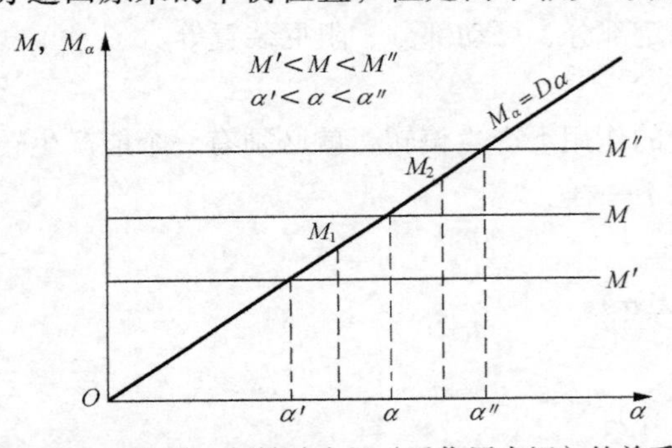

图 1-18　偏转角α与转动力矩（反作用力矩）的关系

磁电系仪表在电工仪表中占有重要地位。它广泛地应用于直流电流和直流电压的测量。与整流元器件配合，可以用于交流电流与电压的测量，与变换电路配合，还可以用于功率、频率、相位等其他电量的测量，也可以用来测量多种非电量，如温度，压力等。当采用特殊结构时，可制成检流计。磁电系仪表问世最早，由于近年来磁性材料的发展使它的性能日益提高，它成为最有发展前景的指示仪表之一。

测量机构工作时产生 3 个主要力矩。

① 作用力矩 M。要使仪表的指针偏转，在测量机构内必须有作用力矩作用在仪表的活动部件上。作用力矩一般是由磁场和电流线圈（或铁磁材料）的相互作用产生的（静电式仪表则由电场形成），而磁场的建立可用永久磁铁或用带电线圈。作用力矩与被测量 x 及偏转角α有一个完全确定的关系，即 $M=f_1(x,\alpha)$。

② 反作用力矩 M_α。若一仪表只有作用力矩而无反作用力矩，则无论被测量大小如何，指针都会偏转到满刻度位置，无法指示被测量的大小。反作用力矩也作用于仪表的活动部件上，

其方向与作用力矩方向相反，其大小是仪表活动部分偏转角α的函数，即$M_\alpha=f_2(\alpha)$。当反作用力矩与作用力矩相平衡时，指针达平衡状态，其指示值就是被测量。反作用力矩可由机械力，如游丝、张丝及吊丝等的扭力产生，也可以由电磁力产生，还可由处于磁场中的导体的涡流作用产生。

③ 阻尼力矩。当反作用力矩与作用力矩达平衡状态时，仪表指针应停在某一平衡位置不动，但实际中由于惯性，指针会在这一平衡位置来回摆动较长时间，导致读数困难并造成误差。为了减小指针在平衡位置的摆动次数和摆动幅度，必须使仪表的活动部件在运动的过程中受到一个与运动方向相反的作用力矩，通常叫阻尼力矩。一旦指针停止不动，阻尼力矩也就消失。常用的阻尼器有空气阻尼器和磁感应阻尼器。

目前，电工仪器和仪表向数字化方向发展很快，其结构有了较大的变化，不需要测量偏转机构，它能把模拟量直接转换成数字量显示出来，测量速度加快，便于读数，且精度提高。

3. 电工仪表的误差

我国国家标准规定：电压表和电流表在规定的条件下、有效量程范围内测量时的准确度等级有 11 个级别。与之对应的基本误差见表 1-12。

表 1-12　　电压表、电流表的准确度及其基本误差

准确度等级	0.05	0.1	0.2	0.3	0.5	1.0	1.5	2.0	2.5	3	5
基本误差（%）	± 0.05	± 0.1	± 0.2	± 0.3	± 0.5	± 1.0	± 1.5	± 2.0	± 2.5	± 3	± 5

仪表的准确度等级指数越小，使用该仪表时导致的引用误差就越小，基本误差也越小。

例如，用量程为 A_m、准确度为 a 级的仪表测量时，可能产生的最大绝对误差为$\Delta A_m\leqslant A_m\cdot(\pm a\%)$；若该仪表的读数为 A_x，则测量可能导致的最大相对误差为$\gamma=\Delta A/A_x\times100\%\leqslant A_m\cdot(\pm a\%)/A_x\times100\%$。从此式可以看出，仪表读数越大则相对误差越小，故使用时应尽可能使读数超过 2/3 的满量程，这样仪表导致的误差较小。

GB7676—87 中还规定：电阻表有 12 个准确度等级；功率表、相位表、功率因数表等都只有 10 个准确度等级，见表 1-13。

表 1-13　　常用仪表的准确度等级

准确度等级	0.05	0.1	0.2	0.3	0.5	1.0	1.5	2.0	2.5	3.0	3.5	5	10	20
电流、电压表	√	√	√	√	√	√	√	√	√	√		√		
功率、无功功率表	√	√	√	√	√	√	√	√	√		√			
相位、功率因数表		√	√	√	√	√	√	√	√	√		√		
电阻表	√	√	√		√	√	√	√	√	√		√	√	√

1.2.2 常用电工工具的安全使用

1. 安全用电与触电急救

安全用电是重点，了解人体触电的有关知识，安全用电的方法和安全用具，触电的原因及预防措施，触电急救的方法，电气防火、防爆、防雷常识等内容。

（1）触电的种类

电击：就是通常所说的触电，触电死亡的绝大部分是电击造成的。

电伤：由电流的热效应、化学效应、机械效应及电流本身作用所造成的人体外伤。

（2）电流伤害人体的因素

伤害程度一般与下面几个因素有关：

① 通过人体电流的大小；

② 电流通过人体时间的长短；

③ 电流通过人体的部位；

④ 通过人体电流的频率；

⑤ 触电者的身体状况。

电流通过人体脑部和心脏时最危险；40～60Hz 交流电对人危害最大。以工频电流为例，当 1mA 左右的电流通过人体时，人会产生麻刺等不舒服的感觉；10～30mA 的电流通过人体，人会产生麻痹、剧痛、痉挛、血压升高、呼吸困难等症状，但通常不致有生命危险；电流达到 50mA 以上，就会引起人心室颤动而有生命危险；100mA 以上的电流，足以致人于死地。通过人体电流的大小与触电电压差和人体电阻有关。

（3）触电的方式

① 单相触电。在低压电力系统中，若人站在地上接触到一根火线，即为单相触电或称单线触电，如图 1-19 所示。人体接触漏电的设备外壳，也属于单相触电。

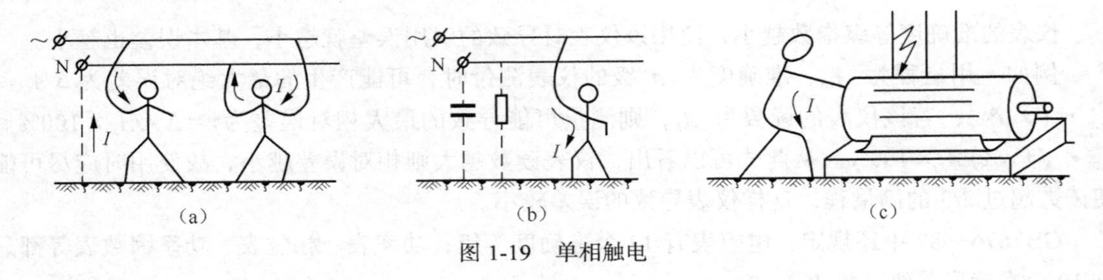

图 1-19 单相触电

② 两相触电。人体不同部位同时接触两相电源带电体而引起的触电叫两相触电，如图 1-20 所示。

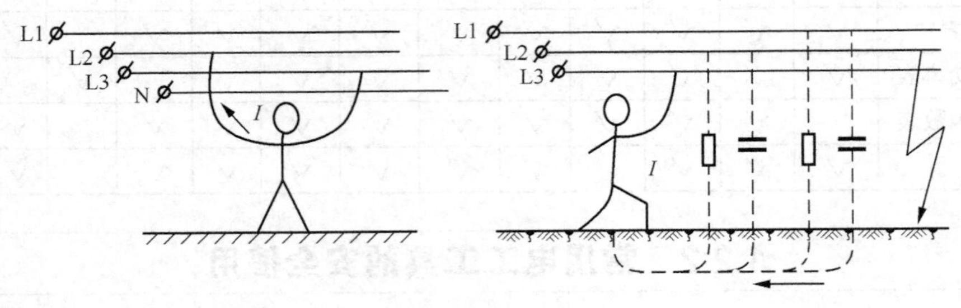

图 1-20 两相触电

③ 接触电压、跨步电压。当外壳接地的电气设备绝缘损坏而使外壳带电，或导线断落发生单相接地故障时，电流由设备外壳经接地线、接地体（或由断落导线经接地点）流入大地，向四周扩散（20m 半径范围），在导线接地点及周围形成强电场。

接触电压：人站在地上触及设备外壳所承受的电压。

跨步电压：人站立在设备附近地面上，两脚之间所承受的电压，如图 1-21 所示。

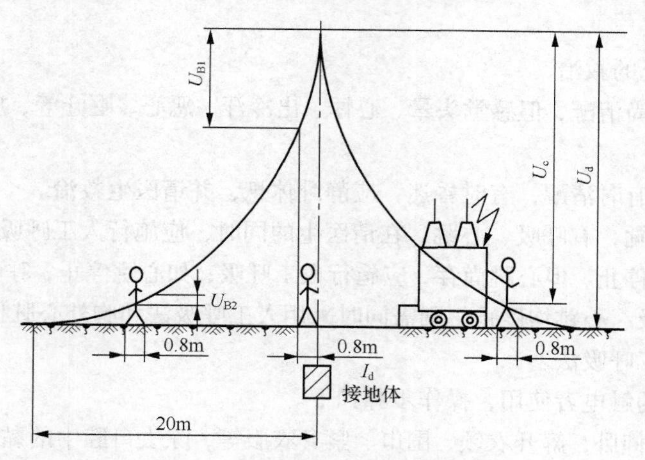

图 1-21　接触电压和跨步电压触电

（4）安全用具

常用安全用具有绝缘手套、绝缘靴、绝缘棒 3 种。

① 绝缘手套。绝缘手套由绝缘性能良好的特种橡胶制成，有高压、低压两种。操作高压隔离开关和油断路器等设备、在带电运行的高压电气和低压电气设备上工作时，预防接触电压。

② 绝缘靴。绝缘靴也是由绝缘性能良好的特种橡胶制成，带电操作高压或低压电气设备时，防止跨步电压对人体的伤害。

③ 绝缘棒。绝缘棒又称绝缘杆、操作杆或拉闸杆，用电木、胶木、塑料、环氧玻璃布棒等材料制成，结构如图 1-22 所示，主要包括：1—工作部分；2—绝缘部分；3—手握部分；4—保护环。

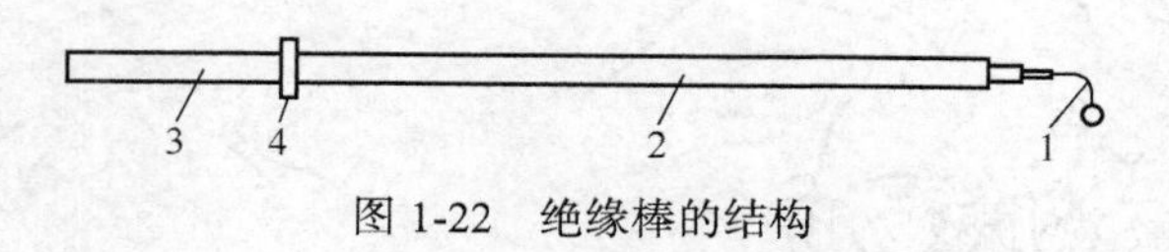

图 1-22　绝缘棒的结构

作用：操作高压隔离开关、跌落式熔断器，安装和拆除临时接地线，以及测量和试验等工作。

常用规格：500V、10kV、35kV 等。

（5）触电原因

1）触电方式。

直接触电：人体直接接触或过分接近带电体而触电。

间接触电：人体触及正常时不带电而发生故障时才带电的金属导体。

2）触电的原因。常见的触电原因：

① 线路架设不合规格；

② 电气操作制度不严格；

③ 用电设备不合要求；

④ 用电不规范。

2. 触电急救

（1）对不同情况的救治

① 触电者神智尚清醒，但感觉头晕、心悸、出冷汗、恶心、呕吐等，应让其静卧休息，减轻心脏负担。

② 触电者神智有时清醒，有时昏迷，应静卧休息，并请医生救治。

③ 触电者无知觉，有呼吸、心跳，在请医生的同时，应施行人工呼吸。

④ 触电者呼吸停止，但心跳尚存，应施行人工呼吸；如心跳停止，呼吸尚存，应采取胸外心脏挤压法；如呼吸、心跳均停止，则需同时采用人工呼吸法和胸外心脏挤压法进行抢救。

（2）口对口人工呼吸法

只对停止呼吸的触电者使用，操作步骤如下。

① 先使触电者仰卧，解开衣领、围巾、紧身衣服等，除去口腔中的黏液、血液、食物、假牙等杂物。

② 将触电者头部尽量后仰，鼻孔朝天，颈部伸直，如图 1-23 所示。救护人一只手捏紧触电者的鼻孔，另一只手掰开触电者的嘴巴，如图 1-24 所示。救护人深吸气后，紧贴着触电者的嘴巴大口吹气，使其胸部膨胀，之后救护人换气，放松触电者的嘴鼻，使其自动呼气。如此反复进行，吹气 2s，放松 3s，大约 5s 一个循环。

③ 吹气时要捏紧鼻孔，紧贴嘴巴，不使漏气，放松时应能使触电者自动呼气。其操作示意如图 1-25 和图 1-26 所示。

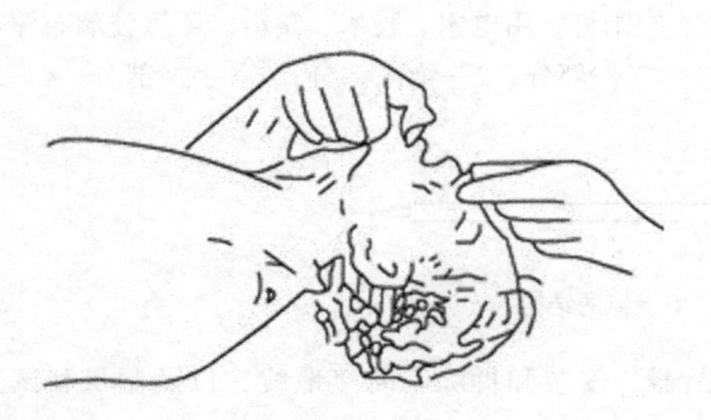

图 1-23　头部后仰

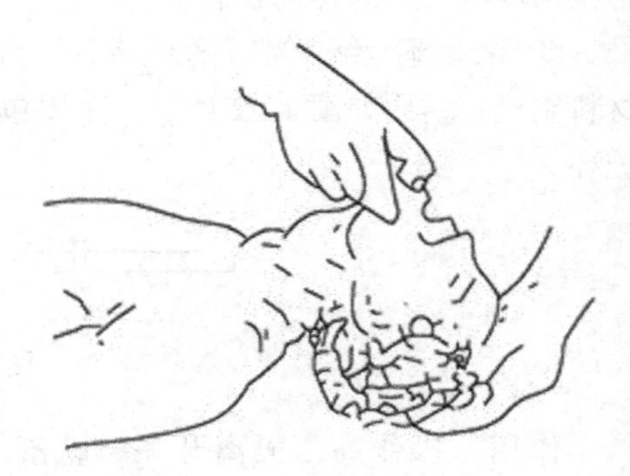

图 1-24　捏鼻掰嘴

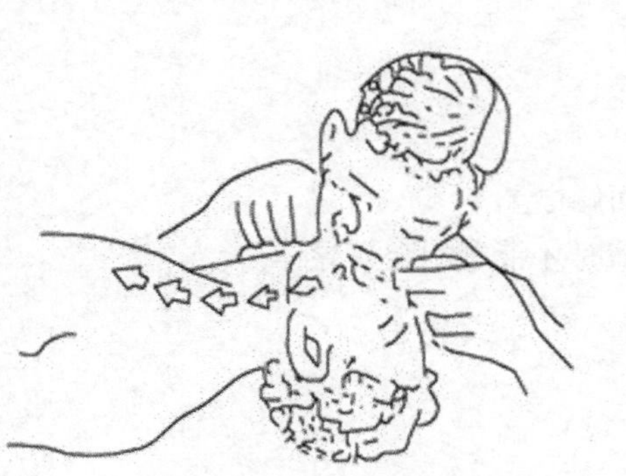

图 1-25　贴紧吹气

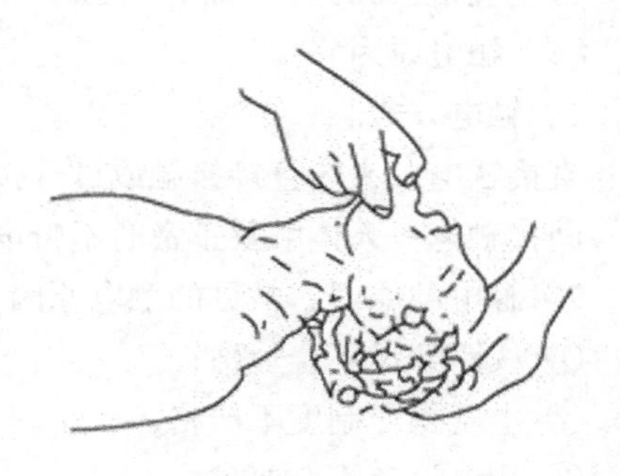

图 1-26　放松换气

④ 如触电者牙关紧闭，无法撬开，可采取口对鼻吹气的方法。

⑤ 对体弱者和儿童吹气时，用力应稍轻，以免肺泡破裂。

（3）胸外心脏挤压法

胸外心脏挤压法操作示意如图 1-27、图 1-28、图 1-29 和图 1-30 所示。

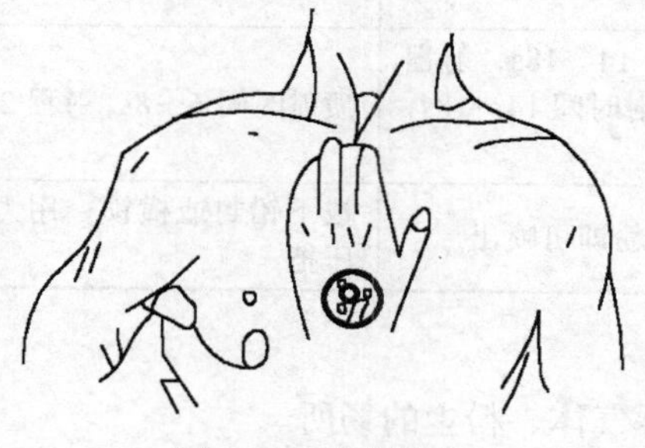
图 1-27　正确压点

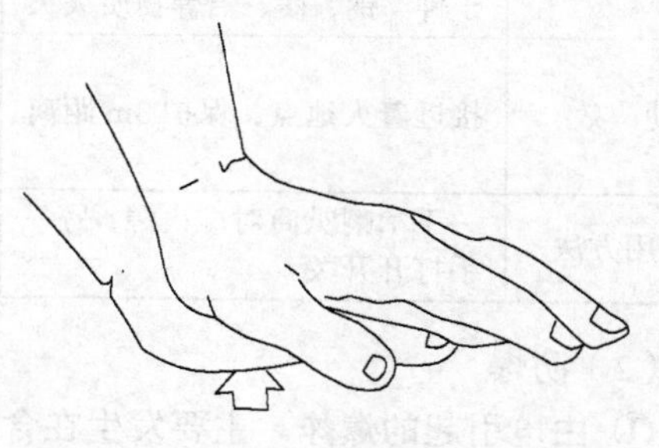
图 1-28　叠手姿势

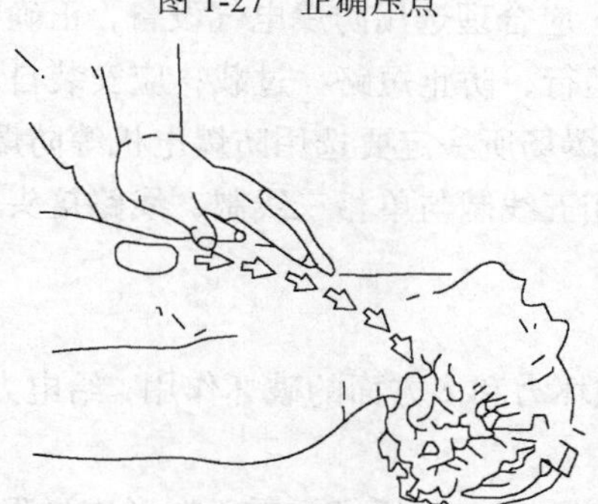
图 1-29　向下挤压

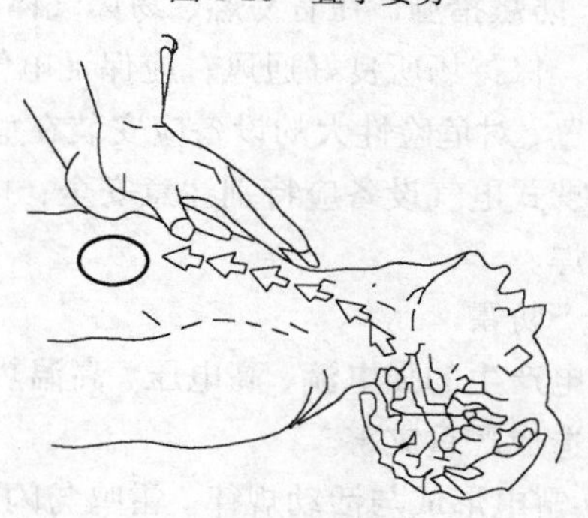
图 1-30　突然放松

3. 电气防火、防爆、防雷常识

（1）电气防火

① **电气火灾产生的原因**。几乎所有的电气故障都可能导致电气着火。如设备材料选择不当，过载、短路或漏电，照明及电热设备故障，熔断器的烧断、接触不良，以及雷击、静电等，都可能引起高温、高热或者产生电弧、放电火花，从而引发火灾事故。

② **电气火灾的预防方法**。应按场所的危险等级正确地选择、安装、使用和维护电气设备及电气线路，按规定正确采用各种保护措施。在线路设计上，应充分考虑负载容量及合理的过载能力；在用电上，应禁止过度超载及乱接乱搭电源线；对需在监护下使用的电气设备，应“人去停用”；对易引起火灾的场所，应注意加强防火，配置防火器材。

③ **电气火灾的紧急处理**。首先应切断电源，同时拨打火警电话报警。不能用水或普通灭火器（如泡沫灭火器）灭火，应使用干粉二氧化碳或“1211”等灭火器灭火，也可用干燥的黄沙灭火，常用电气灭火器的主要性能及使用方法见表 1-14。

表 1-14　　常用电气灭火器主要性能及使用方法

种　类	二氧化碳灭火器	干粉灭火器	“1211”灭火器
规 格	2kg、2～3kg、5～7kg	8kg、50kg	1kg、2kg、3kg
药 剂	瓶内装有液态二氧化碳	筒内装有钾或钠盐干粉，并备有盛装压缩空气的小钢瓶	筒内装有二氟一氯一溴甲烷，并充填压缩氮

续表

种　　类	二氧化碳灭火器	干粉灭火器	“1211”灭火器
用　途	不导电。可扑救电气、精密仪器、油类、酸类火灾。不能用于钾、钠、镁、铝等物质火灾	不导电。可扑救电气、石油（产品）、油漆、有机溶剂、天然气等火灾	不导电。可扑救电气、油类、化工化纤原料等初起火灾
功　效	接近着火地点，保护3m距离	8kg 喷射时间 14～18s，射程4.5m；50kg 喷射时间 14～18s，射程 6～8m	喷射时间 6～8s，射程 2～3m
使用方法	一手拿喇叭筒对准火源，另一手打开开关	提起圈环，干粉即可喷出	拔下铅封或横锁，用力压下压把

（2）防爆

① **由电引起的爆炸**。主要发生在含有易燃、易爆气体、粉尘的场所。

② **防爆措施**。在有易燃、易爆气体、粉尘的场所，应合理选用防爆电气设备，正确敷设电气线路，保持场所良好通风；应保证电气设备的正常运行，防止短路、过载；应安装自动断电保护装置，对危险性大的设备应安装在危险区域外；防爆场所一定要选用防爆电机等防爆设备，使用便携式电气设备应特别注意安全；电源应采用三相五线制与单相三线制，线路接头采用熔焊或钎焊。

（3）防雷

雷电产生的强电流、高电压、高温热具有很大的破坏力和多方面的破坏作用，给电力系统、给人类造成严重灾害。

1）雷电形成与活动规律。雷鸣与闪电是大气层中强烈的放电现象。雷云在形成过程中，由于摩擦、冻结等原因，积累起大量的正电荷或负电荷，产生很高的电位。当带有异性电荷的雷云接近到一定程度时，就会击穿空气而发生强烈的放电。

雷电活动规律：南方比北方多，山区比平原多，陆地比海洋多，热而潮湿的地方比冷而干燥的地方多，夏季比其他季节多。

一般来说，下列物体或地点容易受到雷击。

① 空旷地区的孤立物体、高于 20m 的建筑物，如水塔、宝塔、尖形屋顶、烟囱、旗杆、天线、输电线路杆塔等。在山顶行走的人畜，也易遭受雷击。

② 金属结构的屋面，砖木结构的建筑物或构筑物。

③ 特别潮湿的建筑物、露天放置的金属物。

④ 排放导电尘埃的厂房、排废气的管道和地下水出口、烟囱冒出的热气（含有大量导电质点、游离态分子）。

⑤ 金属矿床、河岸、山谷风口处、山坡与稻田接壤的地段、土壤电阻率小或电阻率变化大的地区。

2）雷电种类及危害。

① 直击雷。雷云较低时，在地面较高的凸出物上产生静电感应，感应电荷与雷云所带电荷相反而发生放电，所产生的电压可高达几百万伏。

② 感应雷。有静电感应雷和电磁感应雷，感应雷产生的感应过电压，其值可达数十万伏。

3）常用防雷装置。

① 避雷针的基本结构如图 1-31 所示，利用尖端放电原理，将雷云感应电荷积聚在避雷针

的顶部，与接近的雷云不断放电，实现地电荷与雷云电荷的中和。

单支避雷针的保护范围是从空间到地面的一个折线圆锥形，如图 1-32 所示。

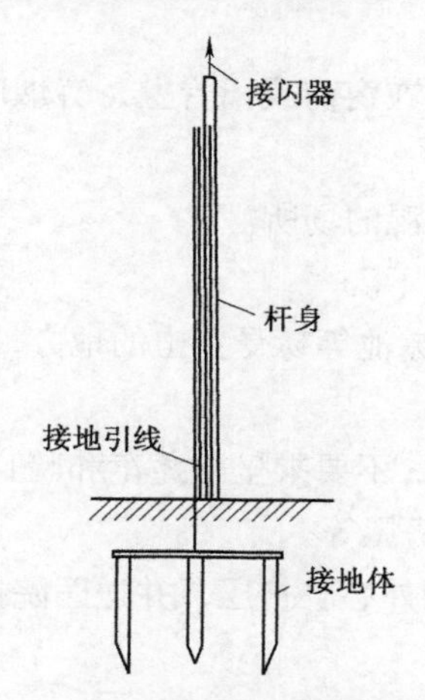

图 1-31　避雷针结构示意图

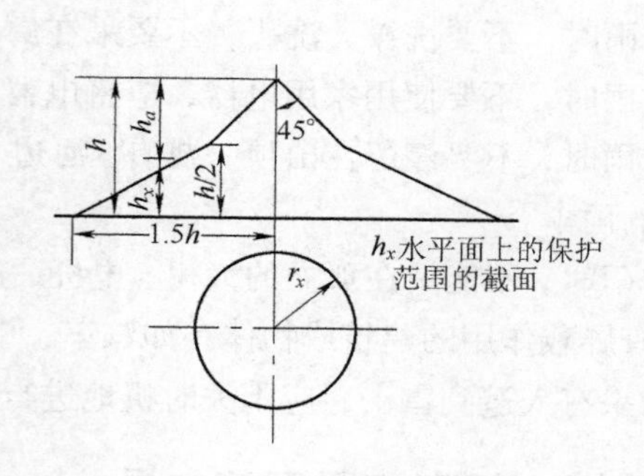

图 1-32　单支避雷针的保护范围

② 避雷线、避雷网和避雷带。保护原理与避雷针相同。避雷线主要用于电力线路的防雷保护，避雷网和避雷带主要用于工业建筑和民用建筑的保护。

③ 避雷器。有保护间隙、管形避雷器和阀形避雷器 3 种，其基本原理类似。正常时，避雷器处于断路状态。出现雷电过电压时发生击穿放电，将过电压引入大地。过电压终止后，迅速恢复阻断状态。

3 种避雷器中，保护间隙是一种最简单的避雷器，性能较差。管形避雷器的保护性能稍好，主要用于变电所的进线段或线路的绝缘弱点。工业变配电设备普遍采用阀形避雷器，通常安装在线路进户点。其结构如图 1-33 所示，主要由火花间隙和阀性电阻组成。火花间隙由铜片冲制而成，用云母片隔开，如图 1-34 所示。

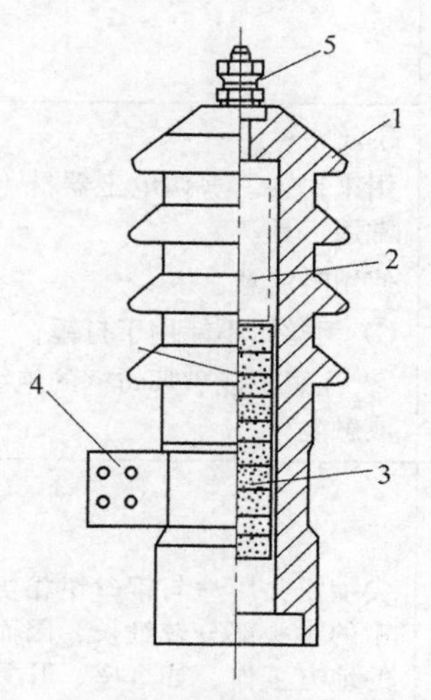

图 1-33　阀形避雷器结构示意图

1—瓷套；2—火花间隙；
3—电阻阀片；4—抱箍；5—接线鼻

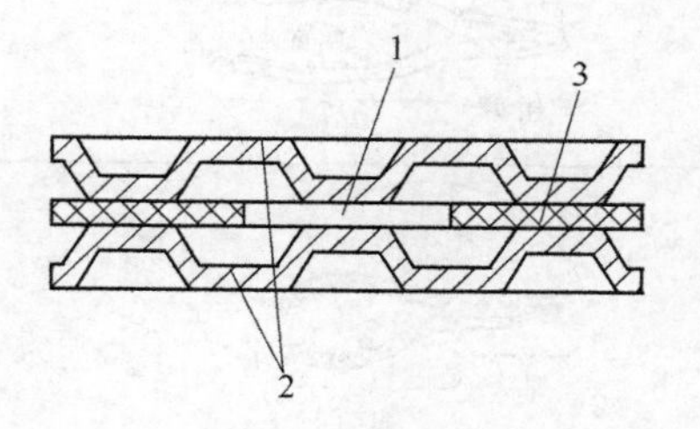

图 1-34　阀形避雷器的火花间隙

1—空气间隙；2—黄铜电极；
3—云母垫圈

（4）防雷常识

① 为防止感应雷和雷电侵入波沿架空线进入室内，应将进户线最后一根支承物上的绝缘子铁脚可靠接地。

② 雷雨时，应关好室内门囱，以防球形雷飘入；不要站在窗前或阳台上、有烟囱的灶前；应离开电力线、电话线、无线电天线 1.5m 以外。

③ 雷雨时，不要洗澡、洗头，不要呆在厨房、浴室等潮湿的场所。

④ 雷雨时，不要使用家用电器，应将电器的电源插头拔下。

⑤ 雷雨时，不要停留在山顶、湖泊、河边、沼泽地、游泳池等易受雷击的地方，最好不用带金属柄的雨伞。

⑥ 雷雨时，不能站在孤立的大树、电杆、烟囱和高墙下，不要乘坐敞蓬车和骑自行车。避雨应选择有屏蔽作用的建筑或物体，如汽车、电车、混凝土房屋等。

⑦ 如果有人遭到雷击，应不失时机地进行人工呼吸和胸外心脏挤压，并送医院抢救。

4. 剪切、折弯和紧固等工具

电工常用工具及其使用方法见表 1-15。

表 1-15　　　　工具图示及使用方法

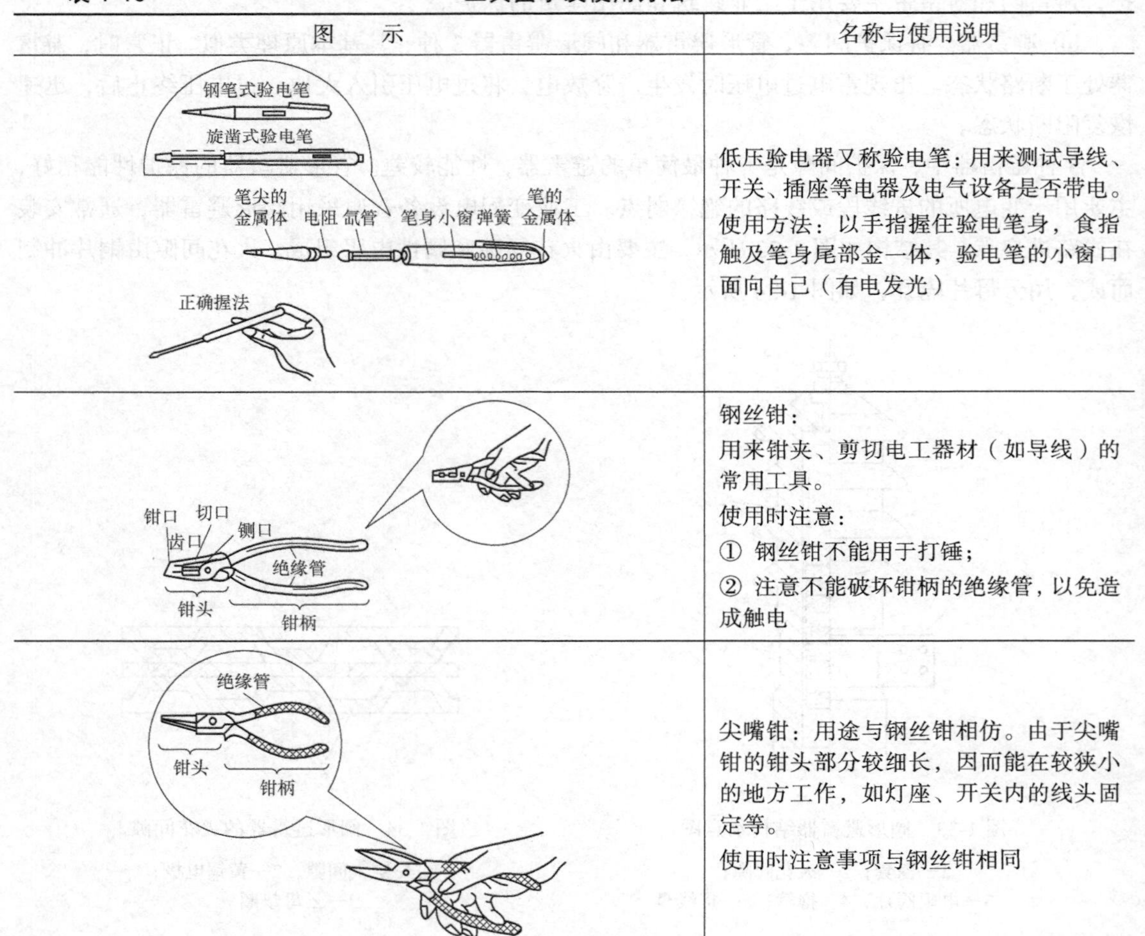

图　示	名称与使用说明
	低压验电器又称验电笔：用来测试导线、开关、插座等电器及电气设备是否带电。 使用方法：以手指握住验电笔身，食指触及笔身尾部金一体，验电笔的小窗口面向自己（有电发光）
	钢丝钳： 用来钳夹、剪切电工器材（如导线）的常用工具。 使用时注意： ① 钢丝钳不能用于打锤； ② 注意不能破坏钳柄的绝缘管，以免造成触电
	尖嘴钳：用途与钢丝钳相仿。由于尖嘴钳的钳头部分较细长，因而能在较狭小的地方工作，如灯座、开关内的线头固定等。 使用时注意事项与钢丝钳相同

续表

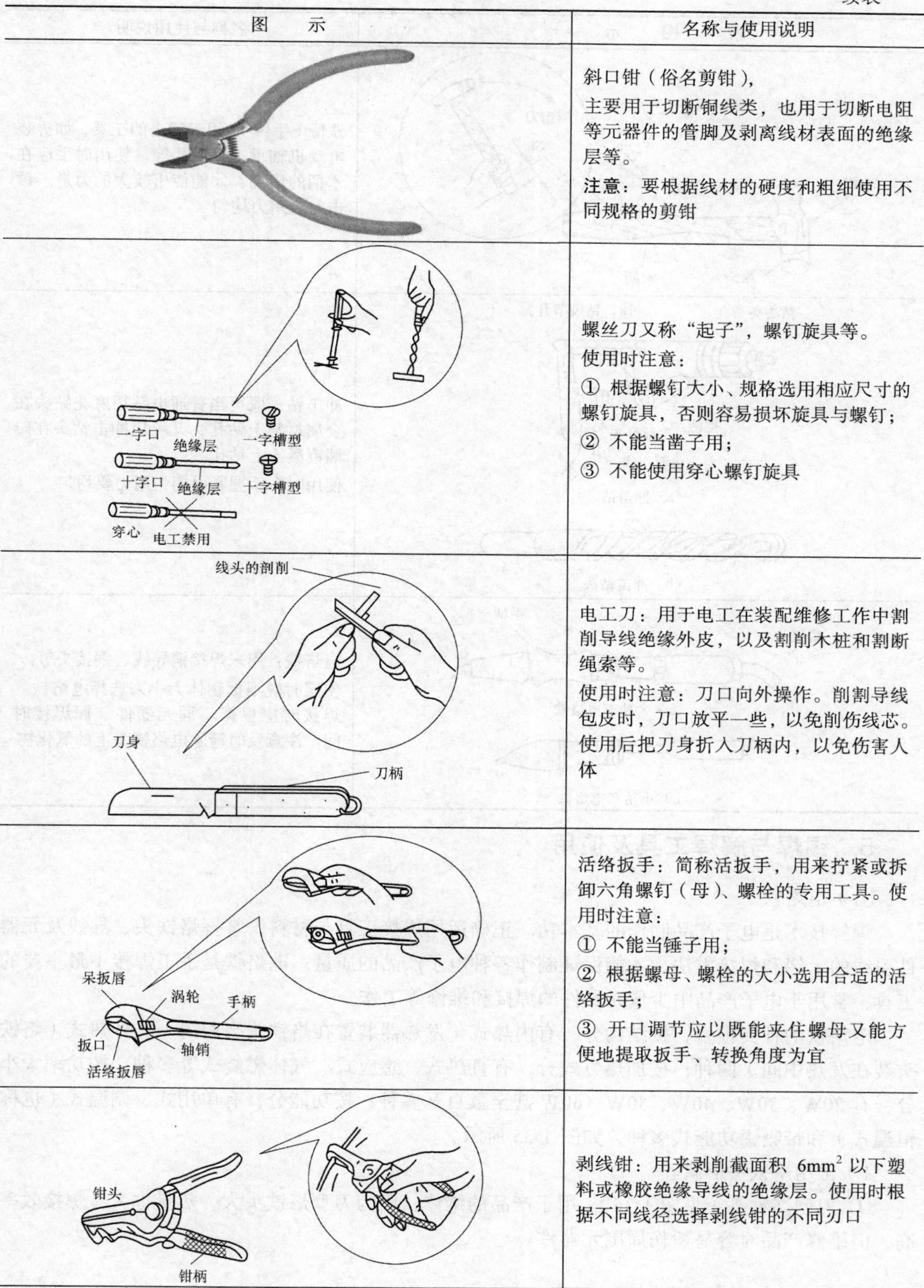

图　示	名称与使用说明
	斜口钳（俗名剪钳）， 主要用于切断铜线类，也用于切断电阻等元器件的管脚及剥离线材表面的绝缘层等。 注意：要根据线材的硬度和粗细使用不同规格的剪钳
	螺丝刀又称“起子”，螺钉旋具等。 使用时注意： ① 根据螺钉大小、规格选用相应尺寸的螺钉旋具，否则容易损坏旋具与螺钉； ② 不能当凿子用； ③ 不能使用穿心螺钉旋具
	电工刀：用于电工在装配维修工作中割削导线绝缘外皮，以及割削木桩和割断绳索等。 使用时注意：刀口向外操作。削割导线包皮时，刀口放平一些，以免削伤线芯。使用后把刀身折入刀柄内，以免伤害人体
	活络扳手：简称活扳手，用来拧紧或拆卸六角螺钉（母）、螺栓的专用工具。使用时注意： ① 不能当锤子用； ② 根据螺母、螺栓的大小选用合适的活络扳手； ③ 开口调节应以既能夹住螺母又能方便地提取扳手、转换角度为宜
	剥线钳：用来剥削截面积 $6mm^2$ 以下塑料或橡胶绝缘导线的绝缘层。使用时根据不同线径选择剥线钳的不同刃口

续表

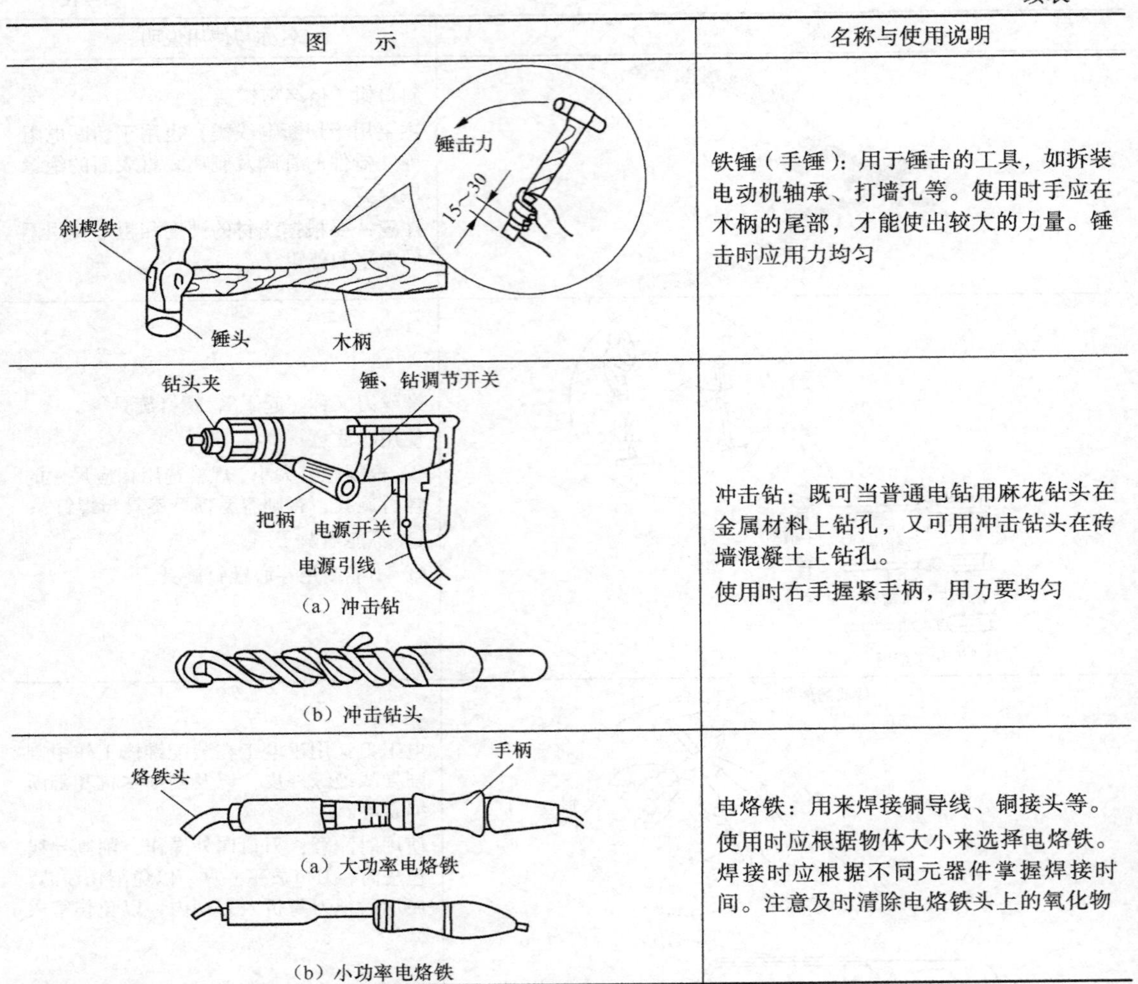

图　示	名称与使用说明
	铁锤（手锤）：用于锤击的工具，如拆装电动机轴承、打墙孔等。使用时手应在木柄的尾部，才能使出较大的力量。锤击时应用力均匀
（a）冲击钻 （b）冲击钻头	冲击钻：既可当普通电钻用麻花钻头在金属材料上钻孔，又可用冲击钻头在砖墙混凝土上钻孔。 使用时右手握紧手柄，用力要均匀
（a）大功率电烙铁 （b）小功率电烙铁	电烙铁：用来焊接铜导线、铜接头等。使用时应根据物体大小来选择电烙铁。焊接时应根据不同元器件掌握焊接时间。注意及时清除电烙铁头上的氧化物

5. 锡焊与解焊工具及使用

（1）电烙铁

焊接技术是电子产品制作的基本功。正确运用焊接工具与材料，掌握烙铁头、导线及元器件引线的上锡和焊接方法，才能保证制作各种电子产品的质量。电烙铁是手工焊接中最主要的工具，常用于电子产品中少量元器件的焊接和维修等工作。

电烙铁的种类很多，按结构分，有内热式（发热器装置在烙铁头空腔内）和外热式（烙铁头装在发热中间）两种；按加热方式分，有直热式、感应式、气体燃烧式等多种；按功率大小分，有20W、30W、40W、50W、60W甚至数百瓦多种；按功能分，有单用式、调温式（也称恒温式）和带吸锡功能式多种，如图1-35所示。

1）常用烙铁头形状。

① 刀型烙铁头（见图1-36）。用于产品的维修，因为刀型烙铁头大，热量也大，焊接效率高，但维修产品时容易烫伤周围元器件。

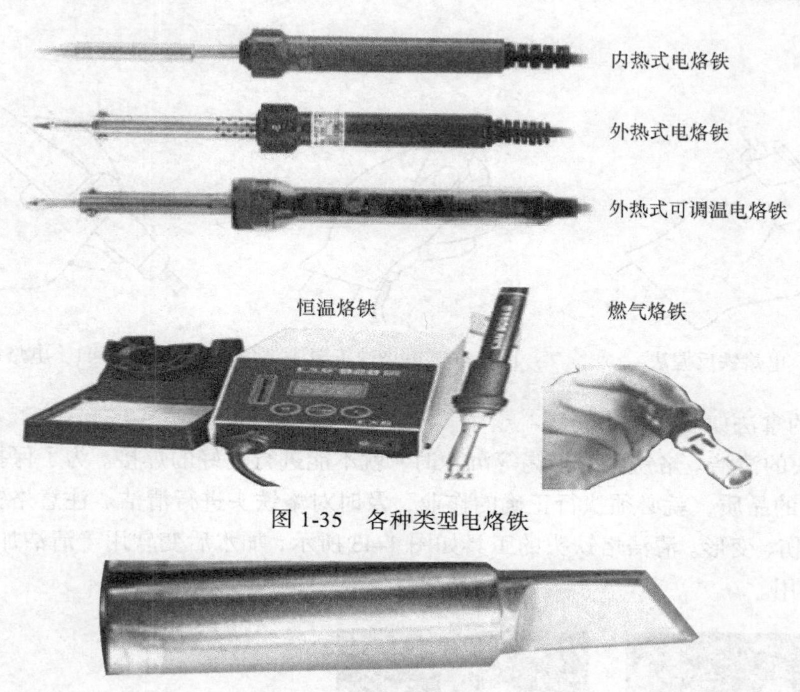

图 1-35　各种类型电烙铁

图 1-36　刀型烙铁头的形状

② 斜口型烙铁头（见图 1-37）。适用于产品上除 QFP 四方扁平封存及 BGA 矩阵排列以外的各种零件，如电阻、电容、电感等的焊接维修。斜口型烙铁头的体积要比刀型烙铁头的体积小，相对的烫伤基板的几率也比刀型烙铁小。

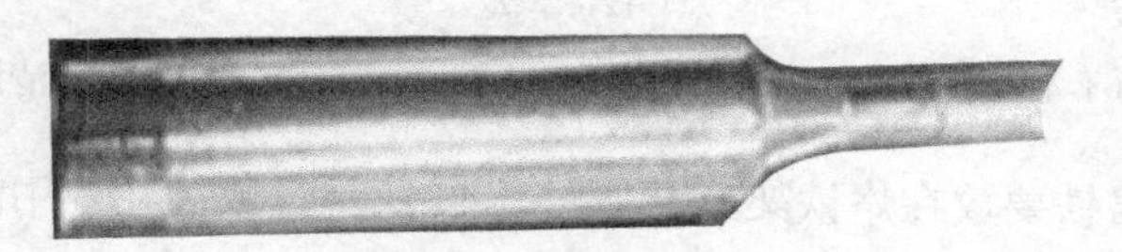

图 1-37　斜口型烙铁头的形状

③ 锥型烙铁头（见图 1-38）。锥型烙铁头比斜口型烙铁头的体积还要小，适用于维修细小零件。

图 1-38　锥型烙铁头的形状

2）烙铁的拿法。正确的烙铁拿法可以提高作业效率和减少人的工作疲劳，下面介绍常见的烙铁拿法。

① 反握法（见图 1-39）。像握拳一样握烙铁，烙铁头向下。适用于大功率烙铁操作，大型物件的焊接，基本不使用在印制电路板上。

② 正握法（见图 1-40）。握持烙铁时拳心朝下，烙铁头朝前适于中功率烙铁或带弯头电烙铁的操作，基本不使用在印制电路板上。

③ 握笔法（见图 1-41）。像用钢笔写字一样夹紧前端，适用于小和细的焊材、热容量小的

元器件焊接。

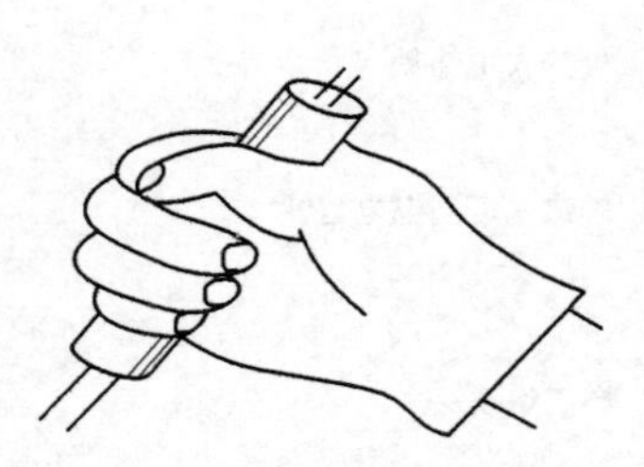

图 1-39　电烙铁反握法

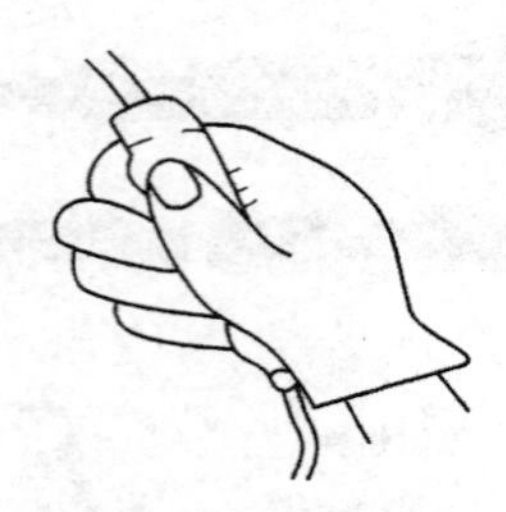

图 1-40　电烙铁正握法

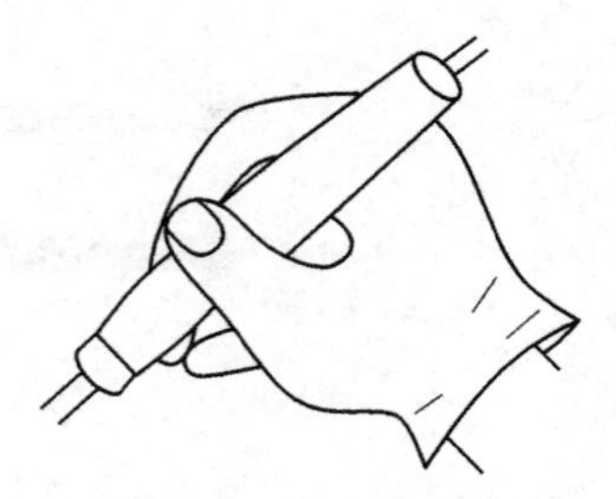

图 1-41　电烙铁握笔法

3）焊锡的拿法如图 1-42 所示。

4）烙铁头的清洁。烙铁头有焊锡等沉积时，就不能进行良好的焊接。为了保持烙铁头的良好状态和焊接的品质，就必须执行正确的作业，及时对烙铁头进行清洁。注意烙铁头不要碰到硬物，防止损伤、变形。清洁烙铁头的工具如图 1-43 所示，加水后变软用于清洁加热的烙铁头，擦干后方可使用。

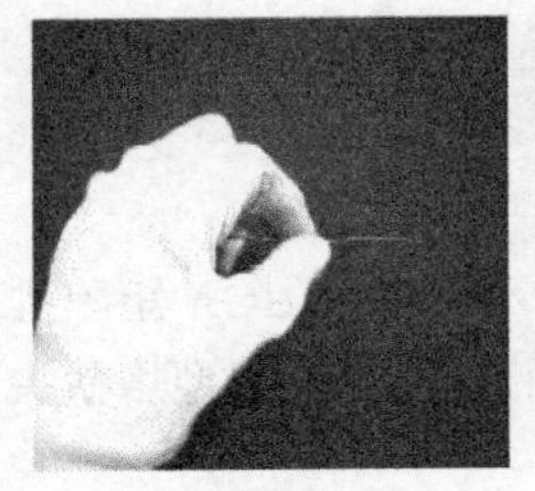

连续焊接持拿法

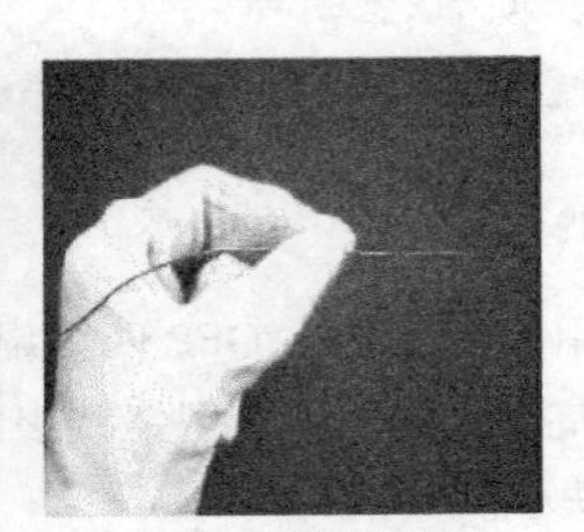

单独一点焊接持拿法

图 1-42　焊锡丝的拿法

图 1-43　清洁烙铁头的工具

暂时不用的热电烙铁要放在烙铁架上，如图 1-44 所示，或插在专用电烙铁架插孔里。

（2）吸锡枪（见图 1-45）

吸锡枪主要用在通孔元器件的拆装和焊接上。在生产中发现有元器件错装或需要更换元器件时，用吸锡枪将印制电路板（PCB）通孔打通后再装上元器件后焊接。

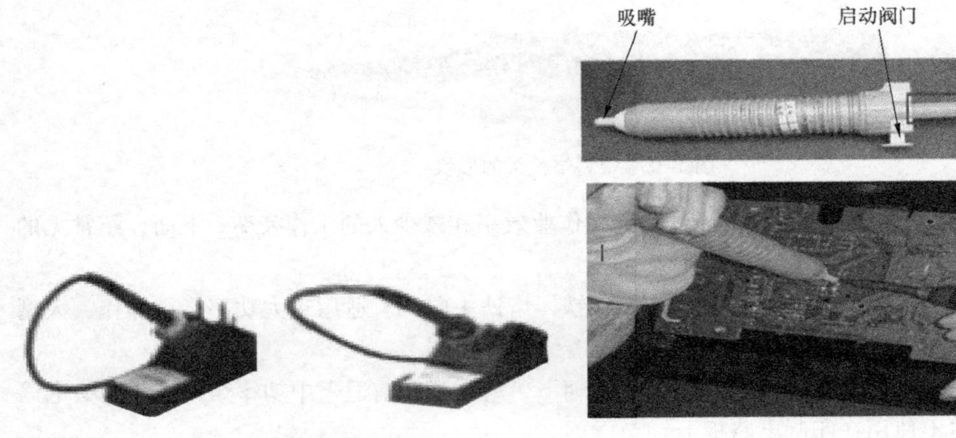

图 1-44　两种烙铁架

图 1-45　吸锡枪

（3）锡焊焊接工艺

焊接材料有焊锡和助焊剂。

1）上锡。新的电烙铁或使用久后更新的烙铁头，只要其烙铁头没有一层锡，使用前就必须先上锡，然后才能使用；用过的电烙铁，由于使用不当，烙铁头尖端表面氧化，呈现黑色，如果再使用也必须重新上锡，如图 1-46 所示。

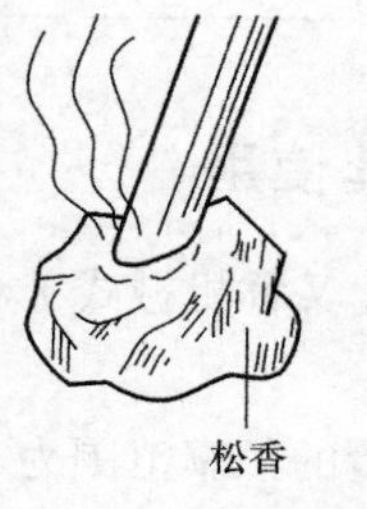

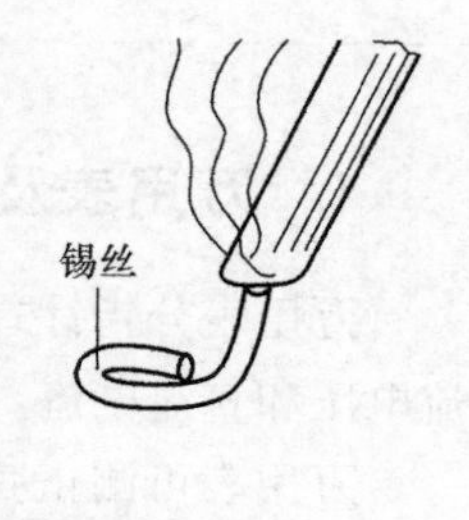

图 1-46　电烙铁头上锡

上锡方法为：将电烙铁通电预热，然后碰松香和锡丝，尖端就会附一层银白色的锡，电烙铁即可使用。

此外，还有漆包线、塑料导线、元器件引线的上锡。在进行上锡操作时，要特别注意安全用电，发现问题要及时切断电源。在操作时，还要防止划伤、烫伤等，在刮除导线氧化层、漆层时，不要刮伤桌面，操作时养成良好的习惯。

2）焊接方法。常用的焊接方法有两种：送锡焊接法、带锡焊接法。当操作者的一个手拿电烙铁后，如果另一个手可腾出来拿锡丝时，最好采用送锡焊接法，这样可比较容易保证焊点的质量。如果另一个手需要拿镊子夹元器件等时，那么就只能采用带锡焊接法。焊接耳机插座、双联电容器及集成电路时，一定要注意焊接时间不要过长，否则过高的温度容易通过引线传导至塑料而使其烫坏，造成整个器件的损坏；焊接话筒、三极管等元器件时，焊接时间也不宜过长，否则也会损坏器件；焊接集成电路（含音乐芯片）、场效应管时，电烙铁的外壳应有良好的接地，如果无条件将电烙铁外壳接地，则焊每个点时必须把电烙铁的插头拔下才能进行。这样才能防止集成电路在焊接时不被损坏。

初学焊接时，容易出现虚焊和假焊的情况，虚焊和假焊会给电子产品带来隐患，焊接时一定要保证质量。虚焊是由于焊接前没有将引线上锡而造成的。假焊是由于被焊件和焊盘氧化而没有处理造成的。造成元器件虚焊和假焊的主要原因是：

① 焊接的金属引线没有上锡或上得不好。

② 没有清除焊盘的氧化层和污垢，或者清除不彻底。

③ 电烙铁焊接时间过短，焊锡没有达到足够的温度。

④ 焊接还未完全凝固（冷却）就晃动了元器件。

出现错焊、虚焊和假焊时，就需要从印制电路板上把元器件拆卸下来，这就需要掌握解焊技术。

解焊的基本操作是：首先用电烙铁加热焊点，使焊点上的锡熔化；其次，要吸走熔锡，可用带吸锡器的电烙铁一点点地吸走，有条件的也可用专用设备吸锡器吸走熔锡；再次，要取下元器件，可用镊子镊住取出或用空心套筒套住引脚，并在钩针的帮助下卸下元器件。

解焊过程要注意，当还没有断定被解焊的元器件已损坏时，不要硬拉下来，不然会拉断或弄坏引脚。对那些焊接时曾经采取散热措施的，解焊过程中仍需要采取。对于集成电路解焊更要注意，因为集成电路引脚多，解焊时要一根一根地把引脚加热、熔锡、吸走熔锡后才能拆卸集成电路，有条件的可用集成电路拆卸刀解焊。

在学习焊接的过程中，应该牢记：凡是要焊接的部位，必须先上锡（已上锡或很光亮的元器件可不必上锡），没有上锡就不要焊接。

1.2.3 常用电工仪表的使用

1. 万用表及其使用

万用表分指针式（又称机械式）和数字式两大类，它们的基本用途是测量电阻，交流、直流电压和直流电流。

万用表可测正弦量的频率范围为 45～1 000Hz。有些万用表还可以测量交流电流、晶体管的 h 参数、电平、电感电容等。

使用指针式万用表之前，应检查指针是否在零位。若发现指针不在零位（应该在零位），应通过表盖面板上的螺钉式机械零位调整器进行调整。测量电阻（电感或电容）时，在量程选定后，还应将两测量表笔短接，调节面板上欧姆调零旋钮，使指针在欧姆标度尺的零位。

以 MF30 型指针式万用表和 DT840 型数字式万用表为例，（如图 1-47 和图 1-48 所示）了解万用表的结构和性能，学会使用万用表正确测量电压、电流和电阻等基本电量的方法，熟悉有关使用的注意事项。

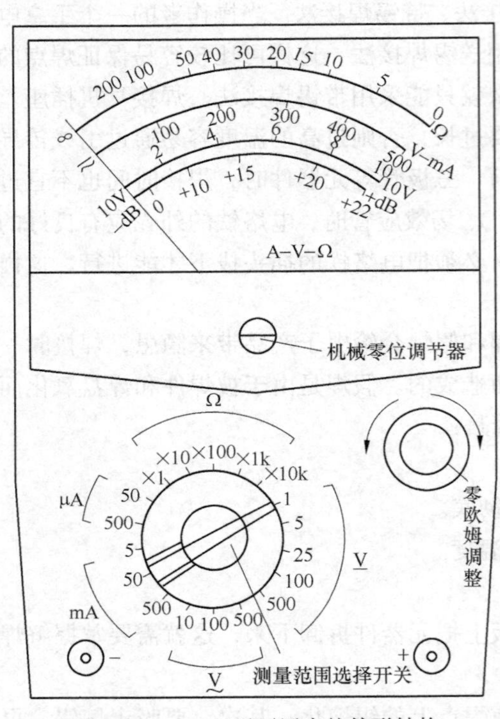

图 1-47　MF30 型万用表的外形结构

（1）指针式万用表

1）指针式万用表的结构。指针式万用表主要由表头、测量线路、转换开关 3 部分组成。其外形结构如图 1-47 所示。

使用指针式万用表，主要注意以下几点。

① 使用前，应将表头指针调零。

② 测量前，应根据被测电量的项目和大小，将转换开关拨到合适的位置。

③ 测量完毕，应将转换开关拨到最高交流电压挡，有的万用表（如 500 型）应将转换开关拨到标有“●”的空挡位置。

2）交流电压的测量。

① 测量前，将转换开关拨到对应的交流电压量程挡。如果事先不知道被测电压大小，量程宜放在最高挡，以免损坏表头。

② 测量时，将表笔并联在被测电路或被测元器件两端。严禁在测量中拨动转换开关选择量程。

③ 测电压时，要养成单手操作习惯，且注意力要高度集中。

④ 由于表盘上交流电压刻度是按正弦交流电标定的，如果被测电量不是正弦量，误差会较大。

⑤ 可测交流电压的频率范围一般为 45～1000Hz，如果超过范围，误差会增大。

3）直流电压的测量。测量方法与交流电压基本相同，但要注意以下两点。

① 与测量交流电压一样，测量前要将转换开关拨到直流电压的挡位上，在事先不清楚被测电压高低的情况下，量程宜大不宜小；测量时，表笔要与被测电路并联，测量中不允许拨动转换开关。

② 测量时，必须注意表笔的正负极性。红表笔接被测电路的高电位端，黑表笔接低电位端。若表笔接反了，表头指针会反打，容易打弯指针。如果不知道被测点电位高低，可将表笔轻轻地试触被测点。若指针反偏，说明表笔极性反了，交换表笔即可。

4）直流电流的测量。

① 测量时，万用表必须串入被测电路，不能并联。

② 必须注意表笔的正、负极性。测量时，红表笔接电路断口高电位端，黑表笔接低电位端。

③ 在不清楚被测电流大小情况下，量程宜大不宜小。严禁在测量中拨动转换开关选择量程。

5）电阻的测量。

① 正确选择电阻倍率挡，使指针尽可能接近标度尺的几何中心，可提高测量数据的准确性。

② 严禁在被测电路带电的情况下测量电阻。

③ 测量时，直接将表笔跨接在被测电阻或电路的两端，注意不能用手同时触及电阻两端，以避免人体电阻对读数的影响。

④ 测量热敏电阻时，应注意电流热效应会改变热敏电阻的阻值。

（2）数字式万用表

数字式万用表的核心部分为数字电压表（DVM），它只能测量直流电压，因此，各种参数的测量都是首先经过相应的变换器，将各参数转化成数字电压表可接受的直流电压，然后送给数字电压表 DVM，在 DVM 中，经过模数（A/D）转换，变成数字量，然后利用电子计数器计数并以十进制数字显示被测参数。数字万用表的一般结构框图如图 1-48 所示。其中在功能变换器中，主要有电流—电压变换器、交流—直流变换器、电阻—电压变换器等。

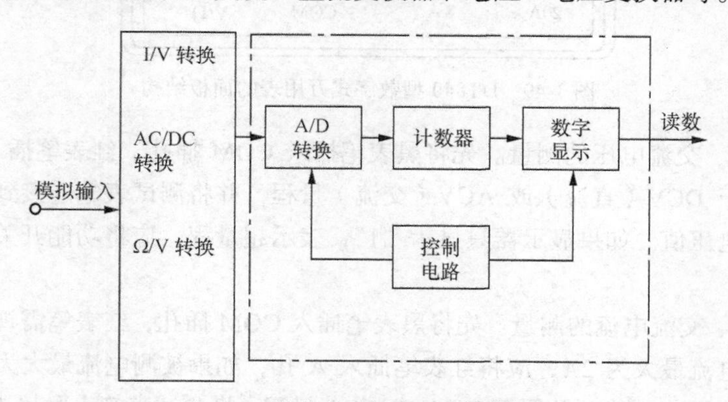

图 1-48 数字式万用表一般结构框图

1）DT840 型数字式万用表面板结构。DT840 型数字式万用表的面板结构如图 1-49 所示。面板上有显示器、电源开关、H_{FE} 测量插孔、电容测量插孔、量程转换开关、电容零点调节旋钮、4 个输入插孔等。

2）数字式万用表的结构框图。DT840 型数字式万用表的结构框图如图 1-48 所示。

数字式万用表没有机械零位，也没有欧姆调节电位器，一般不必调零。但也应检查零输入状态时显示器上的显示是否为零，若显示不为零，则说明此表有问题，不能使用。

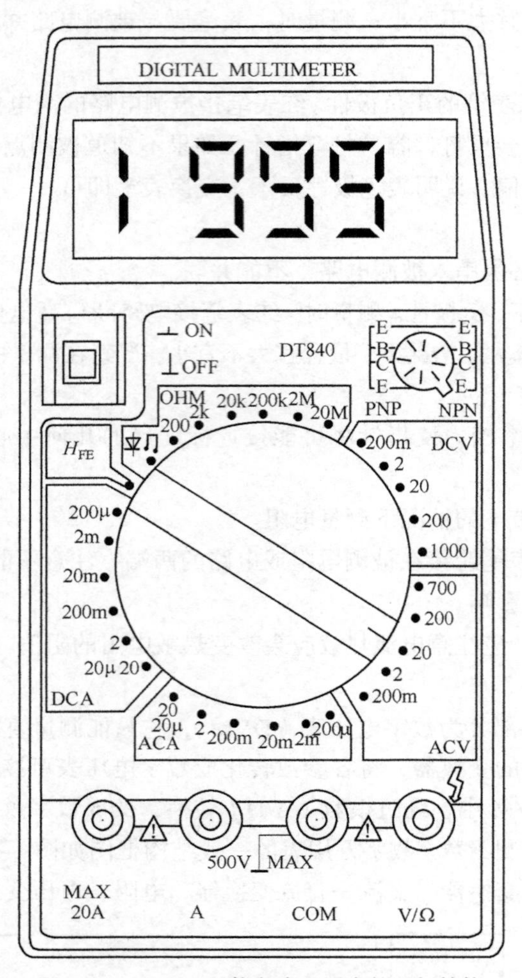

图 1-49 DT840 型数字式万用表的面板结构

3）直流电压、交流电压的测量。先将黑表笔插入 COM 插孔，红表笔插入 V/Ω 插孔，然后将功能开关置于 DCV（直流）或 ACV（交流）量程，并将测试表笔连接到被测源两端，显示器将显示被测电压值。如果显示器只显示“1”，表示超量程，应将功能开关置于更高的量程（下同）。

4）直流电流、交流电流的测量。先将黑表笔插入 COM 插孔，红表笔需视被测电流的大小而定。如果被测电流最大为 2A，应将红表笔插入 A 孔；如果被测电流最大为 20A，应将红表笔插入 20A 插孔。再将功能开关置于 DCA 或 ACA 量程，将测试表笔串联接入被测电路，显示器即显示被测电流值。

5）电阻的测量。先将黑表笔插入 COM 插孔，红表笔插入 V/Ω 插孔（注意：红表笔极性此时为“+”，与指针式万用表相反），然后将功能开关置于 OHM 量程，将两表笔连接到被测电路上，显示器将显示出被测电阻值。

6）二极管的测试。先将黑表笔插入 COM 插孔，红表笔插入 V/Ω 插孔，然后将功能开关置于二极管挡，将两表笔连接到被测二极管两端，显示器将显示二极管正向压降的 mV 值。当二极管反向时则过载。

根据万用表的显示，可检查二极管的质量及鉴别所测量的管子是硅管还是锗管。

① 测量结果若在 1V 以下，红表笔所接为二极管正极，黑表笔为负极。

② 测量显示为 550～700mV 者为硅管，显示为 150～300mV 者为锗管。

③ 如果两个方向均显示超量程，则二极管开路；若两个方向均显示“0”V，则二极管击穿或短路。

7）晶体管放大系数 H_{FE} 的测试。将功能开关置于 H_{FE} 挡，然后确定晶体管是 NPN 型还是 PNP 型，并将发射极、基极、集电极分别插入相应的插孔。此时，显示器将显示出晶体管的放大系数 H_{FE} 值。

① 基极判别。将红表笔接某极，黑表笔分别接其他两极，若都出现超量程或电压都小，则红表笔所接为基极；若一个超量程，一个电压小，则红表笔所接不是基极，应换管脚重测。

② 管型判别。在上面测量中，若显示都超量程，为 PNP 管；若电压都小（0.5～0.7V），则为 NPN 管。

③ 集电极、发射极判别。用 H_{FE} 挡判别。在已知管子类型的情况下（此处设为 NPN 管），将基极插入 B 孔，其他两极分别插入 C、E 孔。若结果为 H_{FE} 为 1～10（或十几），则三极管接反了；若 H_{FE} 为 10～100（或更大），则接法正确。

8）带声响的通断测试。先将黑表笔插入 COM 插孔，红表笔插入 V/Ω 插孔，然后将功能开关置于通断测试挡（与二极管测试量程相同），将测试表笔连接到被测导体两端。如果表笔之间的阻值低于约 30Ω，蜂鸣器会发出声音。

在操作中应注意以下几点（指直接测量）。

① 测量电流时，电流表（包括其他仪表和仪器的电流线圈）必须串联于被测支路中，切不可跨接在有电压降的电路元器件上（即不能与电路元器件并联），否则，将烧坏电流表或电流线圈。

② 测量电压时，电压表（含万用表的电压挡或功率表的电压线圈等）应并联在被测元器件上，而不可串联在被测支路中。

③ 测量电阻（含电感和电容的测量）时，欧姆表并联接在被测电阻两端进行测量。必须先将被测元器件所在支路的电源切断（对电容器，停电后还应短路放电），并切断一切可能出现的与被测元器件并联的支路，也就是说，应在停电状态下测量被测元器件本身的参数。

2. 兆欧表（摇表）及其使用

兆欧表是一种测量电器设备及电路绝缘电阻的仪表，它的结构和工作原理如下。

兆欧表外形如图 1-50（a）所示，主要包括 3 个部分：手摇直流发电机（或交流发电机加整流器）、磁电式流比计、接线柱（L、E、G）。它的工作原理可用图 1-50（b）来说明。

（1）测量前的检查

① 检查兆欧表是否正常。

② 检查被测电气设备和电路，看是否已切断电源。

③ 测量前应对设备和线路进行放电，减少测量误差。

（2）使用方法（表 1-16）

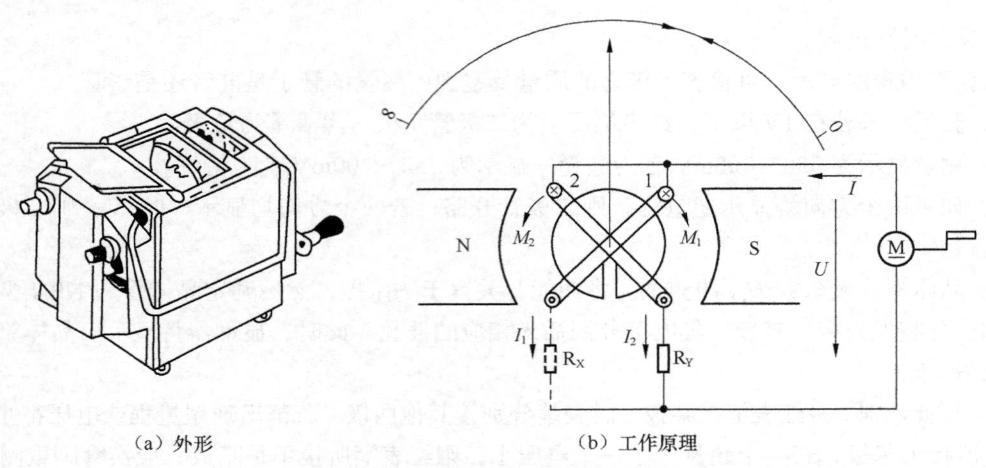

（a）外形　　（b）工作原理

图 1-50　兆欧表的外形和工作原理示意图

表 1-16　兆欧表的使用方法

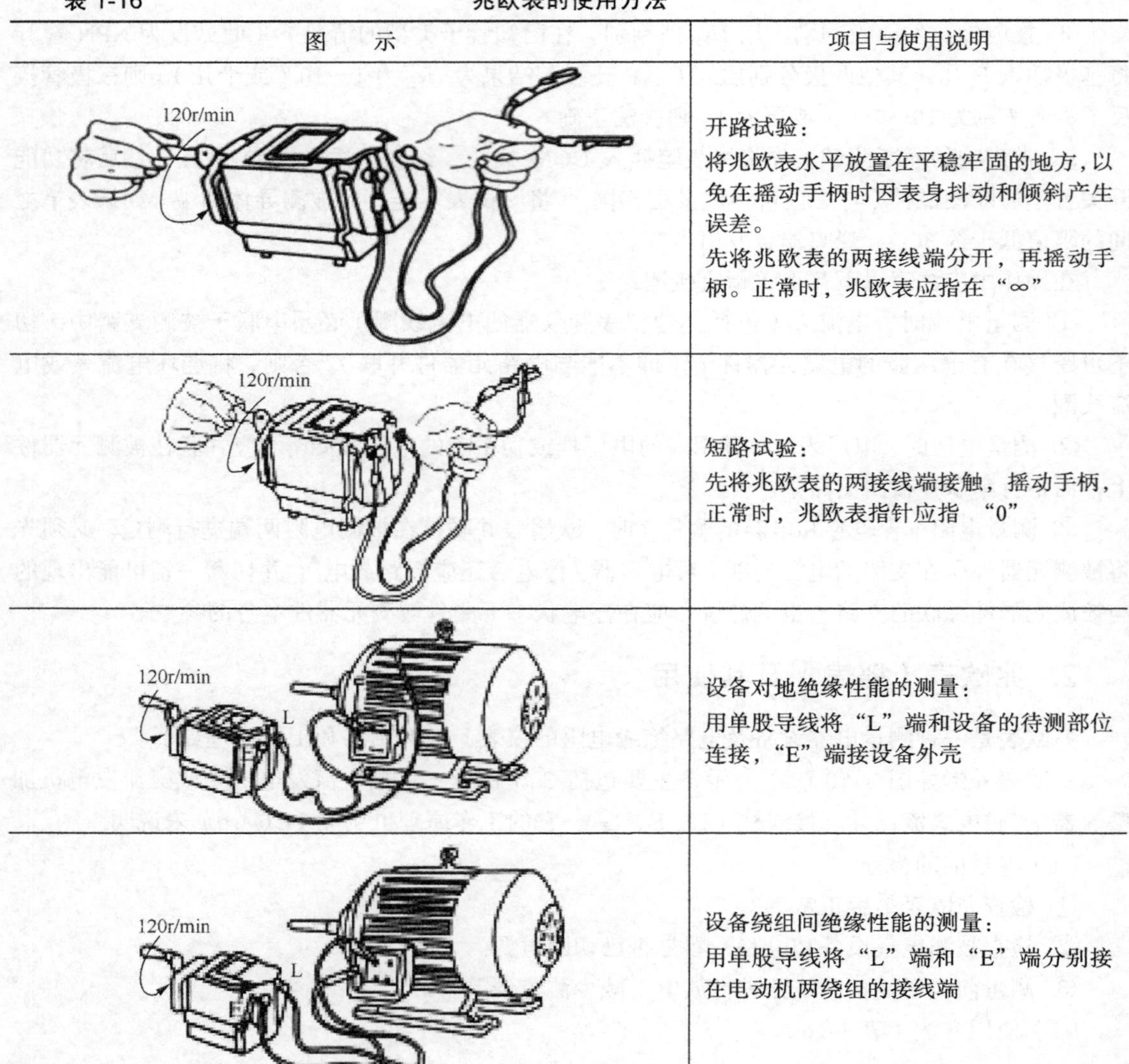

图　示	项目与使用说明
	开路试验： 将兆欧表水平放置在平稳牢固的地方，以免在摇动手柄时因表身抖动和倾斜产生误差。 先将兆欧表的两接线端分开，再摇动手柄。正常时，兆欧表应指在“∞”
	短路试验： 先将兆欧表的两接线端接触，摇动手柄，正常时，兆欧表指针应指“0”
	设备对地绝缘性能的测量： 用单股导线将“L”端和设备的待测部位连接，“E”端接设备外壳
	设备绕组间绝缘性能的测量： 用单股导线将“L”端和“E”端分别接在电动机两绕组的接线端

① 将兆欧表水平放置在平稳牢固的地方。

② 正确连接线路。

③ 摇动手柄，转速控制在 120r/min 左右，允许有 ± 20%的变化，但不得超过 25%。摇动 1min 后，待指针稳定下来再读数。

④ 兆欧表未停止转动前，切勿用手触及设备的测量部分或摇表接线柱。

⑤ 禁止在雷电时或附近有高压导体的设备上测量绝缘。

⑥ 应定期校验，检查其测量误差是否在允许范围以内。

⑦ 使用后，将“L”、“E”两导线短接，对兆欧表放电，以免发生触电事故。

选用兆欧表主要考虑它的输出电压及测量范围，见表 1-17。

表 1-17　兆欧表选择举例

被测对象	被测设备或线路额定电压（V）	选用的摇表（V）
线圈的绝缘电阻	500 以下	500
	500 以上	1000
电机绕组绝缘电阻	500 以下	1000
变压器、电机绕组、绝缘电阻	500 以上	1000～2500
电器设备和电路绝缘	500 以下	500～1000
	500 以上	2500～5000

3. 交、直流毫安表、安培表、伏特表的使用

在实验中，广泛采用 D26 型携带式 0.5 级电动式交、直流毫安表、安培表、伏特表，用于直流及交流 50 Hz（或 60 Hz）电路中测量电流、电压。

仪表的使用条件：周围空气温度在 0℃～40℃，相对湿度不超过 85%。

① 使用时仪表应放置在水平位置，尽可能远离强电流导线和强磁性物质，以免增加测量误差。

② 仪表指针如不在零位时，可利用表盖上的调节器调整。

③ 根据所需测量范围应有两种接法。一种是低量限串联连接，如图 1-51 所示，另一种是高量限并联连接，如图 1-52 所示。在通电前，必须对线路中电流或电压有所估计，避免超载，使仪表遭到损坏。

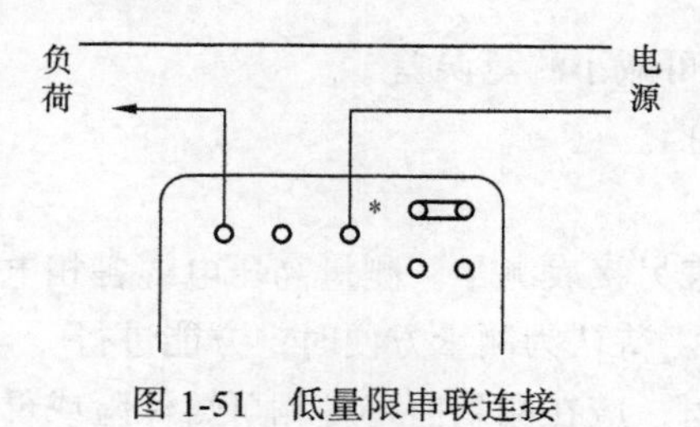

图 1-51　低量限串联连接

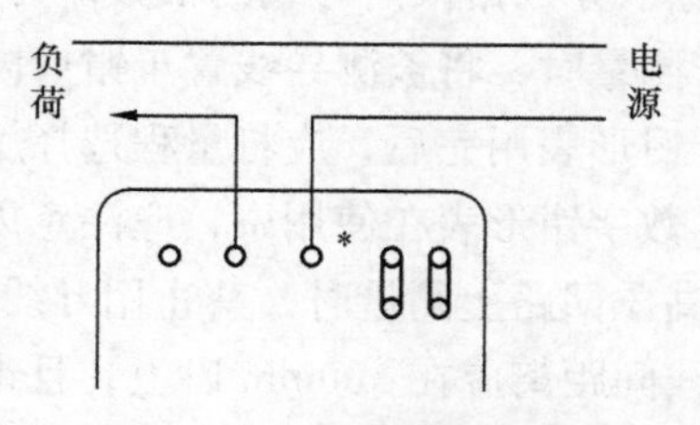

图 1-52　高量限并联连接

④ 当仪表使用于直流电路内时，应将接线柱互换，取二次读数的平均值作为正确指示值，以消除剩磁误差。

4. 钳形电流表及其使用

钳形电流表按照显示方式的不同，与万用表一样可以分为指针式钳形电流表和数字式钳形电流表两种。

（1）工作原理

钳形电流表是不需断开电路就可测量电流的电工用仪表，外形结构如图 1-53 所示。测量部分主要由一只电磁式电流表和穿芯式电流互感器组成。穿芯式电流互感器铁芯作成活动开口，且成钳形。

当被测载流导线中有交变电流通过时，交流电流的磁通在互感器副绕组中感应出电流，使电磁式电流表的指针发生偏转，在表盘上可读出被测电流值。

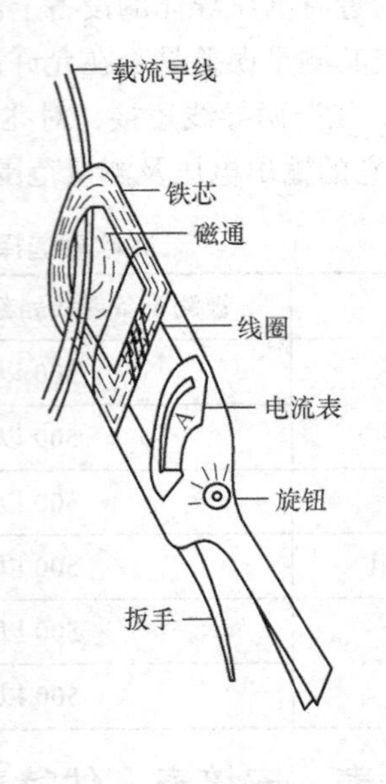

（a）指针式钳形电流表

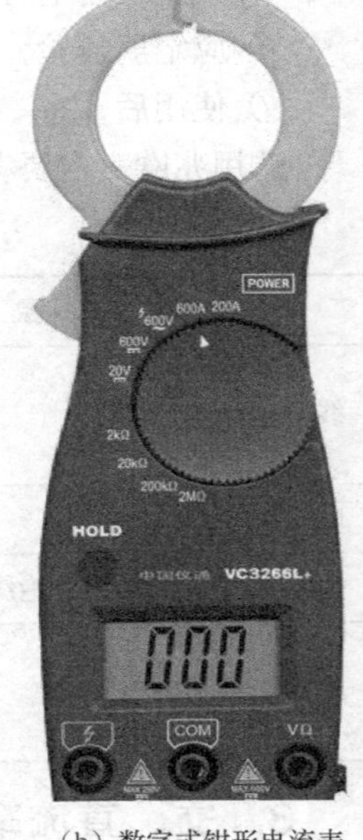

（b）数字式钳形电流表

图 1-53 钳形电流表外形结构

（2）使用方法

使用时，先将其量程转换开关转到合适的挡位，手持胶木手柄，用手指勾住铁芯开关，用力一握，铁芯打开，将被测导线从铁芯开口处引入铁芯中央，再松开扳手使两钳口表面紧紧贴合，将表拿平，然后读数，即测得电流值。使用时应注意以下几点。

1）被测电压不得超过钳形电流表所规定的使用电压。

2）若不清楚被测电流大小，量程挡应由大到小逐级选择，直到合适，不能用小量程挡测量大电流。

① 测量前，应检查指针是否在零位，否则应进行机械调零。

② 测量时，量程选择旋钮应置于适当位置，以便测量时指针处于刻度盘中间区域，减少测量误差。

③ 如果被测电路电流太小，可将被测载流导线在钳口部分的铁芯上缠绕几圈再测量，然后将读数除以穿入钳口内导线的根数即为实际电流值。

④ 测量时，将被测导线置于钳口内中心位置，可减小测量误差。

⑤ 钳形表用完后，应将量程选择旋钮放至最高挡。

3）数字钳形表在使用中，应注意以下几个方面。

在高压回路上测量时，禁止用导线从钳形电流表另接表测量。测量高压电缆各相电流时，电缆头线间距离应在 300mm 以上，且绝缘性能良好，待认为测量方便时，方能进行。

测量低压可熔保险器或水平排列低压母线电流时，应在测量前将各相可熔保险或母线用绝缘材料加以保护隔离，以免引起相间短路。

当电缆有一相接地时，严禁测量。防止出现因电缆头的绝缘水平低发生对地击穿爆炸而危及人身安全。

使用高压钳形表时应注意钳形电流表的电压等级，严禁用低压钳形表测量高电压回路的电流。用高压钳形表测量时，应由两人操作，非值班人员测量还应填写第二种工作票，测量时应戴绝缘手套，站在绝缘垫上，不得触及其他设备，以防止短路或接地。

观测表计时，要特别注意保持头部与带电部分的安全距离，人体任何部分与带电体的距离不得小于钳形表的整个长度。

钳形电流表测量结束后，把开关拨至最大量程挡，以免下次使用时不慎过流，并应保存在干燥的室内，用钳形电流表可直接测量交流电路的电流，不需断开电路。

5. 功率表及其使用

对于电动式功率表（瓦特表），在使用时，其动圈（电压线圈）必须并联接于负载两端，而定圈（电流线圈）应与负载串联。

功率表有两种连接方式：一种是电压线圈前接法，为了减小测量误差，当电路负载为高阻抗时，宜采用这种接法，如图 1-54（a）所示，仪表电压线圈两端的电压等于负载电压加上电流线圈上的电压降；另一种是电压线圈后接法，当电路负载为低阻抗时，可用这种接线方式，如图 1-54（b）所示，仪表电流线圈中的电流等于负载电流加上电压线圈中的电流。

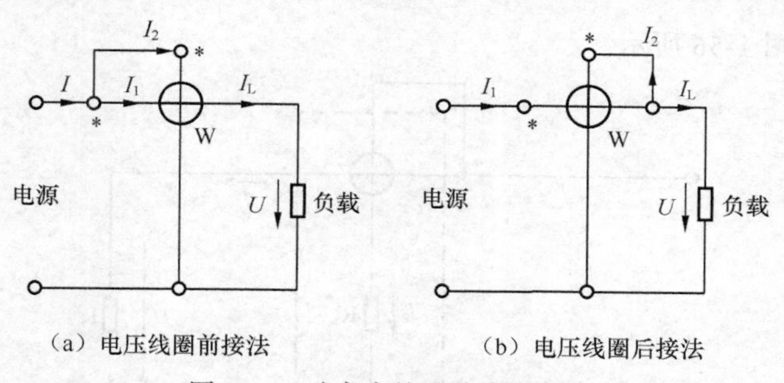

图 1-54　功率表的两种接线方法

功率表一般有两种电流量限，有 2～3 个电压量限。表内有两个完全相同的电流线圈，其端子分别被引到表面接线柱上，且可通过两个金属连接片来实现两线圈的串联或并联，以得到两种电流量限：串联时连接片如图 1-55（a）所示，电流量限为一个线圈的额定电流，并联时如图 1-55（b）所示，则电流量限为两线圈额定电流之和（扩大了 1 倍）。在电压线圈支路中串联有附加电阻，我们可通过改变附加电阻值的方法来扩大电压量限，各不同电压量限端都被引到表面不同的接线柱上，标注有“*”的端子为公共端。

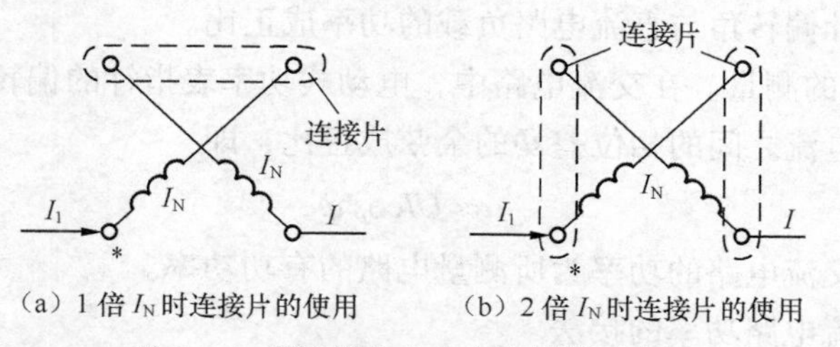

图 1-55　用连接片改变电流量限示意图

由于功率表有多种量限，所以其表头指针的指标值与被测实际功率值就存在着下面的换算关系。

设实际功率为 P（W），指针指示值为 W（小格），则 $P=CW$（W）

式中：C（W/小格）为功率表的接线常数，它与功率表各量限的使用有关，可按下式计算

$$C=\frac{U_N I_N}{W_{max}} \tag{1-15}$$

式中：W_{max} 为表头标度尺的满刻度小格数；U_N 为接线所使用的电压量限（此值标注在电压线圈的接线柱旁）；I_N 为接线所使用的电流量限（此值往往标注在表盒盖内）。

例：某功率表 W_{max}=150 小格，接线所使用电流和电压量限分别为 I_N=1 A，U_N = 300 V，测量某电路功率时，指针指示值 W=30 小格。试求该电路所消耗的功率值。

解：

$$C=\frac{U_N I_N}{W_{max}}=\frac{300\times 1}{150}=2(\text{W}/\text{小格})$$

$$P=CW=2\times 30=60(\text{W})$$

（1）功率表的结构和测量原理

功率表又叫瓦特表、电力表，用于测量直流电路和交流电路的功率。

① 结构：主要由固定的电流线圈和可动的电压线圈组成，电流线圈与负载串联，电压线圈与负载并联。

② 测量原理如图 1-56 所示。

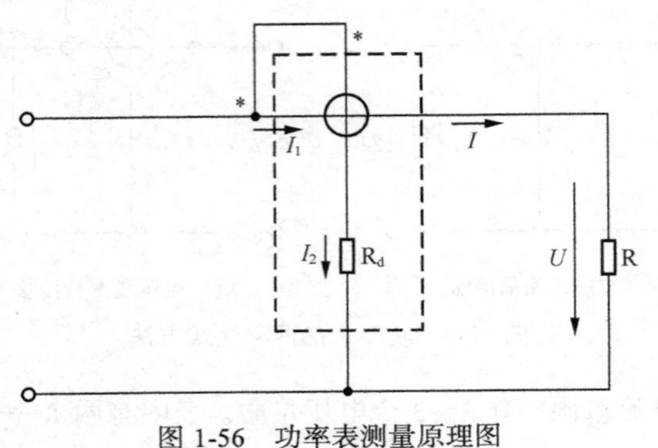

图 1-56 功率表测量原理图

（2）直流、交流电路功率的测量

① 直流电路功率的测量。用功率表测量直流电路的功率时，指针偏转角α正比于负载电压和电流的乘积，即

$$\alpha \propto UI=P \tag{1-16}$$

可见，功率表指针偏转角与直流电路负载的功率成正比。

② 交流电路功率的测量。在交流电路中，电动式功率表指针的偏转角α与所测量的电压、电流，以及该电压、电流之间的相位差Φ的余弦成正比，即

$$\alpha \propto UI\cos\phi \tag{1-17}$$

可见，所测量的交流电路的功率为所测量电路的有功功率。

（3）测量单相交流电路功率的接法

功率表的电流线圈、电压线圈各有一个端子标有“*”号，称为同名端。测量时，电流线圈标有“*”号的端子应接电源，另一端接负载；电压线圈标有“*”号的端子一定要接在电流线圈所接的那条电线上，但有前接和后接之分，如图 1-57 所示。

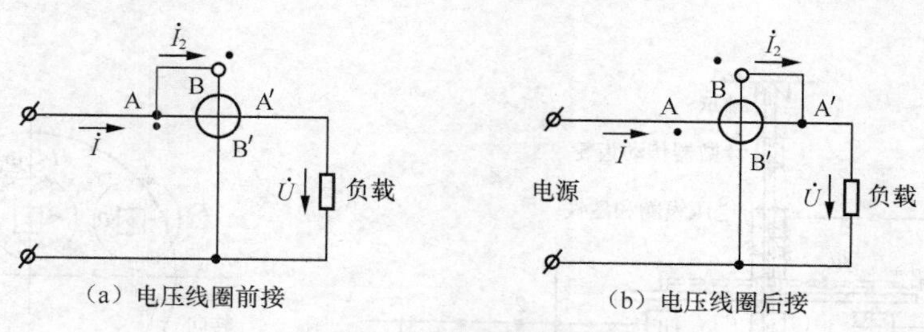

图 1-57 单相功率表的接线

(4) 用电流互感器和电压互感器扩大单相功率表量程

三相电路功率的测量如下所述。

① 用两只单相功率表测三相三线制电路的功率。接线如图 1-58 所示。电路总功率为两只单相功率表读数之和，即

$$P = P_1 + P_2 \tag{1-18}$$

此电路也可用于测量完全对称的三相四线制电路的功率。

② 用三相功率表测三相电路的功率。相当于两只单相功率表的组合，直接用于测量三相三线制和对称三相四线制电路。测量接线如图 1-59 所示。

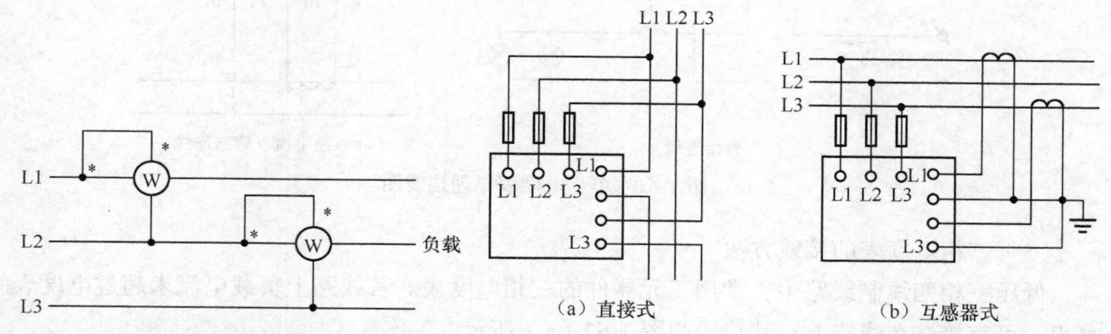

图 1-58 用两只单相功率表测三相三线制电路功率

图 1-59 用三相功率表测三相电路功率

6. 电度表

按结构分，有单相表、三相三线表和三相四线表 3 种。

按用途分，有有功电度表和无功电度表两种。

常用规格：3A、5A、10A、25A、50A、75A 和 100A 等。

(1) 电度表的结构和工作原理

结构：以交流感应式电度表为例，主要由励磁、阻尼、走字和基座等部分组成。

工作原理如图 1-60 (a) 所示，铝盘受力情况如图 1-60 (b) 所示 。

三相三线表、三相四线表的构造及工作原理与单相表基本相同。三相三线表由两组如同单相表的励磁系统集合而成，由一组走字系统构成复合计数；三相四线表则由三组如同单相表的励磁系统集合而成，也由一组走字系统构成复合计数。

(2) 单相电度表的接线方法

在低压小电流线路中，电度表直接接在线路上，如图 1-61 (a) 所示。

在低压大电流线路中，必须用电流互感器将电流变小，其接线如图 1-61 (b) 所示。

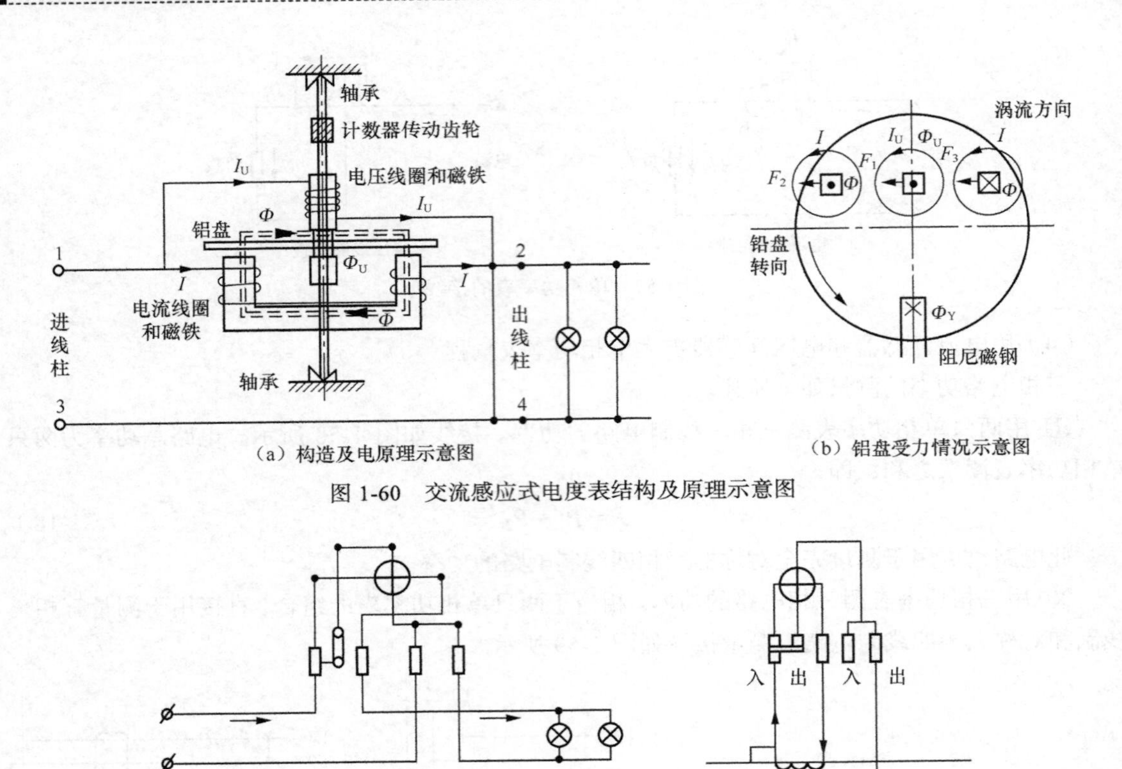

图 1-60　交流感应式电度表结构及原理示意图

图 1-61　单相电度表原理接线图

(3) 三相电度表的接线方法

低压三相四线制线路中，常用三元器件的三相电度表。若线路上负载电流未超过电度表的量程，可直接接在线路上，其接线如图 1-62 (a) 所示。

若负载电流超过电度表量程，须用电流互感器将电流变小。其接线如图 1-62 (b) 所示。

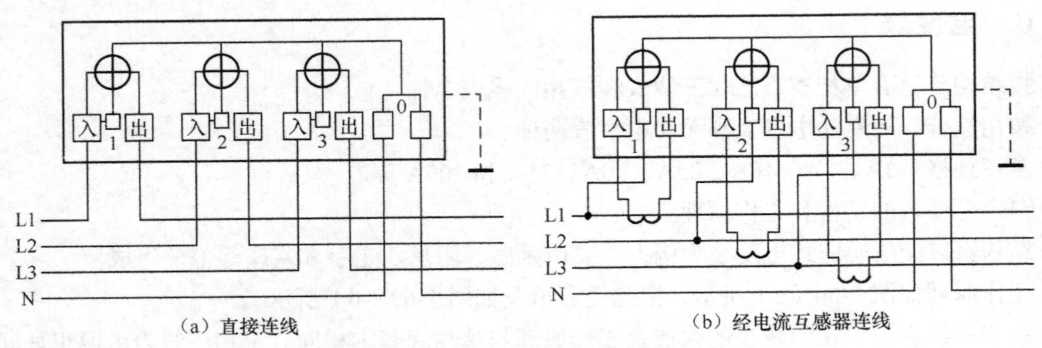

图 1-62　三相电度表原理接线图

7. HD-10F 微型电力监测仪原理及其使用

(1) 结构

本品采用高集成度的微型计算机芯片和专用的电能计量芯片，配合高精密的电流传感器及

LCD 显示器等组成。原理框图如图 1-63 所示。实现对用电设备全面检测，可用于对节能产品的节能效果测试，如节能灯、电视、空调、冰箱及微波炉等家用电器的监测，也可作为教学用的测量仪器，同时也适用于家庭、办公室、实验室等环境使用。

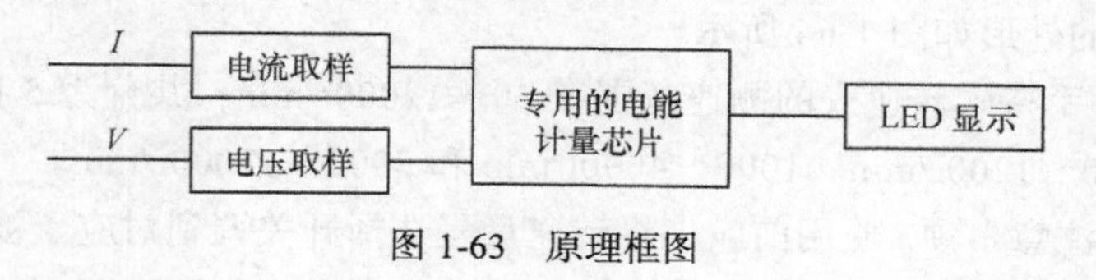

图 1-63 原理框图

（2）规格特性

①执行标准：BC17215—2003 标准；②规格：220V，50Hz，Max 15A（3.3kW 以内）；③精度：1.0 级；④功耗：1W；⑤重量：约 130 克；⑥工作温度：−25℃～45℃。

（3）功能

①计量有功电量；②监测当前电压有效值；③监测当前电流有效值：④监测当前有功功率值；⑤监测当前功率因数；⑥监测当前电压频率；⑦记录用电的总时间；⑧计算和用电相关的二氧化碳排放（注：1 度电产生 0 555kg 的 CO_2）；⑨设置负荷报警门限。

（4）HD-10F 微型电力监测仪操作使用

1）清零操作。累计时间（累计电量）清零操作：按键切换 LCD 屏显示项"累计时间"（"累计电量"）显示项，再按住"设置"键 2s，进入累计时间（累计电量）清零界面，此时 LCD 屏上数字闪烁，按下"确认"键累计时间（累计电量）数据被清零。LCD 屏返回"累计时间"（"累计电量"）显示项。

注：累计电量清零同时和用电相关的 CO_2 排放量累计数据也被清零。

2）操作使用。

① 将电力监测仪插入到电源插座上，再将用电电器的插头插入电力监测仪的插座上。

② 插座表上的 LCD 显示当前的功率、电流、电压、频率、累计时间、累计电量、CO_2 排放量。

③ 上电显示描述：上电后常显项为有功功率值，同时背光亮并持续 5s 后自动熄灭。

④ 按键显示描述：按"▼"键，会依次显示功率、电量、时间、报警门限、电压、电流、频率、功率因数、CO_2 排放量，按"▲"键，则逆序显示。

⑤ 过载报警及过载门限设置功能描述如下。

a. 过载报警功能：当被测电器功率值超过设定的过载功率门限值时，背光闪烁；当被测电器功率值低于过载功率门限值时，背光停止闪烁。

b. 过载门限设置功能：按键切换 LCD 屏显示项至"报警门限"显示项，再按"设置"键 2s，进入过载设置界面，此时 LCD 屏显示"×××W"，其中左边第一个"×"闪烁，可通"▲"或者"▼"键改变此数字（"▼"键为数据递减键，"▲"键为数据递增键），通过"设置"键确认完成后，进入下一个数字的设置，依次从左到右确认完成 4 个数字后，按"确认"键，完成设置。

注：若过载门限值最高为 3300W，如果设置的过载门限值超出此极限值，LCD 屏会显示"Err1"持续 3s 后返回过载设置界面，重新开始设置。

8. 手持式转速表的使用

（1）手持式机械式转速表

机械式转速表的外形如图 1-64 所示。

1）测速范围。手持式转速表的测速范围在 30～12000r/min，共分为 5 挡：30～120r/min、100～400r/min、300～1200r/min、1000～4000r/min 和 3000～12000r/min。

2）使用方法及注意事项。使用前应先将转速量程选择开关调到对应于被测转速的量程范围之内。若事先不知道被测转速范围，则量程选择开关应自大到小逐次试测，直至合适为止。使用时，应双手握紧转速表，将转轴套上相应的测量头（器），水平地迅速插入被测转轴上，待转速稳定后，再读取转速值。转速表应经常注入钟表油，进行维护、保养。

（2）手持式数字式转速表

1）技术指标。手持式数字式转速表如图 1-65 所示，1—光路；2—记忆按钮；3—测试按钮；4—液晶显示屏。测速范围一般在 2.5～99 999r/min，分辨率为 0.1r/min（2.5～999.9r/min）、1r/min（1000r/min 以上），测量准确度：±（0.05%+1 个字节），采样时间 0.8s（60r/min 以上），可自动切换量程，采用 6MHz 石英晶体振荡器，有效距离为 50～200mm。

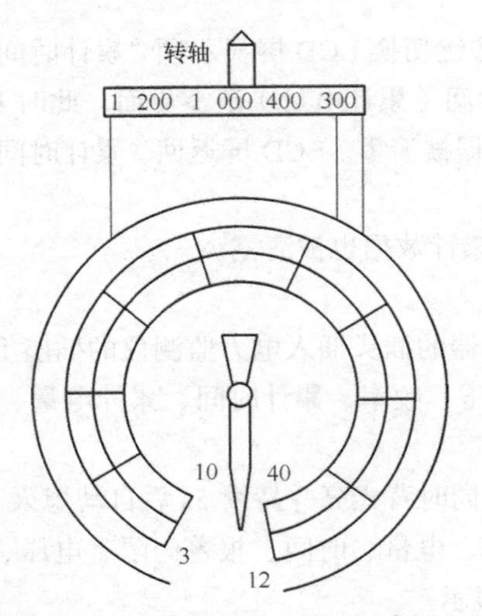

图 1-64 机械转速表外形示意图

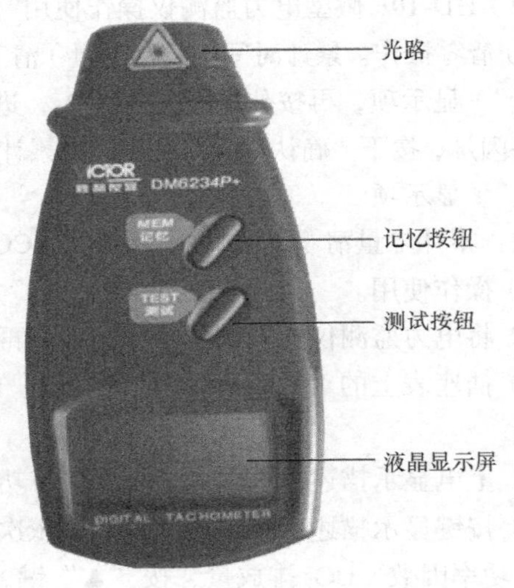

图 1-65 数字转速表外形示意图

2）使用方法。

① 向待测物体上贴一个反射标记，装好电池后按下测试按钮，使可见光束照射在被测目标上（贴好光条的部位），与被测目标成一条直线，开始测量。

② 待显示屏稳定后，释放按钮键。此时显示屏无任何显示，但测量结果已经自动储存在仪表中，测量结束。

3）注意事项。

① 反射标记：剪下 12mm 方形反射带，贴在旋转轴上，反射带面积不能太小。如果转轴明显反光，要先将其涂黑或贴上黑胶布，再在上面贴反光带（贴反光带前转轴表面必须干净、平滑）。

② 低转速测量：为提高测量精度，测量低转速时建议在被测物上均匀地贴上几块反光带，

此时显示屏上的读数除以反射带数量即可得到实际测量值。

③ 如果长时间不使用该仪表，请将电池取出，以防电池漏液损坏仪表。

④ 特别需要注意的是，使用仪表时勿将仪器发出的光柱直接照射在人或动物的眼睛上，以免造成伤害。

9. QJ23 型直流单臂电桥的使用

单臂电桥主要用来测量各种电机、变压器及各种电器设备的直流电阻，以进行设备出厂试验及故障分析。

直流单臂电桥又称惠斯登电桥，是测量 1Ω以上中电阻的一种比较精密的测量仪器。现以 QJ23 型直流单臂电桥为例，介绍它的结构组成和它的使用。

（1）直流单臂电桥的分类

① 模拟式外形结构图如图 1-66 所示。

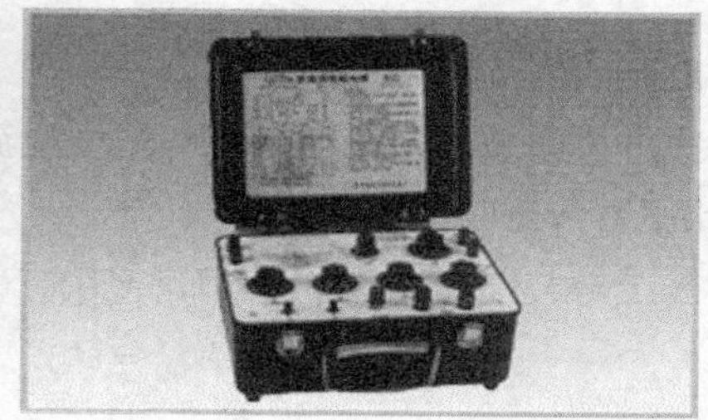

图 1-66　模拟式外形结构图

② 数字式外形结构图如图 1-67 所示。

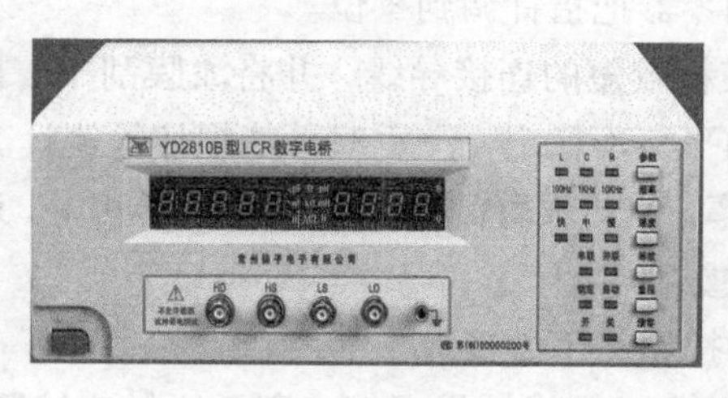

图 1-67　数字式外形结构图

（2）直流单臂电桥的结构

模拟式电桥外形结构图的组成，如图 1-68 所示。

① 比率臂：有 7 个挡位，即×0.001，×0.01，×0.1，×1，×10，×100，×1000。

② 比较臂：4 个挡位，每个转盘有 9 个完全相同的电阻组成，分别构成可调电阻的个位、十位、百位和千位，总电阻从 0～9999Ω变化，所以电桥的测量范围为 1～9999000Ω。

③ 检流计 G（调零）：根据指针偏转，调节电桥平衡。

④ 按钮：电源按钮 B（可以锁定）、检流计按扭 G（点接）。

⑤ 接线端子 R_X：用于接被测电阻。

“内、外”接线柱：内接——锁检流计指针；外接——可以测量。

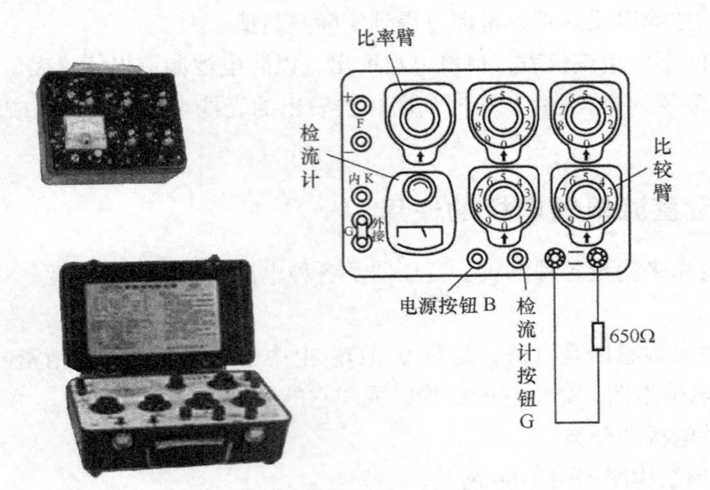

图 1-68 模拟式电桥外形结构图

(3)电桥的测量原理

模拟式电桥原理图如图 1-69 所示，当检流计指针为 0 时，被测电阻=比率臂 × 比较臂。

$$I_{AB} = I_{BC}，I_{AD} = I_{DC}$$

$$U_{AB} = U_{AD}，U_{BC} = U_{DC}$$

$$R_X = \frac{R_1}{R_2} \cdot R_0$$

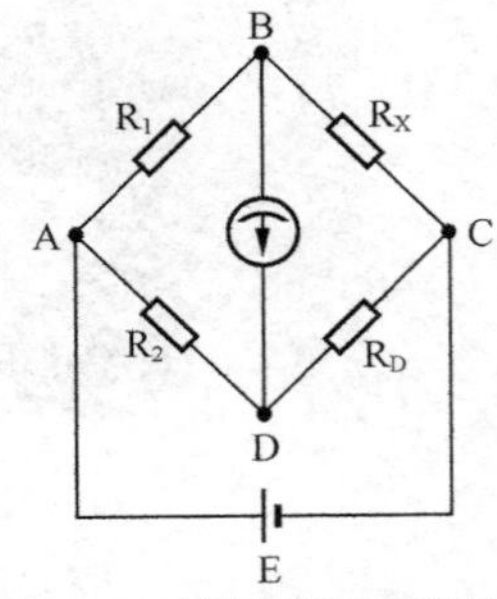

图 1-69 模拟式电桥原理图

(4)电桥的使用方法

① 先将检流计的锁扣打开(内→外)，调节调零器把指针调到零位。

② 把被测电阻接在“R”的位置上。要求用较粗较短的连接导线，并将漆膜刮净。接头拧紧，避免采用线夹。因为接头接触不良将使电桥的平衡不稳定，严重时可能损坏检流计。

③ 估计被测电阻的大小，选择适当的桥臂比率，使比较臂的 4 挡都能被充分利用。这样容易把电桥调到平衡，并能保证测量结果的 4 位有效数字。

④ 先按电源按钮 B(锁定)，再按下检流计的按钮 G(点接)。

⑤ 调整比较臂电阻使检流计指向零位，电桥平衡。若指针指“+”，则需增加比较臂电阻，针指向“−”，则需减小比较臂电阻。

⑥ 读取数据：比较臂 × 比率臂=被测电阻

⑦ 测量完毕，先断开检流计按钮，再断开电源按钮，然后拆除被测电阻，再将检流计锁扣锁上，以防搬动过程中损坏检流计。

⑧ 发现电池电压不足时应更换，否则将影响电桥的灵敏度。

1.2.4 常用电子仪器的使用

1. 示波器的使用

示波器 YB4325 的前面板如图 1-70 所示，下面先对其面板上的各个操作部件按图中编号进行介绍（下面的数字表示图 1-70 中的机件编号）。

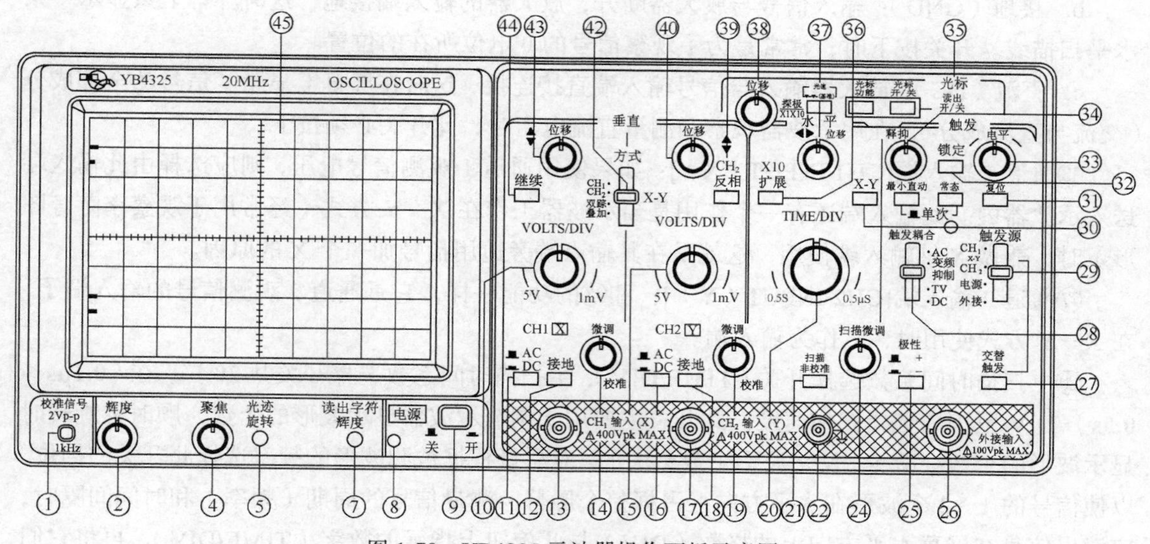

图 1-70　YB4325 示波器操作面板示意图

① 校准信号输出端子（CAL）：它提供 1(1 ± 2%)kHz，2(1 ± 2%)$V_{(峰峰值)}$的方波输出做本机的 Y 轴，X 轴校准信号。

② 辉度旋钮（INTENSITY）：控制光点和扫描线的亮度，顺时针方向旋转旋钮，亮度增加。

③ 聚焦旋钮（FOCUS）：用辉度控制钮将亮度调至合适的标准，然后调节聚焦控制钮直至光迹达到最细的程度。一般应将辉度旋钮与聚焦旋钮配合，光迹才能达到最细。

⑤ 光迹旋转（TRACE　ROTATION）：当光迹由于磁场的作用在水平方向轻微倾斜时，可用该旋钮调节光迹与水平刻度平行。

⑦ 读出字符辉度（READOUT INTEN）：用于调节读出字符和光标的亮度。

⑧ 电源指示灯：接通电源后，指示灯亮。

⑨ 电源开关（POWER）：将交流电源线接上交流电源，按下此开关，就接通了示波器的电源，指示灯亮。

⑩，⑮衰减器开关（VOLTS/DIV）：分别用于选择双踪示波器的两个垂直通道（即 Y 通道）的偏转系数，每个共 12 挡。选择时应根据 Y 通道的输入信号幅度选择合适的挡位，以尽量使信号的波形在垂直方向上占据整个屏幕。测量信号的幅度时，应读出信号的幅度在屏幕垂直方向上的格数（DIV）与此旋钮上指示的数字（VOLTS/DIV），再将它们相乘就得信号的幅度（YB4325 示波器不必如此计算，可以使用光标测量功能，直接在屏幕上读出来），如果使用的是 10:1 的探极，计算时应将幅度 × 10。

⑭，⑲垂直微调旋钮（VARIABLE）：用于连续改变两个垂直通道电压偏转系数（是衰减开关的细调）。此旋钮在进行信号幅度定量测量时，应位于顺时针方向旋到底的校准的位置，否则测量值不对。在不定量测量时，可以使用其配合衰减开关调整显示波形的大小。

⑪，⑫，⑯，⑱交流—直流—接地（AC，DC，GND）：输入信号与示波器垂直通道放大器连接方式选择开关，其功能如下。

a. 交流（AC）：放大器输入端与信号连接经电容器耦合，这时信号中只有其交流成分进入放大器放大，即屏幕上只显示信号的交流成分。

b. 接地（GND）：输入信号与放大器断开，放大器的输入端接地，这时屏幕上只显示一条水平扫描线。开关按下时，常常是为了观察信号的0电位所在的位置。

c. 直流（DC）：放大器输入与信号输入端直接连接，这时在屏幕上显示了信号的全部成分（交流与直流成分），在用示波器观察和测量直流电压时，此开关必须按下。

⑬通道1输入端[CH1 INPUT（X）]：如果使用通道1观测信号电压，则应选择由此输入端送入示波器内。此输入端还有一个作用是当示波器工作在X—Y方式（经常用于观察李萨育图形）时，兼做X轴输入端使用，这就是在其输入端旁边用括号加一个X的原因。

⑰通道2输入端[CH2 INPUT（Y）]：和⑬的功能一样，它是通道2观测信号的输入端子，在X—Y方式使用时，Y作为输入端。

⑳主扫描时间系数选择开关（TIME/DIV）：主扫描时间系数选择开关共20挡，在（0.1μs～0.5s）/DIV范围内选择扫描速度。此开关主要用于调节示波器显示波形的个数，顺时针旋转时显示波形的个数会减少，反之波形个数会增加。应尽量根据被测波形的频率选择此开关的挡位，以使信号的1～2个波形在水平方向上占据整个屏幕。测量信号的周期（频率）和时间间隔时，应读出信号在屏幕水平方向上的格数（DIV）与此旋钮上指示的数字（TIME/DIV），再将它们相乘（倒数为信号频率）（YB4325示波器不必如此计算，可以使用光标测量功能，直接在屏幕上读出来）。

㉑扫描非校准状态开关：此键弹起，表示主扫描时间系数选择开关（TIME/DIV）读数是正确的；当按下此键后，扫描时基进入非校准调节状态，此时主扫描时间系数选择开关（TIME/DIV）读数受到扫描微调旋钮调节位置的影响（参见旋钮㉔的说明），因此进行时间测量时，此键一定不能按下，否则不能正确测量。

㉒接地端子：示波器的外壳接地端。

㉔扫描微调控制键（VARIABLE）：此旋钮以顺时针方向旋转到底时，处于校准位置，扫描由TIME/DIV开关指示；逆时针方向旋转到底，扫描速度减慢2.5倍以上。当按键㉑未按下时，旋钮㉔的调节无效，即为校准状态。当按键㉑按下时，可用此旋钮与主扫描时间系数选择开关配合调整波形在水平方向的个数及波形的稳定性。

㉕触发极性按钮（SLOPE）：触发极性选择。用于选择在信号的上升沿还是信号的下降沿触发。

㉖外触发输入插座（EXT INPUT）：当我们不想使用被测信号本身来触发扫描时，用它来从机外输入触发信号（参见开关㉙的说明）。

㉗交替触发（TRIGALT）：在双踪交替显示时，触发信号来自于两个垂直通道，此方式可用于同时观察两路不相关的信号。

㉘触发耦合开关（COUPLING）：它的作用主要是选择触发信号输入到机内电路的耦合方式。

a. 交流（AC）：它将触发信号的直流成分排除，得到稳定的触发。示波器一般均应使用这一挡位。

b. 直流（DC）：当信号频率低于10Hz以下，使用交替触发方式且扫描速度较慢时，如果产生抖动可使用此方式。

c. 高频抑制（HFREJ）：通过机内电路将触发信号的高频成分去掉，只让其低频成分作用到触发电路。

d. 电视（TV）：TV触发是专门用于观察电视视频信号用的。

㉙触发源选择开关（SOURCE）（参见㉗的说明）。

a. 通道1X-Y（CHI，X—Y）：开关打到该位置表示选择通道1的信号为触发信号。当示波器工作在X-Y方式时，此开关必须打到该位置。

b. 通道2（CH2）：开关置于此位置时表示选择CH2通道的输入信号作为触发信号。

c. 电源（LINE）：表示使用50Hz电源信号作为触发信号。此位置特别适合于观测工频信号，如观测晶闸管整流电路波形可置于此处。

d. 外接（EXT）：表示触发信号从机外输入端获得。

㉚X-Y控制键：按下此键后，示波器的CH2输入端输入垂直偏转信号，CH1输入端输入水平偏转信号，工作在X-Y方式。

㉛触发方式选择（TRIG MODE）。

a. 自动（AUTO）：在"自动"扫描方式下，扫描电路自动进行扫描。在没有信号输入或输入信号没有被触发信号同步时，屏幕上仍然可以显示扫描基线，因此一般应置于此处。

b. 常态（NORM）：打在此位置时，表示有触发信号才会有扫描，否则屏幕上无扫描线显示。一般当输入信号的频率低于50Hz时，请用"常态"触发方式。

c. 单次（SINGLE）：当"自动（AUTO）"、"常态（NORM）"两键同时弹出时，被设置成了单次触发工作方式。它表示当触发信号来到时，才开始一次扫描，这时准备（READY）指示灯亮。扫描结束后，灯灭，当按下复位（RESET）键后，电路又处于触发等待状态。

㉜电平锁定（LOCK）：无论信号如何变化，触发电平自动保持在最佳位置，不需要人工调节电平。

㉝触发电平旋钮（TRIG LEVEL）：用于调节被测信号在某选定的电平触发，当旋钮转向"+"时显示波形的触发电平上升，反之触发电平下降。调节此旋钮常常可以使左右滚动的波形稳定下来。

㉞释抑（HOLDOFF）：当信号波形复杂，用电平旋钮不能稳定触发时，可用"释抑"旋钮使波形稳定下来。

㉟光标测量。

a. 光标开/关：按此键可打开/关闭光标的测量功能。

b. 光标功能：按此键选择下列测量功能。

ΔV：表示进行电压差测量，即显示两光标之间的电压差值。

ΔV%：表示电压差百分比测量（5DIV=100%）。

ΔV dB：电压增益测量（5DIV=0dB）。

ΔT：时间差测量。

$1/\Delta T$：频率测量。

DUTY：占空比（时间差的百分比）测量（5DIV=100%）。

PHASE：相位测量（5DIV=360°）。

c. 光迹 （基准）：连续按此键选择移动的光标，被选择的光标带有标记；当两光标均带有标记时，两光标可同时被移动。

d. 读出开/关：同时按下"光标开/关"键和"光标功能"键，可打开/关闭示波器读出状态。

㊱扩展控制键（MAG×10）：按下此键时，扫描因数×10。即此时的扫描速度是 TIME/DIV 开关指示值的 1/10。一般可用此键按下观察信号的细节。

㊲水平位移（POSITION）：用于调节光迹在水平方向移动。顺时针方向旋转该旋钮向右移动光迹，逆时针方向旋转向左移动光迹。

㊳光标位移：旋转此控制旋钮可将选择的光标定位到波形的某位置上。

㊴CH2 极性开关（INVERT）：按此开关时 CH2 显示反相信号。

㊵，㊸垂直位移（POSITION）：调节光迹在屏幕中的垂直位置。

㊷垂直方式开关（VERTICAL MODE）：选择垂直方向的工作方式。

通道 1（CH1）：屏幕上仅显示 CH1 的信号波形。

通道 2（CH2）：屏幕上仅显示 CH2 的信号波形。

双踪（DUAL）：屏幕上显示双踪，交替或断续方式自动转换，同时显示 CH1 和 CH2 上的信号波形。

叠加（ADD）：显示 CH1 和 CH2 输入信号的代数和波形。

㊹断续工作方式开关：CH1，CH2 两个通道按断续方式工作，断续频率约为 250kHz。如果在交替扫描时，需要“断续”方式可用此开关强制实现。

㊺显示屏：仪器的测量显示终端。

示波器的型号和种类很多，在此不必每种都介绍，因为示波器的基本使用原则是大同小异的。在熟练掌握了某一种示波器面板上各机件的功能之后，也能使用好其他的示波器。即根据调节要求，识别并选中要调节的机件，调整它就可以达到使用好它的目的。至于某一种示波器的特殊功能，只要参阅其使用说明书，也可以很快地掌握它的特殊功能。一般地应掌握示波器的如下基本使用原则。

1）改变显示波形垂直方向的大小：调节衰减开关（VOLTS/DIV）⑩（如果是 CH1 的信号波形）或者⑮（如果是 CH2 的信号波形）。

2）调节波形的垂直位置：调节垂直位移（POSITION）旋钮㊵用于移动 CH1 信号的波形，㊸用于移动 CH2 信号的波形。

3）调节波形在水平方向的个数：调节主扫描时间系数选择开关（TIME/DIV）。

4）如果波形左右移动，调整与触发有关的各种机件。

此外，还要掌握示波器使用的注意事项。

1）示波器正常使用温度在 0℃～40℃。使用时不要将其他仪器或杂物盖在示波器的通风孔上，以免影响散热，造成仪器过热而损坏。

2）使用时，示波器的辉度不要过高，因为过亮的光点或扫描轨迹会使操作者感到刺眼，而且这样的点或扫描轨迹长时间停留在同一位置上，会导致示波管荧光屏涂层灼伤。

3）不要加过高的输入电压。一般示波器对于信号的输入都有额定的最高允许电压范围（≤400V），用户应根据示波器技术说明书上规定的范围使用。

4）使用示波器时，不要频繁地开关电源。一般在工作开始前就打开示波器，工作结束后才关闭示波器。在工作中暂时不使用示波器时，只要将光迹亮度调小就可以了，而不要将示波器电源关掉。

5）注意不要用探极拖拉示波器。

2. 毫伏表的使用

与普通万用表相比，毫伏表具有较高的灵敏度、稳定度和较高的输入阻抗，并能测量更宽的信号频率，可用于测量低电压、高频率的正弦电压有效值。

SX2172 型交流毫伏表技术参数如下。

1）交流电压测量范围：100μV～300V。

仪器分 12 挡量程：1mV、3mV、10mV、30mV、100mV、300mV、1V、3V、10V、30V、100V、300V。

dB 量程分 12 挡量程：−60、−50、−40、−30、−20、−10、0、+10、+20、+30、+40、+50。

本仪器采用两种 dB 电压刻度（0 dB=1V，0 dB=0.775V）。

2）电压固有误差：满刻度的 ± 2%（1kHz）。

3）基准条件下的频率影响误差（以 1kHz 为基准）。

5Hz～2MHz，± 10%；10Hz～500kHz，± 10%；20Hz～100kHz，± 2%。

4）输入电阻：1～300mV，8MΩ ± 10%；1～300V，10MΩ ± 10%。

输入电容：1～300mV，小于 45pF；1～300V，小于 30pF。

5）最大输入电压：AC 峰值+DC = 600V。

6）噪声：输入短路时小于 2%（满刻度）。

7）放大器。

① 输出电压：在每一个量程上，当指针指示满刻度“1.0”位置时，输出电压应为 1V（输出端不接负载）。

② 频率特性：10Hz～500kHz，−3dB（以 1kHz 为基准）。

③ 输出电阻：600Ω 允差 ± 20%。

④ 失真系数：在满刻度上小于 1%（1kHz）。

8）工作温度范围：0℃～40℃。

9）工作湿度范围：小于 90%。

10）电源：220V，允差 ± 10%，50Hz/60Hz，2.5W。

11）尺寸和重量：140（宽）mm × 166（高）mm × 240（深）mm，重量为 2.5kg。

12）附件：电源线 1 根，0.1A 保险丝 2 只，输入电缆线 1 根，技术说明书 1 份。

SX2172 型交流毫伏表的使用方法如下。

首先，将“测量范围”选择开关旋到最大量程挡（300V），接通交流电源后，预热 3～5min。

然后，将两输入端短路，根据被测电压大小选择适当量限并调零。若事先不知道被测电压的大小，则应先将量限旋到最大值挡位，接入被测电压后，再根据电压表读数逐渐减小量限，直到量限适当，然后调零。

最后，将两测量线（或表笔）跨接（并联）在被测的元器件或路端上进行测量、读数。

SX2172 型交流毫伏表使用时应注意：切勿用低压挡去测量高电压，否则将损坏电表。毫伏表的低量限挡不允许开路，否则会因为感应等原因导致输入电压大大超过量程而撞弯指针。在使用低量限挡时，应先将量限开关拨到高量限挡位，然后接入电路，接入顺序为先接地线再接测量线，最后再将量限开关拨回所需低量限挡位测量。测量完毕后，拆线过程应与上述顺序相反。

3. 多功能低频信号发生器（XD11B）的使用

XD11B是一种多用途的低频信号发生器。其主要输出波形有正弦波、矩形脉冲、锯齿波、尖脉冲、方波、阶梯波、三角波和阶跃波。其中正弦波在规定频段内失真度不大于0.1%。脉冲波有5种输出方式：单极性输出，0～+*E*，0～−*E*（*E*为源电压）；双极性输出，+*E*～−*E*；叠加任意直流电平输出，±DC～±*E*；TTL电平输出；矩形脉冲、锯齿波、尖脉冲波均有单次脉冲输出。

本仪器的主振荡器采用RC文氏桥线路，因此正弦波信号具有低失真、高稳定度的特点。由于功放具有可靠的保护功能，所以该仪器在过载时一般不会损坏机件。其技术指标如下。

（1）频率范围

1Hz～1MHz分6挡连续可调。Ⅰ挡1～10Hz；Ⅱ挡10～100Hz；Ⅲ挡100Hz～1kHz；Ⅳ挡1～10kHz；Ⅴ挡10～100kHz；Ⅵ挡100kHz～1MHz。

（2）正弦波技术要求

① 频率基本误差：Ⅰ～Ⅱ挡≤±（1%*f*+0.3）Hz；Ⅲ～Ⅴ挡≤±1%*f*Hz；Ⅵ挡≤±1.5%*f*Hz。

② 频率漂移（预热30min后）：Ⅰ挡±0.8%*f*Hz；Ⅳ挡±0.4%*f*Hz ；其余各挡±0.2%*f*Hz。

③ 幅频特性：不大于±1dB。

④ 非线性失真：20Hz～20kHz，不大于0.1%；20～200kHz不大于0.7%。

（3）脉冲波技术要求（所有脉冲都在10V时考核）

① 脉冲前后沿：不大于100ns。

② 脉冲宽度：150ns～5000μs连续可调。

③ 三角波重复频率：10Hz～1MHz。

④ 阶梯波重复频率：对应正弦波频率的1/*n*（*n*为输出级数），*n*从0～10连续可调。

⑤ 尖脉冲和方波重复频率1Hz～1MHz。

⑥ 脉冲非线性失真不大于±5%。

⑦ 单次有矩形波、尖脉冲、锯齿波。

⑧ 直流位移不小于±10V（DC）。

（4）输出幅度

① 正弦波：不小于5V（有效值）。

② 脉冲波：不小于20V（高阻抗时），不小于10V（100Ω负载时）。

衰减：0～80dB不大于±1dB。

（5）输出阻抗

① 正弦波：600Ω。

② 脉冲波：该仪器为恒流输出。高阻抗时，输出不小于20V；100Ω时输出不小于10V。

③ 电源：220V±10%，50Hz±4Hz。

④ 功率消耗：20W。

（6）使用环境

① 温度：−10℃～+40℃。

② 相对湿度：不大于80% 。

③ 大气压力：不大于（750±30）mm Hgh。

④ 外形尺寸：300mm×260mm×116mm，重量不大于5kg。

XD11B的使用方法如下。

① 仪器使用前，检查输出线是否有短路现象。

② 将电源线接入220V、50Hz的电源上。

③ 面板上所有幅度旋钮逆时针到最小。

④ 若想得到规定的频率稳定度，预热30min后使用。

⑤ 正弦波使用方法：将输出电缆插入正弦输出插口，注意电缆终端负载不得小于600Ω（否则不能保证6h连续工作的各项技术指标）；把频段开关置于所要求的频段上；把频率波段开关置于要求的频率上；缓慢旋动幅度电位器，使输出达到要求值；若要求定量衰减，先把衰减波段置于0dB，调节幅度电位器，使输出达到5V，然后转动衰减波段开关即可得到面板所指示的标准衰减量。其他幅度衰减量调整方法与之相同。

⑥ 脉冲波使用方法：将功能开关置于所要求的波形上；要求大幅度输出时，把开关打到"主出"，否则为"TTL出"；接好检查电缆到示波器（示波器校到零位）；调节幅度旋钮和直流电平旋钮，可得到要求的极性和幅度，一般应反复调节这两个旋钮才能找到合适的位置。一般实验无需叠加直流电平时，可把该直流调到零时输出。使用脉宽调整时，应注意不分频时读取脉宽。

使用XD11B应注意：输出插口座接触不良可能影响波形质量。尖脉冲检查应调到较高频率上，否则不易看到。

4. 多功能等精度频率计数器

多功能等精度频率计数器的技术条件如下。

（1）频率测量

① A通道。

量程：10Hz～10MHz直接计数；10～100MHz按比例计数。

分辨率：直接计数，1Hz、10Hz、100Hz。

比例计数：10Hz、100Hz、1000Hz。

闸门时间：0.01s、0.1s、1s。

精度：±1计数值±基准时间误差×被测量频率。

② B通道（见表1-18）。

表1-18 多功能等精度频率计数器参数

标称 \ 型号	F1000L	F2000L	F3000L
量　程	100MHz～1GHz	100MHz～2.4GHz	100MHz～3GHz
分辨率	100Hz，1kHz，10kHz	100Hz，1kHz，10kHz	100Hz，1kHz，10kHz
闸门时间	0.01s，0.1s，1s	0.01s，0.1s，1s	0.01s，0.1s，1s
精　度	±1计数值±基准时间误差×被测频率		

（2）周期测量

输入：A通道。

量程：10Hz～10MHz。

分辨率：10^{-7}s、10^{-8}s、10^{-9}s。

精度：±1计数值±基准时间误差±被测周期。

（3）累计测量

输入：A通道。

量程：10Hz～10MHz。

分辨率：±1个计数脉冲。

显示器：8位数码管0～9字符同时反复显示。

（4）输入特性

① A通道。

输入灵敏度：10MHz量程，10Hz～8MHz、20mV/ms；8～10MHz、30mV/ms；100MHz量程，10～80MHz、20mV/ms；80～100MHz、30mV/ms。

- 衰减：×1，×20固定。
- 滤波：低通，100kHz、-3dB。
- 阻抗：约1MΩ（少于35pF）。
- 最大安全电压：250V（DC+AC/ms）（ATT置×20）。

② B通道。

- 输入灵敏度：20mV/ms。
- 阻抗：约50Ω。
- 最大安全电压：3V。
- 时基频率：13MHz。
- 短期稳定度：$\pm 3\times 10^{-9}$/s。
- 长期稳定度：$\pm 2\times 10^{-5}$/月。
- 温度系数：$\pm 1\times 10^{-5}$，0℃～40℃。
- 线电压：每改变±10%，时基频率变化$\pm 1\times 10^{-7}$。

（5）一般情况

- 显示器：8位，0.39寸红色高亮度LED显示并带有十进小数点。
- 电源要求：幅度AC（220）±10%V，频率50Hz。
- 启动时间：低于25℃时，20min。
- 温度：规定使用范围-5℃～+50℃。
- 存放和运输：-40℃～+60℃。
- 温度：工作时保持10%～90%RH。
- 存放：5%～95%RH。
- 外形尺寸：宽207mm，高85mm，长255mm。
- 重量：2kg。

附件：电源线、操作手册、保险丝各一个，测试电缆一根。

多功能等精度频率计数器的使用方法。

1）使用前的准备。

① 电源要求：AC（220±10%）V，50Hz单相，最大消耗功率10W。

② 测量前预热 20min 以保证晶体振荡器的频率稳定。

2）前面板特征如图 1-71 所示。各控制件的功能如下。

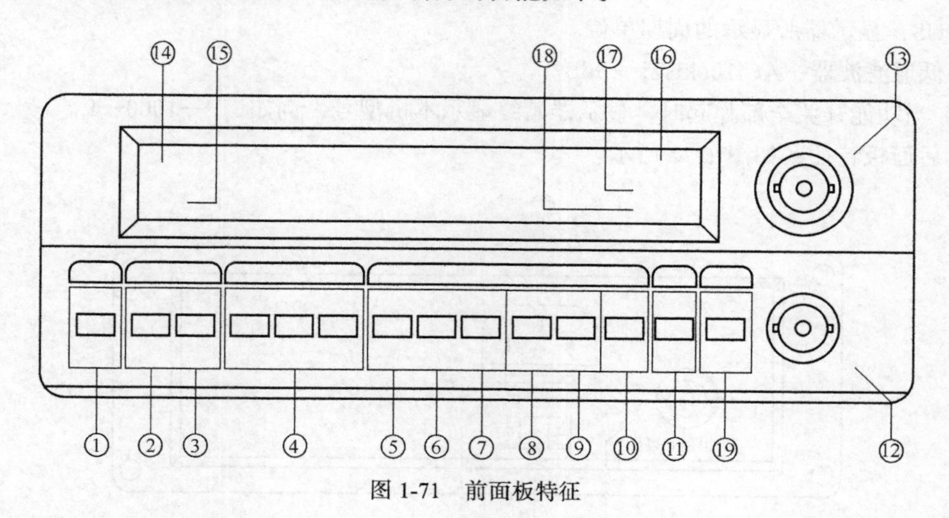

图 1-71　前面板特征

① 电源开关：按下按钮打开，显示器将持续 2s，显示本机型号。例如，F—1000—L，再按一下则关闭。

② 暂停：按下暂停开关，将中止测量，并保持中止前数据。

③ 复位：按下复位键时，复位计数器可开始新一轮测试。

④ 闸门周期：用于频率、周期测量时，选择不同的分辨率及计数器的计数周期。

⑤ 自校：主要检查整个计数器及显示功能是否正常。按下此键，8 位显示器同时按 0～9 字符顺序反复显示。

⑥ A.TOT：累计测量（A 通道输入）。

⑦ A.PERI：周期测量（A 通道输入）。

⑧ A.FREQ：10MHz，10Hz～10MHz 量程（A 通道输入）。

⑨ A.TREQ：100MHz，10～100MHz 量程（A 通道输入）。

⑩ B.FREQ：按下该按钮，为表 1-19 所示量程（B 通道输入）。

表 1-19　3 种频率计的测量范围

型　号	F1000L	F2400L	F3000L
按　键	B.FREQ.1GHz	B.FREQ.2.4GHz	B.FREQ.3GHz
频率范围	100MHz～1GHz	100MHz～2.4GHz	100MHz～3GHz

⑪ ATT：输入信号衰减开关。当按下时，输入灵敏度被降低 20 倍（仅限于 A 通道）。

⑫ A.INPUT：A 通道输入端。当输入信号幅度大于 300mV 时，应按下衰减开关 ATT 降低输入信号，能提高测量值的精确度。

⑬ B.INPUT：B 通道输入端。

⑭ 闸门指示：指示闸门的开关状态，门开时显示灯亮。

⑮ 溢出指示：显示超出 8 位时灯亮。

⑯ kHz：显示器所显示的频率单位。

⑰ MHz：显示器所显示的频率单位。

⑱ US：显示器所显示的周期单位。

⑲ 低通滤波器：AC.100kHz，-3dB。

注：当功能开关全部弹起时，显示器始终显示本机型号，例如，F—1000—L。

3）后面板特征，如图 1-72 所示。

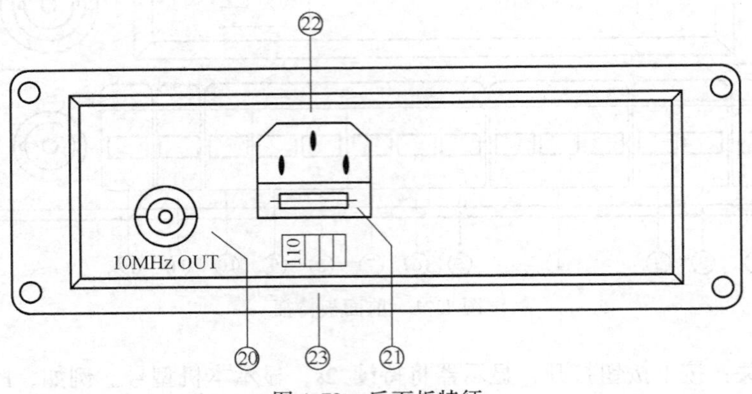

图 1-72　后面板特征

⑳ 10 MHz 输出：内部基准振荡器输出接线端。该接线端提供一个 10MHz 信号。这个信号可用于其他频率计数的基准信号。

㉑ 保险丝：交流电源过流保护（0.3A，220V）。

㉒ ACINLET：交流电源接口。

㉓ 电压选择：固定 AC，220V。

5. 直流稳压电源的使用

直流稳压电源的输入为 220V、50Hz 的交流电源，输出为大小可分段或无级连续调节的稳定的直流电压。实验中被作为被研究电路的直流电源。它有单路和双路输出两种。所谓双路输出，是指其输出端有 3 个端钮，一般中间端钮为公共地端，左侧端钮相对地端为“+”端，右侧为“-”端（以面板标志为准）。正、负电源最大额定输出电压有 ± 15V、± 30V 等多种。有的稳压电源还有稳定电流的状态，这种电源称为稳压稳流电源，其使用步骤如下。

首先，在其面板上的交流电源开关处于关闭态时，将稳压源的电源插头插入 220V、50Hz 的电源板的插座中，将输出旋钮置于最小输出位置（逆时针旋转到极限位置），再开启面板上的交流电源开关，电源指示灯亮，表明稳压电源已工作。

然后，缓缓调节“输出电压调节”旋钮，使输出电压为所需值。使用完毕应先关断电源开关，及时拔下交流电源插头，然后拆除其他连线。

在使用过程中应注意：作为电压源使用的仪器（简称为“源”，下同），其输出端不可短路，外接负载也不能超过其额定值，否则，都会因为电流过大而导致仪器设备的损坏，即所谓“源不可短路”。因此，在给电源接入负载的操作过程中，不可出现短路现象，最好是先接负载，然后再开启稳压电源的交流电压源开关，待输出电压稳定后，再开始实验工作。

1.3 常用元器件简介

1.3.1 电阻器

电阻器简称电阻，是电气、电子设备中用得最多的基本元器件之一，主要用于控制和调节电路中的电流和电压，或用于消耗电能的负载。

电阻器有固定电阻和可变电阻之分，可变电阻常称作电位器。

电阻器有不同的分类方法。按材料分，有碳膜电阻、金属膜电阻和线绕电阻等；按功率分，有 0.125W、0.25W、0.5W、1W、2W 等额定功率的电阻；按电阻值的精确度分，有精确度为±5%、±10%、±20%等的普通电阻，还有精确度为±0.1%、±0.2%、±0.5%、±1%和±2%等的精密电阻。电阻的类别可以通过外观的标记识别。

电阻器的主要技术参数有“标称阻值”“阻值误差”和“额定功率”。

1. 标称阻值

标称阻值即电阻的表面所标示的阻值。电阻器的阻值大小有两种标示方法，一种是直接用数字标出；另一种用在体积较小的电阻器中，用“色环”或“色点”表示其阻值大小。色环、色点标示法又称色码标示法。

2. 阻值误差

电阻的误差是指实际测量的大小与标示的标称值之间的差别。确切地说，阻值误差等于电阻的实际值和标称值之差，再除以标称值所得的百分数。

3. 额定功率

当电流通过电阻时，电阻将电能转化为热能散发在周围的空间。当电流较大时，电阻产生的热量来不及散发掉，随着热量的积累和电阻元器件温度的升高，电阻器就会被烧坏。通常在规定的电压、温度等条件下，电阻器长期工作时所允许承受的最大电功率称为额定功率。

各种类型电阻器的图形符号如图 1-73 所示。

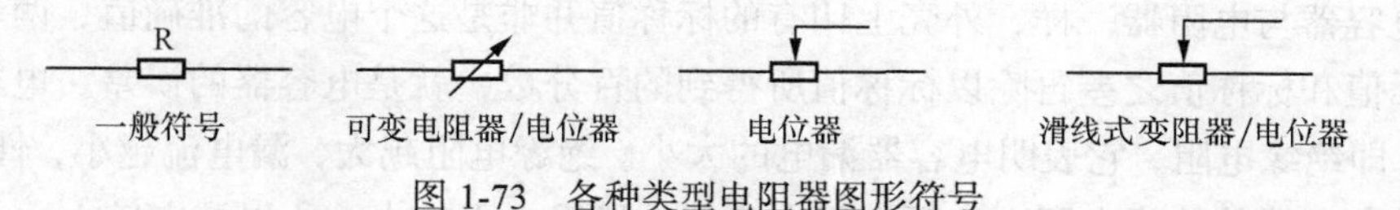

图 1-73　各种类型电阻器图形符号

1.3.2 电容器

电容器简称“电容”。从广义上说，任何两个在电气上不接触的金属就可以构成一个电容器。一般使用的电容器是将两个金属片或金属箔靠得很近，中间用绝缘物质隔开，然后分别在两个金属片上引出两个引脚而构成。组成电容器的两个金属导体称为极板，中间的绝缘物质称为电容器的介质。电容器的电路符号如图 1-74 所示。

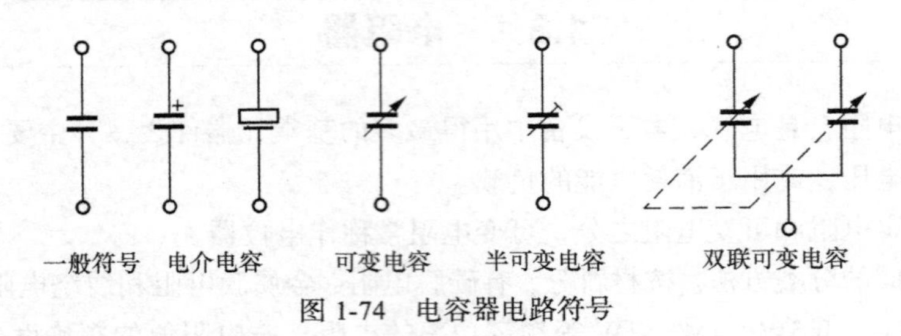

图 1-74 电容器电路符号

电容器在电路中具有阻止直流电流通过，允许交流电流通过的特点，而且频率越高的交流电越容易通过电容器（电容的容抗越小）。因此，电容器在电路中常用于隔断直流、滤除交流信号及信号调谐、耦合等方面。

电容器也是一种最基本、最常用的电路元器件。电容器按其结构可分为固定电容器和可变电容器两大类。固定电容器按所用介质材料的不同，又有多种分类，其中无极性电容器有纸介电容器、涤纶电容器、云母电容器、聚苯乙烯电容器、聚酯电容器、玻璃釉电容器及瓷介电容器等。有极性的固定电容器有铝电解电容器、钽电解电容器等。

1. 电容量

电容器的电容量和电阻器的标称阻值的情况一样，通常这个标称值都直接标注在电容器的外壳上。

2. 耐压

电容器在电路中工作时，其两端将承受一定的直流电压。当其端电压大到一定的程度时，电容器的两电极之间的绝缘介质就可能承受不了而被击穿，电容器就会被损坏而不能正常工作。电容器能够长期正常工作而不被击穿的最大直流电压值，就是这个电容器的额定直流工作电压（简称耐压）。电容器的耐压是一个重要的参数，在选用电容器时必须予以考虑。

3. 误差

固定电容器与电阻器一样，外壳上印有的标称值并非是这个电容的准确值，两者间会有偏差。用实际值和标称值之差再除以标称值所得到的百分数，就是电容器的误差。电容器还有另一个参数，即绝缘电阻，它表明电容器漏电的大小。绝缘电阻越大，漏电流越小，性能就越好。一般小容量电容器的绝缘电阻大，而电解电容器的绝缘电阻较小，所以漏电较大。

1.3.3 半导体二极管

半导体二极管是用半导体材料（主要是硅或锗的单晶）制成，故又称为晶体二极管（俗称二极管）。二极管是一种有极性的二端元器件（一种典型的非线性元器件），其主要电性能是“单向导电性”。二极管在电路中主要用作整流、限幅、箝位、检波等，在数字电路中用作开关器件。

半导体二极管的符号如图 1-75 所示。画有箭头一边的电极代表二极管的正极，另一边为负极。箭头的方向表示正向电流的方向。

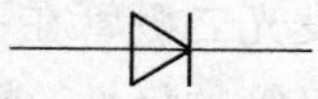

图 1-75 半导体二极管

半导体二极管的种类很多。按材料分，有硅二极管、锗二极管和砷化镓二极管等；按结构分，有点接触型二极管、面接触型二极管；按工作原理分，有隧道二极管、雪崩二极管、变容二极管等；按用途分，有检波二极管、整流二极管、开关二极管等。

1. 整流二极管

整流二极管多为硅材料制成，有金属封装和塑料封装两种。整流二极管是利用 PN 结的单向导电性能，把交流电变成单向脉动的直流电。

目前除单个整流二极管外，还将整流电路中常用到的全波（两个二极管）和桥式整流的 4 个二极管封装在一起，成为整流半桥和全桥系列产品。

2. 检波二极管

检波的作用是把调制在高频电磁波上的低频信号检出来。检波二极管要求结电容小，反向电流也要小，所以检波二极管常采用点接触型二极管。常用的检波二极管有 2AP1～2AP7 及 2AP9～2AP17 等型号。

3. 稳压二极管

稳压二极管（简称稳压管）是一种特殊的面接触型半导体硅二极管。

稳压管的正向特性与普通二极管相似，但稳压管工作于反向击穿区。由于采取特殊的设计和工艺，只要反向电流在允许范围内，PN 结的温度不超过允许值，就不会造成稳压管的永久性击穿。

由于稳压管的反向特性曲线很陡，电流在较大范围内变化时，管子两端的电压变化很小，说明具有稳压作用，这时稳压管两端的反偏电压即为稳定电压。必须注意的是，稳压管在应用时一定要串联限流电阻，否则稳压管击穿后电流无限增长，将立即烧毁二极管。因此，使用时要根据负载和电源电压的情况设计好外部电路，以保证稳压管工作在确定的范围内。

4. 开关二极管

由于半导体二极管具有“正偏电阻小，反偏电阻大”的这一特性，在电路中可对电流进行控制，起到“接通”和“关断”的开关作用。开关二极管就是为了在电路上进行“开”、“关”电流而特殊设计制造的一类二极管。

开关二极管不但具有单向导电性，还必须有更小的正向电阻和更大的反向电阻的开关特性。它是一种无触点开关。开关二极管从截止（高阻）到导通（低阻）的时间称为“开通时间”，从导通到截止的时间称为“反向恢复时间”，两个时间加在一起统称“开关时间”。一般开关二极管的开关时间较普通二极管要短，即有较高的开关速度。

5. 发光二极管（LED）

发光二极管是一种将电能转换成光能的半导体器件。它在正向导通时会发光。一般正向电流达到零点几毫安就开始发亮，且随着电流的增大而亮度增强。

发光二极管在不发光时，其正、反向电阻均较大且无明显差异，故一般不用万用表判断发光二极管的极性。常用的办法是将发光二极管与一数百欧的电阻串联，然后加 3～5V 直流电压。若亮，说明发光二极管正向导通，此时与电源正极相接的引脚为正极，与电源负极相接的引脚为发光管的负极。如果接反，则发光管不亮。

发光二极管应用很广，它可用作电器和仪器的指示灯、显示器件和检测器件等。

一般发光二极管发出的是可见光，还有利用砷化镓等材料做成的红外发光二极管。

1.3.4 半导体三极管

半导体三极管又称为晶体三极管（简称晶体管，俗称三极管）。三极管是由 3 层杂质半导体两两做在一起的 PN 结，加上相应的引线电极及封装组成的一种三端元器件。三极管具有放大作用，是电子线路中非常重要的器件之一，用它可以组成放大、振荡及各种功能的电子线路。

半导体三极管是电子元器件中种类最多，外形千姿百态的一大类器件。它的分类方法也有很多种，可以按制造材料分，也可以按工艺分，也可以按性能分等。

1.3.5 场效应管（FET）

场效应管（Field Effect Transistor，FET）是一种新型的半导体三极管。由于场效应管（FET）内部只有一种极性的载流子（自由电子或空穴）参与导电，所以被称为“单极性晶体管”。而普通的三极管内部有两种载流子（自由电子和空穴）参与导电，即被称为“双极性晶体管”（Bipolar Junction Transistor，BJT）。BJT 是一种“电流控制元器件”。它是由基极电流 i_B 来控制集电极电流 i_C（或发射极电流 i_E）而工作的。因此信号源必须为 BJT 提供一定的输入电流，所以 BJT 的输入电阻较小；而 FET 则是“电压控制元器件”，其输出电流（漏极电流 i_D）由输入电压（栅源电压 u_{GS}）的大小来决定。由于 FET 的输入电阻很大，因此基本上不需要信号源为其提供输入电流。而且 FET 还具有温度稳定性好、噪声低和抗干扰性强等特点。因此，FET 近年来发展很快，除作为分立元器件应用外，还广泛地应用于各种半导体集成电路中。

1.3.6 可控硅（SCR）

可控硅分单向可控硅、双向可控硅。单向可控硅有阳极 A、阴极 K 和控制极 G 3 个引出脚。双向可控硅有第一阳极 A1（T1），第二阳极 A2（T2）和控制极 G 3 个引出脚。

① 只有当单向可控硅阳极 A 与阴极 K 之间加有正向电压，同时控制极 G 与阴极间加上所需的正向触发电压时，方可被触发导通。此时 A、K 间呈低阻导通状态，阳极 A 与阴极 K 间压

降约 1V。单向可控硅导通后，控制器 G 即使失去触发电压，只要阳极 A 和阴极 K 之间仍保持正向电压，单向可控硅继续处于低阻导通状态。只有把阳极 A 电压拆除或阳极 A、阴极 K 间电压极性发生改变（交流过零）时，单向可控硅才由低阻导通状态转换为高阻截止状态。单向可控硅一旦截止，即使阳极 A 和阴极 K 间又重新加上正向电压，仍需在控制极 G 和阴极 K 间重新加上正向触发电压方可导通。单向可控硅的导通与截止状态相当于开关的闭合与断开状态，用它可制成无触点开关。

② 双向可控硅第一阳极 A1 与第二阳极 A2 间，无论所加电压极性是正向还是反向，只要控制极 G 和第一阳极 A1 间加有正负极性不同的触发电压，就可触发导通呈低阻状态。此时 A1、A2 间压降也约为 1V。双向可控硅一旦导通，即使失去触发电压，也能继续保持导通状态。只有当第一阳极 A1、第二阳极 A2 电流减小，小于维持电流或 A1、A2 间当电压极性改变且没有触发电压时，双向可控硅才截断，此时只有重新加触发电压方可导通。

1.3.7 半导体集成电路

把一个具有一定功能和性能的电路中的所有电子元器件（包括晶体管、电阻和电容器等）和连线一起制作在一块基片上，封装在一个外壳内，即形成一个集成电路。集成电路实现了材料、元器件和电路三位一体。与分立元器件电路相比，它具有体积小、质量轻、功耗小、性能好、可靠性高和成本低等特点。

集成电路按其结构和制造工艺的不同，可分为半导体、薄膜、厚膜和混合集成电路。其中应用最广、品种最多、发展最快的是半导体集成电路。半导体集成电路按电路结构不同，可分为双极型和 MOS（绝缘栅场效应管）型；按集成度不同，可分为小、中、大和超大规模集成电路；按用途不同，可分为数字、模拟集成电路。

第2章 电路基础实验

2.1 元器件伏安特性的测量

2.1.1 实验目的

① 掌握线性电阻元器件、非线性电阻元器件及电源的伏安特性的测量方法。

② 用伏安表法测量电阻和二极管的伏安特性。

③ 了解线性电阻元器件和非线性电阻元器件的伏安特性的差异。

2.1.2 实验原理

电阻性元器件的特性可用其端电压 U 与通过它的电流 I 之间的函数关系来表示，这种 U 与 I 的关系称为电阻的伏安关系。如果将这种关系表示在 U–I 平面上，则称为伏安特性曲线。

1. 元器件的伏安特性曲线

① 线性电阻元器件的伏安特性曲线是一条通过坐标原点的直线，该直线斜率的倒数就是电阻元器件的电阻值，如图 2-1 所示。由图可知线性电阻的伏安特性曲线对称于坐标原点，这种性质称为双向性。所有电阻元器件都具有这种特性。

② 半导体二极管是一种非线性电阻元器件，它的阻值随电流的变化而变化，不服从欧姆定律，其伏安特性曲线如图 2-2 所示。由图可见，半导体二极管的伏安特性曲线对于坐标原点是对称的，具有单向性特点。因此，半导体二极管的电阻值随端电压的大小和极性的不同而不同。当二极管外加正向电压时，其电阻值很小；反之，当二极管外加反向电压时，其电阻值很大。

③ 发光二极管正向工作电压 V_F 在 1.4～3V。在外界温度升高时，V_F 将下降，伏安特性曲线如图 2-3 所示。

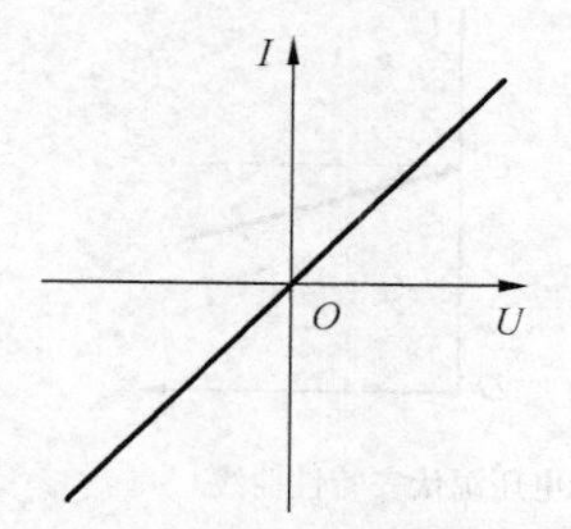

图 2-1　线性电阻元器件的伏安特性曲线

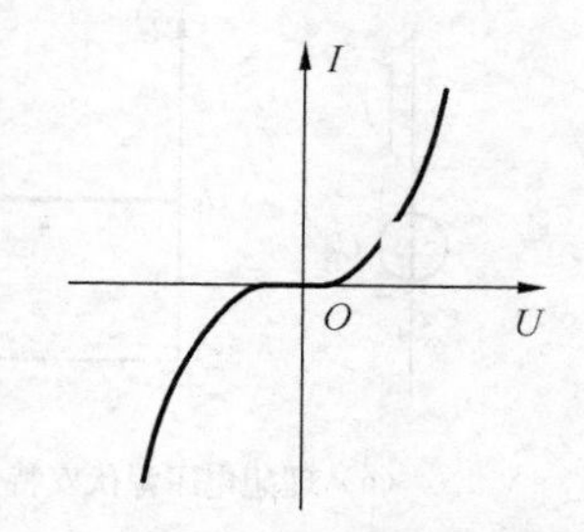

图 2-2　半导体二极管的伏安特性曲线

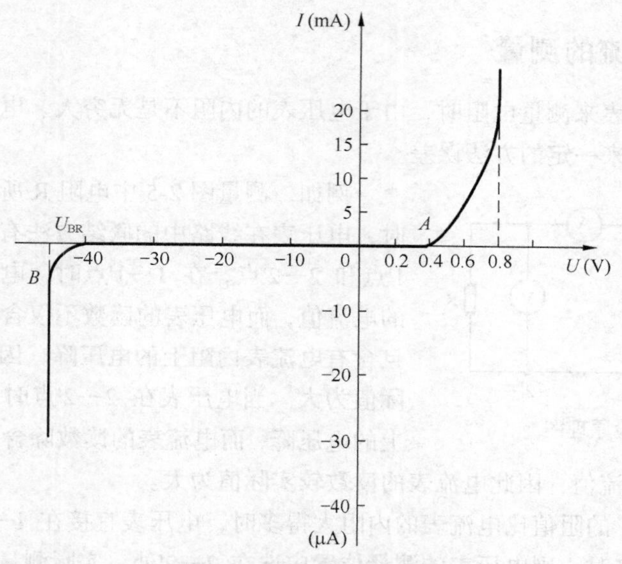

图 2-3　发光二极管的伏安特性曲线

从发光二极管伏安特性曲线可知，在正向电压小于某一值（叫阈值）时，电流极小，不发光；当正向电压超过某一值后，正向电流随电压迅速增加，发光。普通发光二极管的正向饱和压降为 1.6～2.1V，正向工作电流为 5～20mA。由于发光二极管受最大正向电流 I_{Fm}、最大反向电压 V_{Rm} 的限制，使用时，应保证不超过此值。为安全起见，实际电流 I_F 应在 $0.6I_{Fm}$ 以下，且让可能出现的反向电压 $V_R < 0.6V_{Rm}$。

2. 电压源的伏安特性曲线

能保持端电压为恒定值且内部没有能量损失的电压源称为理想电压源。理想电压源的符号和伏安特性曲线如图 2-4（a）所示。

理想电压源实际上是不存在的，因为实际电压源总具有一定的能量损失，这种实际电压源可以用理想电压源与电阻的串联组合来作为模型，如图 2-4（b）所示。其端口的电压与电流的关系为

$$U=U_S-IR_S$$

式中：电阻 R_S 为实际电压源的内阻，上式的关系曲线如图 2-4（b）所示。显然实际电压源的内阻越小，其特性越接近理想电压源。实验箱内的直流稳压电源的内阻很小，当通过的电流在规定的范围内变化时，可以近似当作理想电压源来处理。

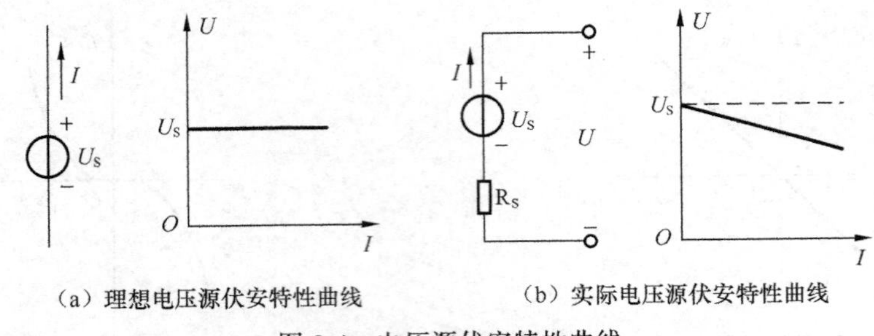

（a）理想电压源伏安特性曲线　　（b）实际电压源伏安特性曲线

图 2-4　电压源伏安特性曲线

3. 电压、电流的测量

用电压表和电流表来测量电阻时，由于电压表的内阻不是无穷大、电流表的内阻不为零，所以会给测量结果带来一定的方法误差。

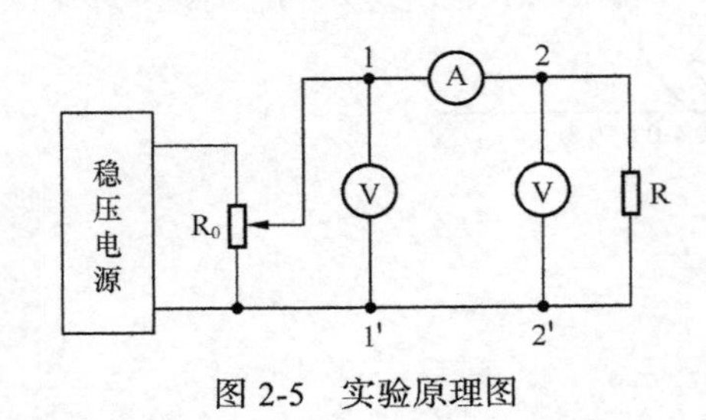

图 2-5　实验原理图

例如，测量图 2-5 中电阻 R 所在支路的电压和电流时，电压表在线路中的联结方法有两种。如图中的 1—1'点和 2—2'点，在 1—1'点时，电流表的读数为流过 R 的电流值，而电压表的读数不仅含有 R 上的电压降，而且含有电流表内阻上的电压降，因此电压表的读数较实际值为大。当电压表在 2—2'点时，电压表的读数为 R 上的电压降，而电流表的读数除含有电阻 R 的电流外还含有流过电压表的电流值，因此电流表的读数较实际值为大。

显而易见，当 R 的阻值比电流表的内阻大得多时，电压表宜接在 1—1'处，当电压表的内阻比 R 的阻值大得多时，则电压表的测量位置应选在 2—2'处。实际测量时，某一支路的电阻常常是未知的，因此，电压表的位置可以用下面的方法选定：先分别在 1—1'和 2—2'两处试一试，如果这两种接法电压表的读数差别很小，甚至无差别，即接在 1—1'处或 2—2'处均可。

2.1.3　实验仪器与元器件

电路实验板，直流毫安表，数字万用表，可调直流稳压电源，线性电阻，白炽灯，二极管，稳压二极管。

2.1.4　实验内容与步骤

电阻、二极管、发光二极管正反向特性实验。

① 按图 2-6 接线，直流稳压电源接入实验电路，测量二极管、发光二极管及限流电阻的正向与反向电压和电流（需要反向时只要对调直流稳压电源的正、负极性即可）。

② 电流可从毫安电流表直接读出数据（如指针反偏应立即对调电流表输入方向）；电压可通过万用表电压挡读取，方法为：万用表拨至直流电压对应测试挡位——直流 20V，两表笔分别插入对应元器件两端的测试孔中，并读取数据，填入表 2-1 中。

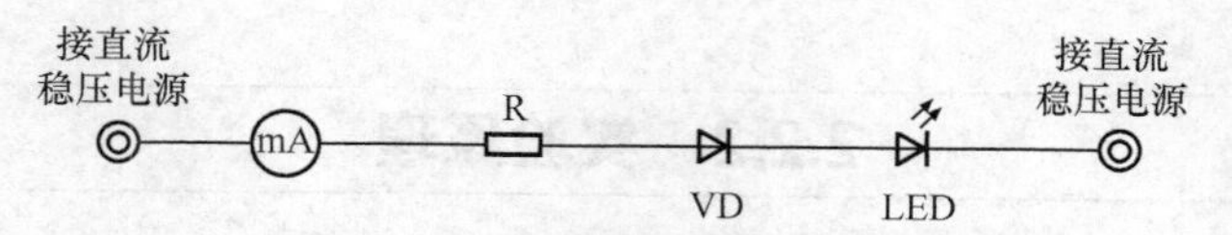

图 2-6 用伏安表法测量电阻和二极管的伏安特性

表 2-1 实验数据

元器件	限流电阻				二极管				发光二极管 LED				LED 亮、暗变化		两二极管串电压	
	电压		电流		电压		电流		电压		电流					
电压	正	反	正	反	正	反	正	反	正	反	正	反	正	反	正	反
4V																
6V																
8V																
10V																
12V																
14V																
16V																
18V																
20V																

2.1.5 实验报告

① 根据表 2-1 的结果，得出相应的结论。

② 画出二极管、发光二极管 $V—I$ 特性。

2.1.6 思考题

① 为什么发光二极管要加限流电阻，整流二极管不用加？

② 当二极管与发光二极管同向并联时，发光二极管工作如何？

2.2 基尔霍夫定律的验证

2.2.1 实验目的

① 验证基尔霍夫定律，加深对基尔霍夫定律的理解。

② 学会测量各支路电流和回路中各元器件两端的电压。

2.2.2 实验原理

基尔霍夫定律是电路的基本定律。测量某电路的各支路电流及每个元器件两端的电压，应能分别满足基尔霍夫电流定律（KCL）和电压定律（KVL）。即对电路中的任一个节点而言，应有$\Sigma I=0$；对任何一个闭合回路而言，应有$\Sigma U=0$。

运用上述定律时，必须注意各支路或闭合回路中电流的正方向，此方向可预先任意设定。

2.2.3 实验仪器与元器件

可调直流稳压电源，直流数字电压表，数字毫安表，电路实验板，电阻等。

2.2.4 实验内容与步骤

实验电路如图 2-7 所示。

① 实验前先任意设定 3 条支路和 3 个闭合回路的电流正方向。图 2-7 中的 I_1、I_2、I_3 的方向已设定。3 个闭合回路的电流正方向可设为 ADEFA、BADCB 和 FBCEF。

② 分别将两路直流稳压源接入电路，令 $U_1=6\text{V}$，$U_2=12\text{V}$。

③ 熟悉电流插头的结构，将电流插头的两端接至数字毫安表的“+、−”两端。

④ 将电流插头分别插入 3 条支路的 3 个电流插座中，读出并记录电流值。

⑤ 用直流数字电压表分别测量两路电源及电阻元器件上的电压值，记录到表 2-2 中。

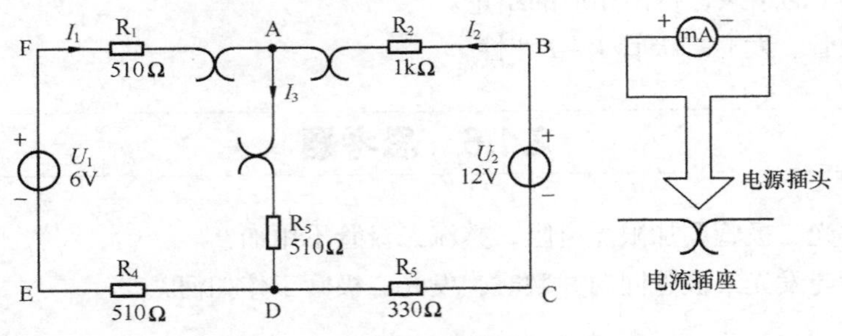

图 2-7 基尔霍夫定律验证电路

表 2-2 实验数据

被测量	I_1（mA）	I_2（mA）	I_3（mA）	U_1（V）	U_2（V）	U_{FA}（V）	U_{AB}（V）	U_{AD}（V）	U_{CD}（V）	U_{DE}（V）
计算值										
测量值										
相对误差										

2.2.5 实验报告

① 根据实验数据，选定节点 A，验证 KVL 的正确性。

② 根据实验数据，选定实验电路中的任一个闭合回路，验证 KVL 的正确性。

③ 将支路和闭合回路的电流方向重新设定，重复①、②两项验证。

④ 根据图 2-7 中的电路参数，计算出待测的电流 I_1、I_2、I_3 的值和各电阻上的电压值，记入表中，以便实验测量时，可正确地选定毫安表和电压表的量程。

2.2.6 思考题

① 误差原因分析。

② 实验中，若用指针式万用表直流毫安挡测各支路电流，在什么情况下可能出现指针反偏，应如何处理？在记录数据时应注意什么？若用直流数字毫安表进行测量时，会有什么显示呢？

2.3 叠加定理

2.3.1 实验目的

① 验证叠加定理。

② 进一步熟悉直流稳压电源和万用表的使用。

2.3.2 实验原理

叠加原理不仅适用于线性直流电路，也适用于线性交流电路，为了测量方便，一般采用直流电路来验证。

叠加原理可简述如下：在线性电路中，任一支路的电流（或电压）等于电路中各个独立源分别单独作用时在该支路中产生的电流（或电压）的代数和。所谓一个电源单独作用，是指除了该电源外其他所有电源置零，即理想电压源所在处用短路代替，理想电流源所在处用开路代替，但保留它们的内阻，电路结构也不做改变。

由于功率是电压或电流的二次函数，因此，叠加定理不能用来直接计算功率。例如，在图 2-8 中，有

$$I_1 = I_1' - I_1'',\ I_2 = -I_2' + I_2'',\ I_3 = I_3' + I_3''$$

显然

$$P_{R_1} \neq (I_1')^2 R_1 + (I_1'')^2 R_1$$

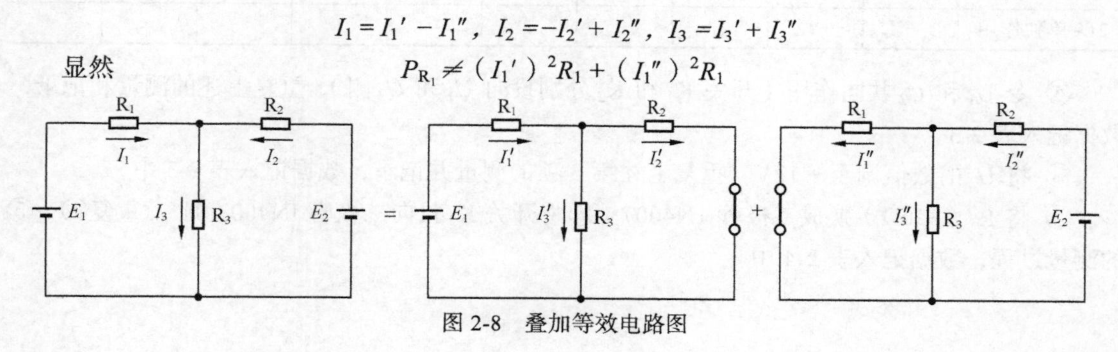

图 2-8　叠加等效电路图

2.3.3 实验仪器与元器件

直流稳压电源，数字万用表，直流数字电压表，直流数字毫安表，电路实验板。

2.3.4 实验内容与步骤

实验电路如图 2-9 所示。

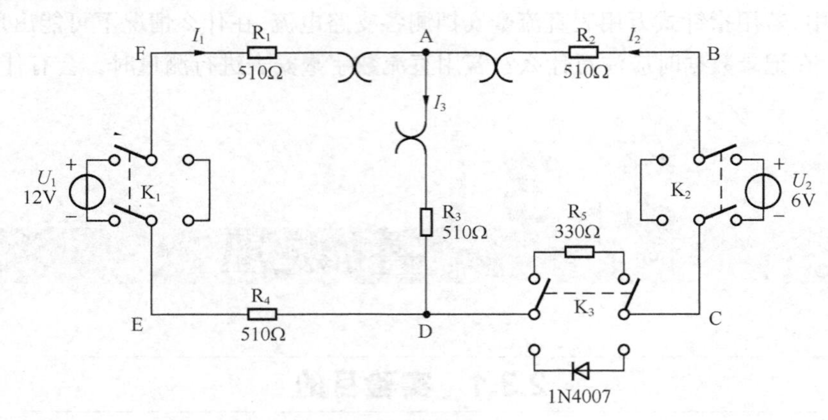

图 2-9 叠加实验电路图

① 将两路稳压源的输出分别调节为 12V 和 6V，接入 U_1 和 U_2 处。

② 令 U_1 电源单独作用（将开关 K_1 投向 U_1 侧，开关 K_2 投向短路侧）。用直流数字电压表和毫安表（接电流插头）测量各支路电流及各电阻元器件两端的电压，数据记入表 2-3 中。

③ 令 U_2 电源单独作用（将开关 K_1 投向短路侧，开关 K_2 投向 U_2 侧），重复实验步骤②的测量和记录，数据记入表 2-3 中。

表 2-3 实验数据

测量项目 实验内容	U_1（V）	U_2（V）	I_1（mA）	I_2（mA）	I_3（mA）	U_{AB}（V）	U_{CD}（V）	U_{AD}（V）	U_{DE}（V）	U_{FA}（V）
U_1 单独作用										
U_2 单独作用										
U_1、U_2 共同作用										
$2U_2$ 单独作用										

④ 令 U_1 和 U_2 共同作用（开关 K_1 和 K_2 分别投向 U_1 和 U_2 侧），重复上述的测量和记录，数据记入表 2-3。

⑤ 将 U_2 的数值调至 + 12V，重复上述第 3 项的测量并记录，数据记入表 2-3 中。

⑥ 将 R_5（330Ω）换成二极管 1N4007（即将开关 K_3 投向二极管 IN4007 侧），重复①～⑤的测量过程，数据记入表 2-4 中。

表 2-4 实验数据

测量项目 / 实验内容	U_1（V）	U_2（V）	I_1（mA）	I_2（mA）	I_3（mA）	U_{AB}（V）	U_{CD}（V）	U_{AD}（V）	U_{DE}（V）	U_{FA}（V）
U_1单独作用										
U_2单独作用										
U_1、U_2共同作用										
$2U_2$单独作用										

2.3.5 实验报告

① 用实验数据验证支路的电流和电压是否符合叠加原理，并对实验误差进行分析。

② 比较所测数据与计算值，说明得出的结论。

2.3.6 思考题

① 在叠加原理实验中，要令 U_1、U_2分别单独作用，应如何操作？可否直接将不作用的电源（U_1或 U_2）短接置零？

② 实验电路中，若有一个电阻器改为二极管，试问叠加原理的叠加性还成立吗？为什么？

2.4 戴维南定理和诺顿定理的验证

2.4.1 实验目的

① 验证戴维南定理和诺顿定理，加深对该定理的理解。

② 掌握线性有源二端网络等效参数的测量方法。

2.4.2 实验原理

任何一个线性含源电路，如果仅研究其中一条支路的电压和电流，则可将电路的其余部分看作是一个有源二端网络。

戴维南定理指出：任何一个线性有源二端网络，对于外电路而言，总可以用一个理想电压源与一个电阻的串联形式来等效代替，理想电压源的电压等于原有源二端网络的开路电压 U_{OC}，其等效电阻等于该网络中所有电源置零（理想电压源视为短接，理想电流源视为开路）时输入端等效电阻 R_{eq}，该二端网络化简后如图 2-10 所示。

诺顿定理指出：任何一个线性有源二端网络，对于外电路而言，总可以用一个理想电流源与一个电阻的并联形式来等效代替，理想电流源的电流等于原有源二端网络端口短路电流 I_{SC}，其等效电阻 R_{eq} 定义同戴维南定理。

U_{OC}（U_s）和 R_{eq} 或者 I_{SC}（I_S）和 R_{eq} 称为有源二端网络的等效参数。

1. 开路电压的测量方法

方法一：直接测量法。当有源二端网络的等效内阻 R_{eq} 与电压表的内阻 R_v 相比可以忽略不计时，可以直接用电压表测量开路电压。

方法二：补偿法。其测量电路如图 2-11 所示，E 为高精度的标准电压源，R 为标准分压电阻箱，G 为高灵敏度检流计。调节电阻箱的分压比，c、d 两端的电压随之改变，当 $U_{cd}=U_{ab}$ 时，流过检流计 G 的电流为零，因此

$$U_{cd}=U_{ab}=\frac{R_2}{R_2+R_1}E=KE$$

式中：$K=\dfrac{R_2}{R_2+R_1}$ 为电阻箱的分压比。根据标准电压 E 和分压比 K 就可求得开路电压 U_{ab}，因为电路平衡时 $I_G=0$，不消耗电能，所以此法测量精度较高。

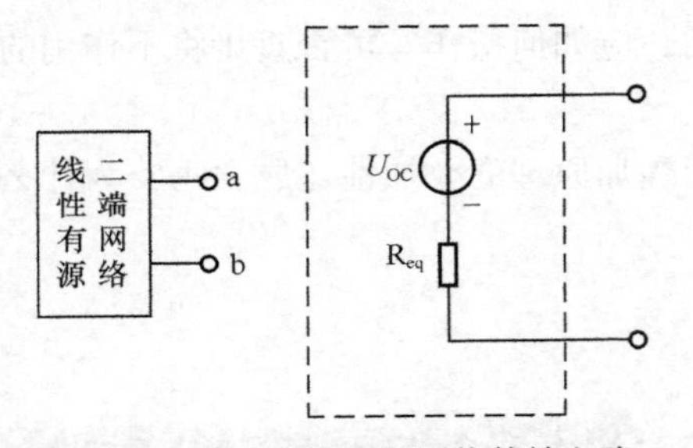

图 2-10　线性含源二端网络等效电路

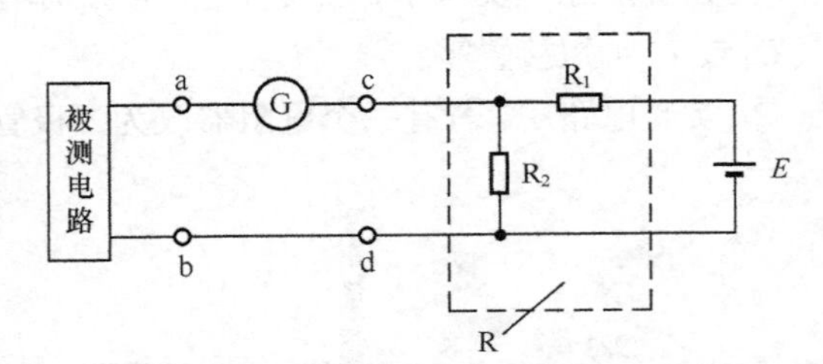

图 2-11　补偿法测量电路

2. 等效电阻 R_{eq} 的测量方法

对于已知的线性有源二端网络，其输入端等效电阻 R_{eq} 可以从原网络计算得出，也可以通过实验测出，下面介绍几种测量方法。

方法一：将有源二端口网络中的独立源都置零，在 ab 端外加一已知电压 U，测量一端口的总电流 $I_总$，则等效电阻 $R_{eq}=\dfrac{U}{I_总}$。

实际的电压源和电流源都具有一定的内阻，它并不能与电源本身分开，因此在去掉电源的同时，也把电源的内阻去掉了，这将影响测量精度，因而这种方法只适用于电压源内阻较小和电流源内阻较大的情况。

方法二：测量 ab 端的开路电压 U_{OC} 及短路电流 I_{SC}，则等效电阻为

$$R_{eq}=\frac{U_{OC}}{I_{SC}}$$

这种方法适用于 ab 端等效电阻 R_{eq} 较大，而短路电流不超过额定值的情况，否则有损坏电

源的危险。

方法三：半电压测量法。

测量电路如图 2-12 所示，第一次测量最靠近 ab 端的开路 U_{OC}，第二次在 ab 端接一已知电阻 R_L （负载电阻），测量此时 a、b 端的负载电压 U，则 ab 端的有效电阻 R_{eq} 为

$$R_{eq}=\left(\frac{U_{OC}}{U}-1\right)R_L$$

第三种方法克服了前两种方法的缺点和局限性，在实际测量中常被采用。

3. 戴维南等效电路法

如果用电压等于开路电压 U_{OC} 的理想电压源与等效电阻 R_{eq} 相串联的电路（称为戴维南等效电路，如图 2-13 所示）来代替原来的有源二端网络，则它的外特性 $U=f(I)$ 应与有源二端网络的外特性完全相同。实验原理电路如图 2-13 所示。

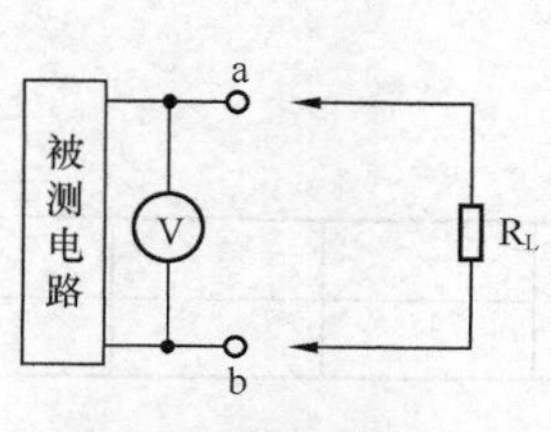

图 2-12 测量电路图

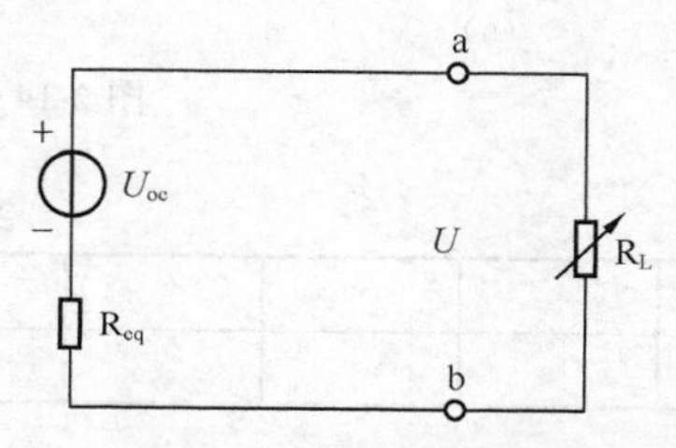

图 2-13 戴维南等效电路

2.4.3 实验仪器与元器件

直流稳压电源，数字万用表，直流毫安表，电路实验板，电位器等。

2.4.4 实验内容与步骤

被测有源二端网络如图 2-14（a）所示。

① 用开路电压、短路电流法测量戴维南等效电路的 U_{OC}、R_0 和诺顿等效电路的 I_{SC}、R_0。按图 2-14（a）接入稳压电源 U_S=12V 和恒流源 I_S=10mA，不接入 R_L。测出 U_{OC} 和 I_{SC}，并计算出 $R_0=U_{OC}/I_{SC}$（测 U_{OC} 时，不接入毫安表）。将数据记入表 2-5 中。

表 2-5 实验数据

U_{OC}（V）	I_{SC}（mA）	R_0（Ω）

② 负载实验。按图 2-14（a）接入 R_L。改变 R_L 阻值，测量有源二端网络的外特性曲线。将数据记入表 2-6 中。

表 2-6 实验数据

U（V）									
I（mA）									

③ 验证戴维南定理：从电阻箱上取得按步骤①所得的等效电阻 R_0 的值，然后令其与直流稳压电源（调到步骤①时所测得的开路电压 U_{OC} 值）相串联，如图 2-14（b）所示，仿照步骤②测其外特性，对戴维南定理进行验证。将数据记入表 2-7 中。

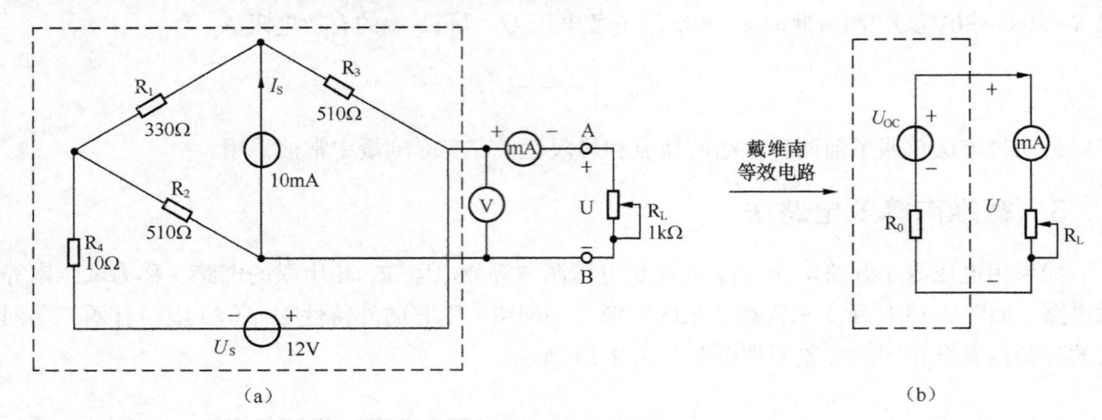

图 2-14　实验原理电路

表 2-7　　实验数据

U（V）									
I（mA）									

④ 验证诺顿定理：从电阻箱上取得按步骤①所得的等效电阻 R_0 的值，然后令其与直流恒流源（调到步骤①时所测得的短路电流 I_{SC} 的值）相并联，仿照步骤②测其外特性，对诺顿定理进行验证。将数据记入表 2-8 中。

表 2-8　　实验数据

U（V）									
I（mA）									

⑤ 有源二端网络等效电阻（又称入端电阻）的直接测量法。如图 2-14（a）所示，将被测有源网络内的所有独立源置零（去掉电流源 I_S 和电压源 U_S，并在原电压源所接的两点间用一根短路导线相连），然后用伏安法或者直接用万用表的欧姆挡去测定负载 R_L 开路时 A、B 两点间的电阻，此即被测网络的等效内阻 R_0，或称网络的入端电阻 R_i。

⑥ 用半电压法和零示法测量被测网络的等效内阻 R_0 及其开路电压 U_{OC}。线路及数据表格自拟。

2.4.5　实验报告

① 在同一坐标纸上做出两种情况下的外特性曲线，并做适当分析。判断戴维南定理的正确性。

② 绘制功率特性曲线 $P=f(R_L)$，并分析得出的结论。

2.4.6　思考题

① 在求戴维南或诺顿等效电路时，做短路试验，测 I_{SC} 的条件是什么？在本实验中可否直

接做负载短路实验？

② 说明测有源二端网络开路电压及等效内阻的几种方法，并比较其优缺点。

2.5 频率特性及 RLC 串联交流电路

2.5.1 实验目的

① 通过实验掌握串联谐振时的特点，了解电路参数对谐振特性的影响。

② 测定 RLC 串联谐振电路的频率特性曲线。

③ 了解品质因数对谐振曲线的影响。

④ 正确使用双踪示波器。

2.5.2 实验原理

1. RLC 串联电路的阻抗

RLC 串联电路的阻抗是电源频率的函数，如图 2-15 所示，即

$$Z = R + j\left(\Omega L - \frac{1}{\omega C}\right) = |Z|\,\mathrm{e}^{j\varphi}$$

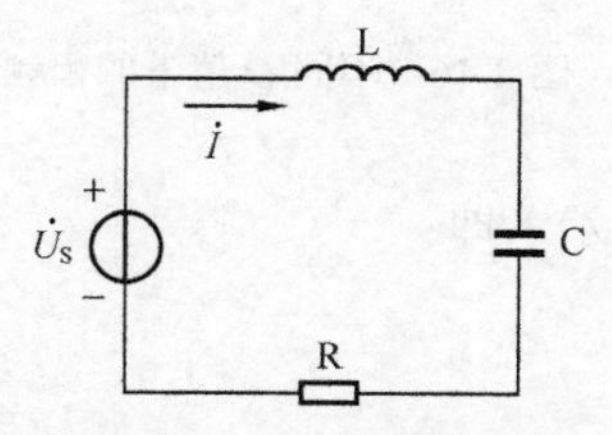

图 2-15 RLC 串联电路

当 $\omega L = \dfrac{1}{\omega C}$ 时，电路呈现电阻性，U_S 一定时，电流达到最大值，这种现象称为串联谐振。谐振时的频率称为谐振频率，也称为电路的固有频率。

即

$$\omega_0 = \frac{1}{\sqrt{LC}} \quad 或 \quad f_0 = \frac{1}{2\pi\sqrt{LC}}$$

上式表明谐振频率仅与 L、C 有关，而与 R 无关。

2. 电路处于谐振状态时的特征

① 复阻抗 Z 达到最小，电路呈电阻性，电流与输入电压同相。

② 电感电压与电容电压数值相等，相位相反。此时电感电压（或电容电压）为电源电压的 Q 倍，Q 称为品质因数，即

$$Q = \frac{U_L}{U_S} = \frac{U_C}{U_S} = \frac{\omega_0 L}{R} = \frac{1}{\omega_0 CR} = \frac{1}{R}\sqrt{\frac{L}{C}}$$

当 L 和 C 为定值时，Q 值仅由回路电阻 R 的大小来决定。

③ 在激励电压有效值不变时，回路中的电流达到最大值，即 $I=I_0=\frac{U_S}{R}$ 。

3. 串联谐振电路的频率特性

① 回路的电流与电源角频率的关系称为电流的幅频特性，表明其关系的图形称为串联谐振曲线。电流与角频率的关系为

$$I(\omega)=\frac{U_S}{\sqrt{R^2\left[\omega L-\frac{1}{\omega C}\right]^2}}=\frac{U_S}{R\sqrt{1+Q^2\left[\frac{\omega}{\omega_0}-\frac{\omega_0}{\omega}\right]^2}}=\frac{I_0}{\sqrt{1+Q^2\left[\frac{\omega}{\omega_0}-\frac{\omega_0}{\omega}\right]^2}}$$

当 L、C 一定时，改变回路的电阻 R 值，即可得到不同 Q 值下的电流的幅频特性曲线。显然，Q 值越大，曲线越尖锐。

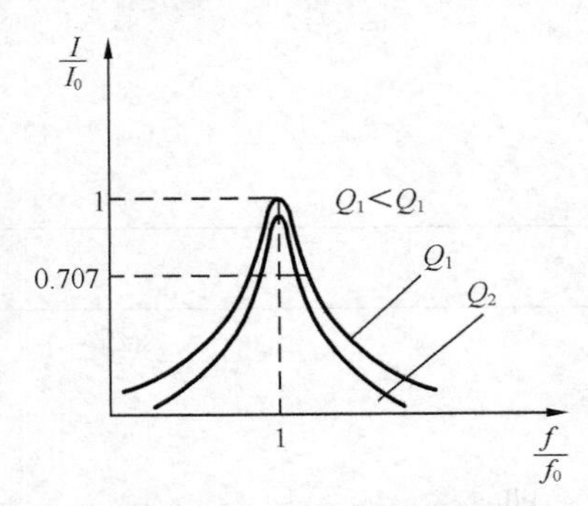

图 2-16　不同 Q 值下的幅频特性曲线

有时为了方便，常以 $\frac{\omega}{\omega_0}$ 为横坐标、$\frac{I}{I_0}$ 为纵坐标做电流的幅频特性曲线（这称为通用幅频特性）。图 2-16 所示做出了不同 Q 值下的幅频特性曲线。回路的品质因数 Q 值越大，在一定的频偏下，$\frac{I}{I_0}$ 下降得越厉害，电路的选择性就越好。

为了衡量谐振电路对不同频率的选择能力，引进通频带的概念。把通用幅频特性的幅值从峰值 1 下降到 0.707 时所对应的上、下频率之间的宽度称为通频带（以 BW 表示）即：

$$BW=\frac{\omega_2}{\omega_0}-\frac{\omega_1}{\omega_0}$$

Q 值越大，通频带越窄，电路的选择性就越好。

② 激励电压与响应电流的相位差 φ 角和激励电源角频率 ω 的关系称为相频特性，即

$$\varphi(\omega)=\arctan\frac{\omega L-\frac{1}{\omega C}}{R}=\arctan\frac{X}{R}$$

显然，当电源频率 ω 从 0 变到 ω_0、电抗 X 由 $-\infty$ 变到 0 时，φ 角从 $-\frac{\pi}{2}$ 变到 0，电路呈容性；当 ω 从 ω_0 增大到 ∞ 时，电抗 X 由 0 增大到 ∞，φ 角从 0 增大到 $\frac{\pi}{2}$，电路呈感性。相角 φ 与 $\frac{\omega}{\omega_0}$ 的关系称为通用相频特性。

谐振电路的幅频特性和相频特性是衡量电路特性的重要标志。

2.5.3 实验仪器与元器件

低频信号发生器，交流毫伏表，双踪示波器，RLC 电路实验板，电阻等。

2.5.4 实验内容与步骤

按图 2-17 所示连接电路，电源 U_S 为低频信号发生器。将信号发生器电源的输出电压接示波器的 Y_A 插座，输出电压从 R 两端取出，接到示波器 Y_B 插座以观察信号波形，取 $L = 0.01$ H，$C = 0.47\mu F$，$R = 10\Omega$，信号发生器的输出电压 $U_S = 1V$。

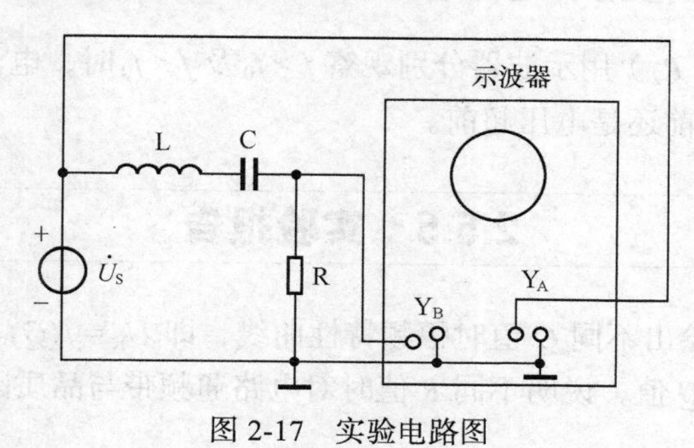

图 2-17　实验电路图

1. 找出电路谐振频率

改变信号源频率，找出电路谐振频率 f_0，一般可采用如下两种方法。

（1）用电阻电压 U_R 达到最大值的办法确定 f_0

将 U_S 调到 1V，然后改变频率 f，此时 U_R 也将随着变化，用交流毫伏表检测 U_R，当 U_R 出现最大值时所对应的 f 即为 f_0（请读者自己分析原因）。

（2）用双踪示波器找 f_0

按图 2-17 连接电路，U_S 实际上代表着串联电路的电流 I，调节信号源的频率 f，当看到示波器中 U_S 和 U_R 两波形同相位时，此时的 f 即为 f_0（请读者自己分析原因）。

2. 用交流毫伏表测量电压

在谐振情况下用交流毫伏表测量 U_S、U_C、U_L、U_R 及 U_{L-C}（注意交流毫伏表的量程），并记入表 2-9 中。

表 2-9　谐振测量数据

f_0（kHz）	U_S	U_C	U_L	U_{L-C}	U_R	Q

3. 用交流毫伏表测量 U_R

以 f_0 为中心，两边对称取点，保持 U_S=1V 不变，改变 f 逐点测量，在 f_0 附近，应多取些测试点。用交流毫伏表测量每个测试点的 U_R 值，电流 I 是通过测量 U_R 值，由 $I=U_R/R$ 换算而得，记入表 2-10 中。

表 2-10　　用交流毫伏表测量 U_R

f（Hz）							f_0							
U_{R1}（V）														
I_1（mA）														
U_{R2}（V）														
I_2（mA）														

4. 用示波器观察电流、电压相位关系

任选一组参数（R_1或R_2）用示波器分别观察$f>f_0$及$f<f_0$时，电流、电压的相位关系，并做出波形图，说明电流超前还是电压超前。

2.5.5　实验报告

① 根据测量数据，绘出不同 Q 值时幅频特性曲线，即 $U_R = f(Q)$。

② 计算出通频带与 Q 值，说明不同 R 值时对电路通频带与品质因数的影响。

2.5.6　思考题

① 改变电路的哪些参数可以使电路发生谐振，电路中 R 的数值是否影响谐振频率值？

② 如何判别电路是否发生谐振？测试谐振点的方案有哪些？

③ 要提高 RLC 串联电路的品质因数，电路参数应如何改变？

④ 当 RLC 串联电路发生谐振时，是否有 $U_C = U_L$ 及 $U_R = U_S$？若关系不成立，试分析原因。

2.6　一阶 RC 电路的矩形脉冲响应

2.6.1　实验目的

① 学习用示波器观察和分析 RC 电路的时域响应。

② 加强对一阶电路动态过程的了解，掌握一阶电路时间常数的测定方法。

③ 增强对微分电路、积分电路和耦合电路的认识。

④ 理解时间常数与矩形脉冲宽度的关系。

2.6.2 实验原理

1. 矩形脉冲电压 u_i

图 2-18 所示的矩形脉冲电压 u_i 可以看成是按一定规律定时接通和关断的直流电压源 U。若将此电压 u_i 加在 RC 串联电路上，如图 2-19 所示，则会产生一系列的电容连续充电和放电的动态过程。在 u_i 的上升沿为电容的充电过程，而在 u_i 的下降沿为电容的放电过程。实质上，电容电压初始值为零的 RC 电路的矩形脉冲响应就是 RC 电路的阶跃响应和零输入响应的连续。矩形脉冲电压 u_i 的脉冲宽度 t_w 与 RC 串联电路的时间常数 τ 有十分密切的关系。当 t_w 不变时，而适当选取不同的参数以改变时间常数 τ，会使电路特性发生质的变化。

2. 微分电路

如图 2-20 所示电路，将 RC 串联电路的电阻上的电压作为输出 u_o，且满足 $\tau \ll t_w$ 的条件，则该电路就构成了微分电路。此时，输出电压 u_o 近似地与输入电压 u_i 呈微分关系。

$$u_o \approx RC\frac{\mathrm{d}u_i}{\mathrm{d}t}$$

微分电路的输出波形为正负相同的尖脉冲。其输入、输出电压波形的对应关系如图 2-21 所示。在数字电路中，经常用微分来将矩形脉冲波形变换成尖脉冲作为触发信号。

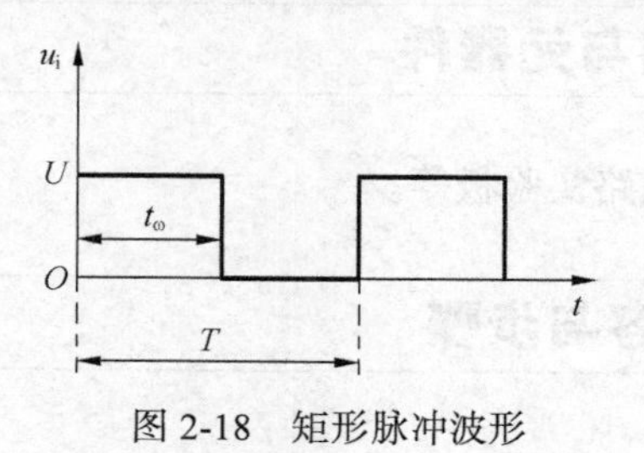

图 2-18 矩形脉冲波形

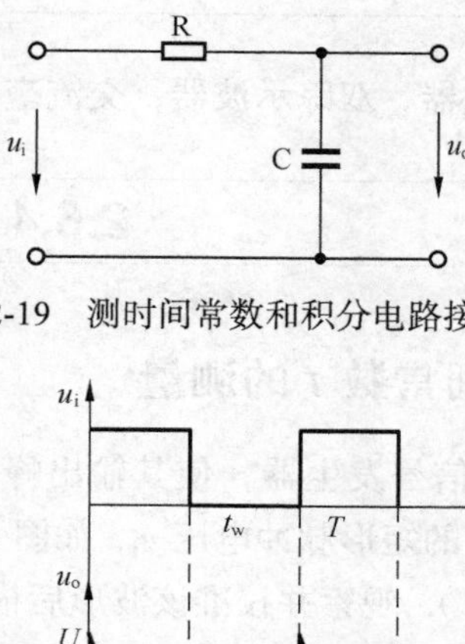

R
u_i
C
u_o

图 2-19 测时间常数和积分电路接线

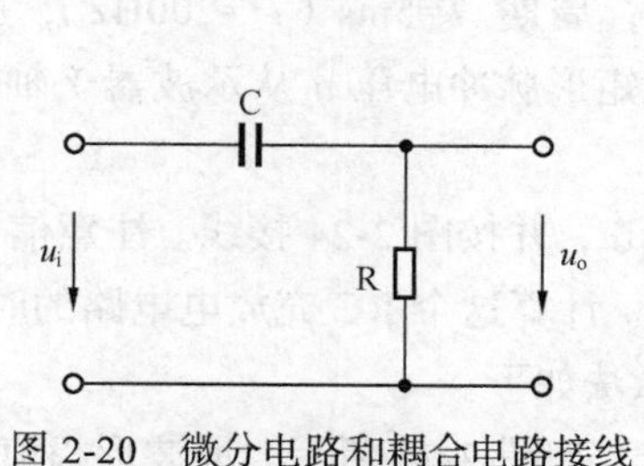

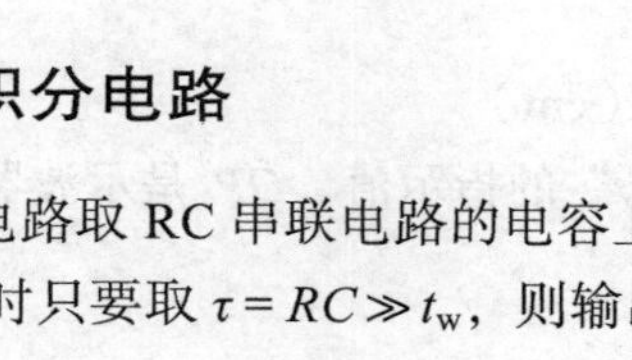

图 2-20 微分电路和耦合电路接线

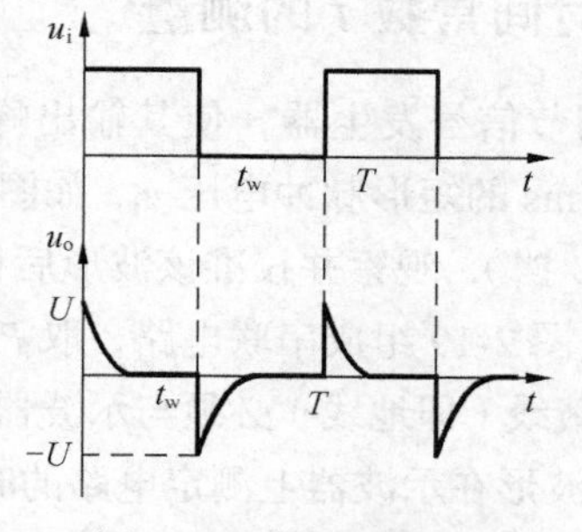

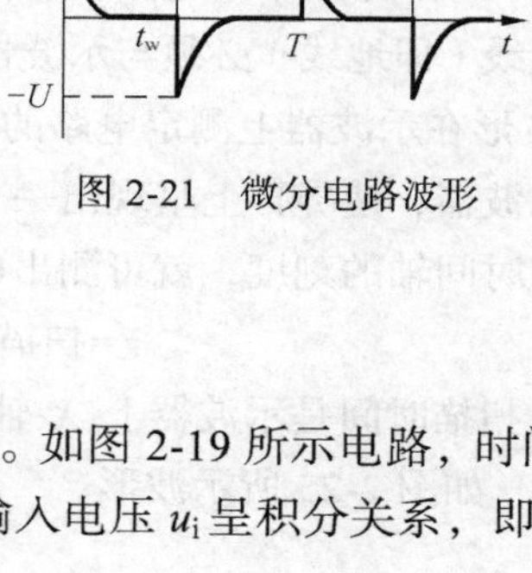

图 2-21 微分电路波形

3. 积分电路

积分电路取 RC 串联电路的电容上的电压作为输出 u_o。如图 2-19 所示电路，时间常数满足 $\tau \gg t_w$。此时只要取 $\tau = RC \gg t_w$，则输出电压 u_o 近似地与输入电压 u_i 呈积分关系，即

$$u_o \approx \frac{1}{RC}\int u_i \mathrm{d}t$$

积分电路的输出波形为锯齿波。当电路处于稳态时，其波形对应关系如图 2-22 所示。注意：u_i 的幅度值很小，实验中观察该波形时要调小示波器 Y 轴挡位。

4. 耦合电路

RC 微分电路只有在满足时间常数 $\tau = RC \ll t_w$ 的条件下，才能在输出端获得尖脉冲。如果时间常数 $\tau = RC \gg t_w$，则输出波形已不再是尖脉冲，而是非常接近输入电压 u_i 的波形，这就是 RC 耦合电路，而不再是微分电路。这里电容 C 称为耦合电容，常应用在多级交流放大电路中做级间耦合，起沟通交流、隔断直流的作用。其波形对应关系如图 2-23 所示。

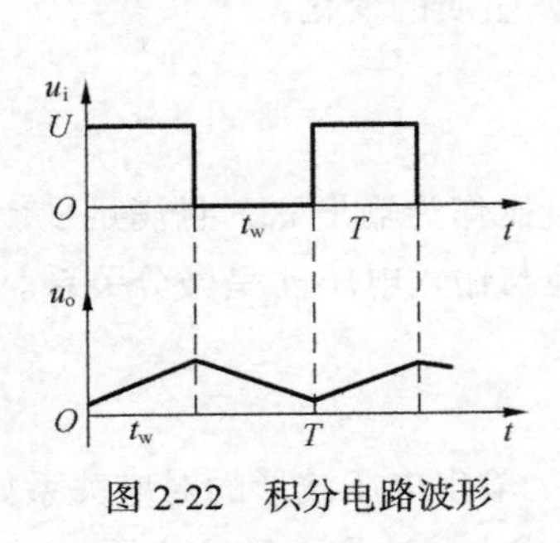

图 2-22　积分电路波形

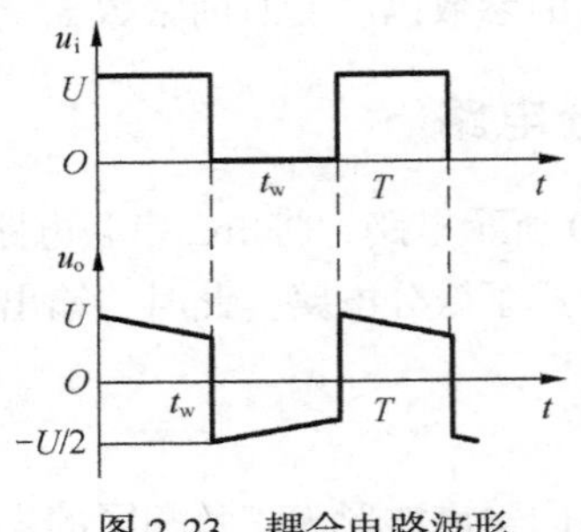

图 2-23　耦合电路波形

2.6.3　实验仪器与元器件

信号发生器，双踪示波器，交流毫伏表，RC 电路实验板等。

2.6.4　实验内容与步骤

1. 时间常数 τ 的测量

① 调节信号发生器，使其输出峰值电压 U=4.5V，周期 T=5ms（f =200Hz），脉冲宽度 $t_w=T/2$=2.5ms 的矩形脉冲电压 u_i，如图 2-18 所示。将此矩形脉冲电压 u_i 从示波器 Y 轴输入（开关置于 DC 挡），观察并校准该波形后描述下来。

② 按图 2-19 组成串联电路，取 R = 1kΩ，C = 0.47μF，并按图 2-24 接线。注意信号发生器的金属屏蔽线（即地线）必须与示波器的屏蔽线相联结。计算这个 RC 充放电电路的时间常数，并用 u_c 的波形在示波器上测定电路的时间常数，具体做法如下。

调节示波器，使屏幕上呈现出一个稳定的指数曲线，如图 2-25 所示。取波形幅值的 63.2% 处所对应的时间轴的刻度，就可测出电路的时间常数，即

$$\tau = 扫描时间（ms/cm）\times OP（cm）$$

其中，扫描时间是示波器上 X 轴扫描速度开关“t/div”的指示值。OP 是示波器上的读出刻度（div），如图 2-25 所示波形。

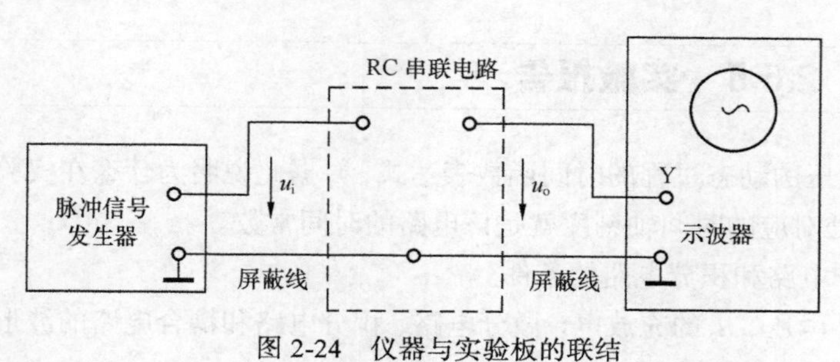

图 2-24　仪器与实验板的联结

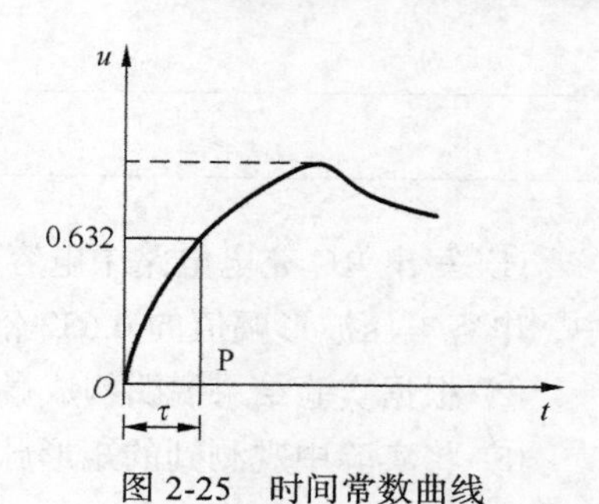

图 2-25　时间常数曲线

注意：读数时要把“t/div”开关的“微调”置于“校准”位置上。

将时间常数 τ 的计算值、测量值和波形记录在表 2-11 中。

表 2-11　　测量数据

计 算 值		测 量 值		波 形
R（kΩ）	C（μF）	扫描时间（ms/cm）	OP（cm）	
τ =		τ =		

2. 积分电路

① 按图 2-19 接好线路，选取 R=10kΩ，C= 0.47μF，使 $\tau \gg t_w$，则输出应为一锯齿波，记录波形于表 2-12 中。

② 将 R 改为 1 kΩ，即减少电阻以改变常数 τ，观察对积分电路的影响，并测量，记录于表 2-12 中。

3. 微分电路

① 按图 2-20 接好线路，选取 R=0.5kΩ，C=0.47μF，观察尖脉冲波形，将波形、脉冲幅度和 τ 记录于表 2-12 中。

② C 不变，将 R 改为 5kΩ，观察对电路的影响，并测量。

4. 耦合电路

① 按图 2-20 接好线路，选取 R=10kΩ，C=0.47μF，观察尖脉冲波形，将波形、脉冲幅度和 τ 等记录于表 2-12 中。

② C 不变，将 R 改为 5kΩ，观察对电路的影响，并测量。

表 2-12　　测量数据

电路性质	组　别	脉冲幅度（V）	t（ms）	波形图	τ 的计算值
微分电路	R=0.5kΩ，C=0.47μF				
	R=5kΩ，C=0.47μF				
积分电路	R=10kΩ，C=0.47μF				
	R=1kΩ，C=0.47μF				
耦合电路	R=10kΩ，C=0.47μF				
	R=5kΩ，C=0.47μF				

2.6.5 实验报告

① 写出 RC 充电电路中电容电压的动态过程的时间函数表达式，并据此说明为什么在实验中，电容电压波形幅值的 0.632 倍处对应的时间轴刻度就是该电路的时间常数。

② 根据实验结果说明构成微分电路和积分电路的条件。

③ 将实验中观测到的矩形脉冲电压、u_c 的充放电、微分电路、积分电路和耦合电路的波形集中按相同比例对应画出。

2.6.6 思考题

① 已知 RC 一阶电路 $R = 10\text{k}\Omega$，$C = 0.1\mu\text{F}$，试计算时间常数 τ。并根据 τ 值的物理意义，拟定测量 τ 的方案。

② 什么是积分电路和微分电路，它们必须具备什么条件？它们在方波序列脉冲的激励下，其输出信号波形的变化规律如何？这两种电路有何功用？

③ 分析图 2-19、图 2-20 中的 u_i 为矩形脉冲时，当电路的时间常数 τ 不同时，对输出波形的影响。

2.7 晶体管单管放大电路

2.7.1 实验目的

① 学习如何设置晶体管放大电路的静态工作点及其调试方法。

② 研究静态工作点的改变对输出波形的影响。

③ 学习电压放大倍数、输入阻抗、输出阻抗的测量方法。

2.7.2 实验原理

1. 放大电路的静态工作点

放大电路是模拟电子技术中广泛使用的电路之一，其作用是将微弱的输入信号（电压、电流和功率）不失真地放大到负载所需要的数值。即在有输入信号的情况下，利用晶体管的控制，将直流电源提供的一部分能量转换成与输入信号成比例的输出信号。作为放大电路核心元器件的晶体管，它必须工作在放大区。因此，必须通过直流电源和外围电阻为其设置合适的静态工作点，这是放大电路具有放大作用的必要条件。放大电路的静态工作点是指无输入信号时的基

极电流 I_B、集电极电流 I_C、集电极－发射极电压 U_{CE}。当放大电路的静态工作点设计不合适或输入信号偏大时，放大电路均会发生失真。实验电路图如图 2-26 所示。

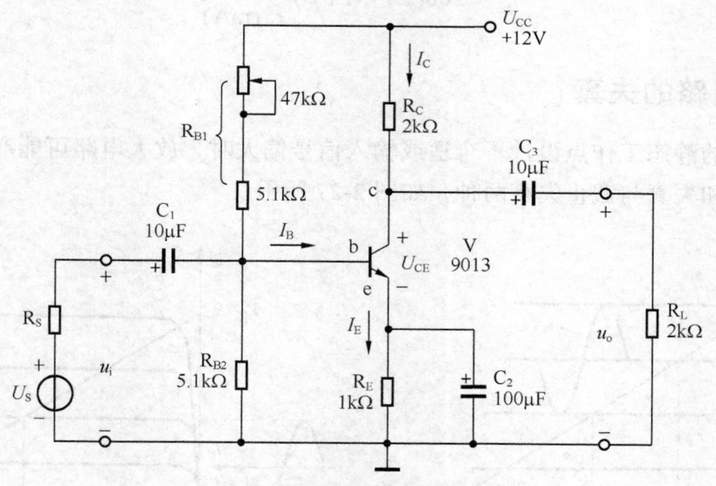

图 2-26　单级放大电路实验电路

该电路的静态工作点计算公式为：

基极电位

$$V_b = \frac{R_{b2}}{R_{b1}+R_{b2}}V_{cc}$$

发射极电流

$$I_e = \frac{V_b - U_{ce}}{R_e}$$

基极电流

$$I_b = \frac{I_e}{1+\overline{\beta}}$$

集电极电流

$$I_c = \overline{\beta} I_b$$

集－射极电压

$$U_{ce} = V_{cc} - I_c R_c - I_e R_e$$

式中：U_{ce} 为电源电压，单位为 V；β 为晶体管的静态电流放大系数，β=50。

2. 放大电路的主要指标

放大电路的主要指标有电压放大倍数 A_u、输入电阻 r_i、输出电阻 r_o。

电压放大倍数 A_u 是输出电压相量与输入电压相量的有效值之比；输入电阻 r_i 反映放大器消耗前一级信号功率的大小；输出电阻 r_o 反映了放大器带负载的能力，r_o 越小，放大器输出等效电路就越接近于恒压源，带负载的能力就越强。

小信号放大电路的动态分析依据的是放大电路的微变等效电路。

本实验电路的主要指标的计算公式为：

$$A_u = -\beta \frac{R_C \| R_L}{r_{be}}$$

$$r_i \approx r_{be}$$

$$r_o \approx R_C$$

其中

$$r_{\text{be}} = 200(\Omega) + (1+\beta)\frac{26(\text{mV})}{I_{\text{E}}(\text{mA})}$$

3. 放大电路的失真

当放大电路的静态工作点设计不合适或输入信号偏大时，放大电路可能产生失真。放大电路的失真分为饱和失真与截止失真两种，如图 2-27 所示。

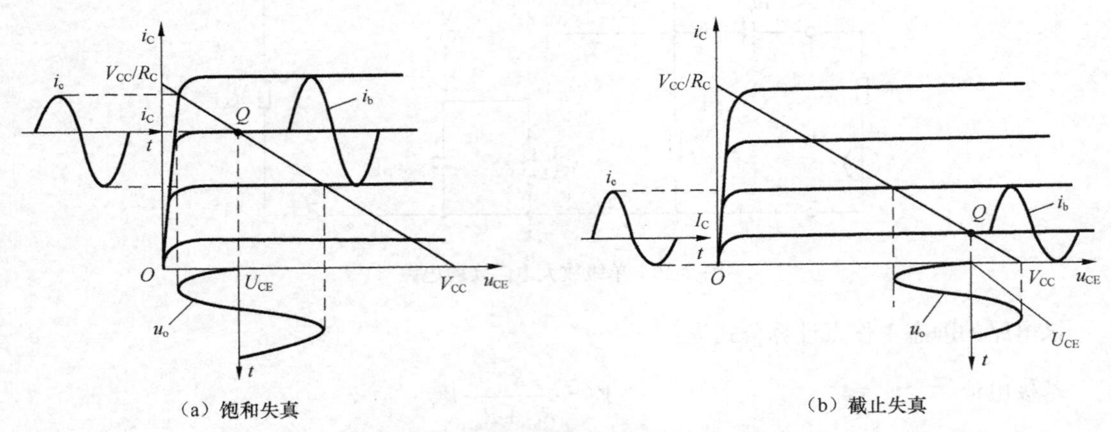

图 2-27　基本共射极放大电路的饱和失真和截止失真

2.7.3　实验仪器与元器件

模拟电路实验箱，直流稳压电源，信号发生器，示波器，数字万用表。

2.7.4　实验内容与步骤

1. 接线

按图 2-26 所示接好电路。检查无误后方可通电进行操作。

2. 调试静态工作点

① 接通直流电源，用万用表直流电压挡监测 V_E，调整 R_B，使 $V_E = 2V$，此时，$I_C = I_E = V_E / R_E = 2mA$。

② 测得实际的集电极与发射极之间的电压 U_{CE}，并做记录。

3. 电压放大倍数的测试

① 将适当大小的中频信号送入放大电路的输入端（本实验建议使用 1kHz、10mV 的有效信号）。

② 用示波器监测输出信号，要求输出波形不失真。用毫伏表分别测量放大电路的输入信号

和输出信号的有效值，然后计算 A_u，并用示波器观察其相位。

4. 输入电阻和输出电阻的测试

① 用伏安法测量放大电路的输入电阻。
② 用伏安法测量放大电路的输出电阻。

5. 观察放大电路的失真现象

① 观察静态工作点的改变对输出波形的影响：接入信号发生器，改变 R_{B1} 使输出波形分别出现饱和失真和截止失真，并记录波形。

② 观察输入信号的大小对输出波形的影响：接入信号发生器，增大输入电压的幅度，观察输出波形的失真情况。

2.7.5 实验报告

① 讨论静态工作点的测试方法。
② 讨论电压放大倍数 A_u、输入电阻 r_i、输出电阻 r_o。
③ 画出饱和失真和截止失真的波形，并对失真情况进行讨论。

2.7.6 思考题

① 采用伏安法测量放大电路的输入电阻时，若选取的串联电阻过大或过小，会出现测试误差，试分析测试误差。

② 在测试 A_u、r_i 和 r_o 时，怎样选择输入信号的大小和频率？为什么信号的频率一般选 1kHz，而不选 100kHz 或更高？

2.8 两级阻容耦合负反馈放大电路

2.8.1 实验目的

① 学习两级阻容耦合放大电路静态工作点的调试方法。
② 进一步掌握放大电路放大倍数的测量方法。
③ 学会放大电路输入电阻及输出电阻的测量方法。
④ 了解负反馈对放大电路性能的影响。

2.8.2 实验原理

在两级阻容耦合放大电路中，由于级间耦合电容的隔直作用，前、后级放大电路的静态工作点互不影响。因此，各级静态工作点可以单独调整。又因前级电压动态工作范围较小，则前级静态工作点应比后级要略低一些。

1. 电压放大倍数

两级阻容耦合放大电路的后级是前级的负载，而后级输入电阻 r_{i2} 的大小将直接影响前级电压放大倍数。两级阻容耦合放大电路的总电压的放大倍数等于第一级和第二级电压放大倍数的乘积，即

$$A_u = A_{u1} \times A_{u2}$$

注意： A_{u1} 已经考虑下一级输入电阻的影响，所以第一级的输出电压 u_{o1} 就是第二级的输入电压 u_{i2}，而不是第一级的开路电压。

2. 放大电路的输入电阻 r_i 和输出电阻 r_o

放大电路的输入电阻 r_i 就是放大电路信号源的负载。由于实际信号源存在内阻，因此 r_i 的大小将影响到实际放大电路输入信号的大小。r_i 的实验测量如图 2-28 所示。在放大电路输入端串联一电阻 R_3，只要测量出函数发生器输出电压 U_s 和电路输入电压 U_i，即可计算出输入电流 I_i，从而计算出 r_i 的数值，即

$$r_i = \frac{U_i}{I_i} = \frac{U_i}{U_S - U_i} \times R_3$$

图 2-28 中，电阻 R_3 只用作测量放大器的输入电阻，通常情况下应将 R_3 短接。

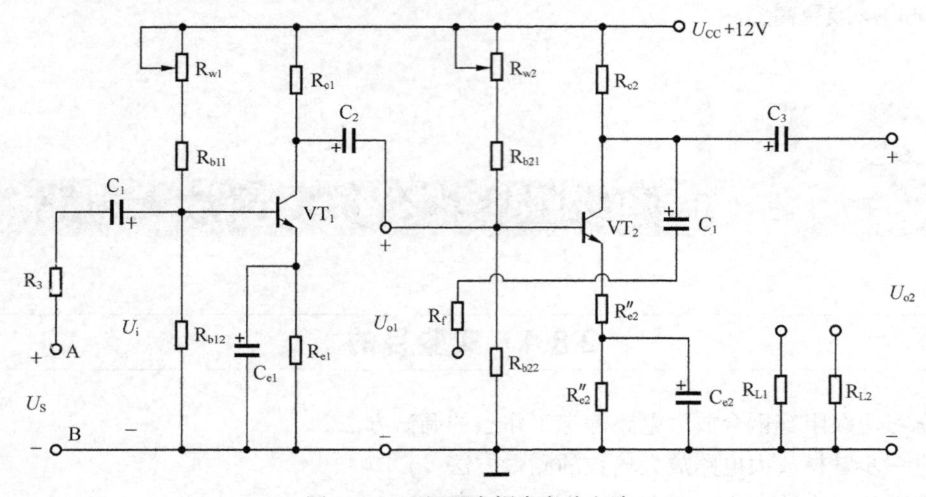

图 2-28　两级阻容耦合实验电路

放大电路的输出电阻 r_o 决定了放大电路带负载的能力。

r_o 可由测得的开路输出电压 U_{oc2} 和在某一负载电阻 R_{L2} 下的输出电压 U_{o2} 计算得到，即

$$r_o = \left(\frac{U_{o2c}}{U_{o2}} - 1\right) \times R_{L2}$$

3. 负反馈

在电子线路中，几乎所有的放大电路都要引入负反馈。本实验中引入电压串联负反馈，虽然使电压放大倍数大大降低，但对波形失真的改善和稳定电压放大倍数均起到了明显的作用。

2.8.3 实验仪器与元器件

双踪示波器，数字万用表，函数发生器，直流稳压电源。

2.8.4 实验内容与步骤

1. 各级静态工作点的调整

将稳压电源电压调到 12V，按图 2-28 所示接好线路，再短接 R_3。

用示波器观察波形，验证工作点是否合适。

将函数发生器的电压输出端接入电路板 A、B 两点间，将输入正弦波调至 f= 1kHz、U_s = 5～10mV，用示波器 CH1 通道测量输入电压 U_i 波形，用 CH2 通道分别测量第一级输出电压 U_{o1} 和第二级输出电压 U_{o2} 的波形。若 U_{o1} 失真，则调节 R_{w1}，若 U_{o2} 失真，则调节 R_{w2}（同时调节 R_{w1}），直至输出波形无失真，则说明静态工作点调整得合适，否则应重新调整。

静态工作点调整好后，将放大器输入端短路，测量各级静态工作点，并填入表 2-13 中。

表 2-13　　静态工作点的调整

测量项目	Ube1	Uce1	Ube2	Uce2
数值（V）				

2. 测量总电压放大倍数并观察负反馈对放大倍数的影响

在保持原静态工作点及输入信号不变的情况下，按表 2-14 给出的条件分别测量输出电压 U_{o1} 与 U_{o2}，从而计算出各级电压放大倍数及总的电压放大倍数。

表 2-14　　放大倍数测量实验数据

条　件		U_{o1}	U_{o2}	$A_{u1}=\frac{U_{o1}}{U_i}$	$A_{u2}=\frac{U_{o2}}{U_{o1}}$	$A_u=\frac{U_{o2}}{U_i}$
无电压串联负反馈	R_L=∞					
	R_{L1}=10kΩ					
	R_{L2}=3kΩ					
接入电压串联负反馈	R_L=∞					
	R_{L1}=10kΩ					
	R_{L2}=3kΩ					

3. 观察负反馈对波形失真的影响

① 负反馈不接入电路时，加大输入电压，直至输出波形产生失真（用示波器观察）。

② 将负反馈引入电路，观察失真波形 U_{o2} 有何变化，并绘出前后两种波形并做比较。

2.8.5 实验报告

① 由实验测得的数据说明总的电压放大倍数与各级电压放大倍数之间的关系。

② 从实验中总结电压串联负反馈对放大器性能的影响（包括对放大倍数、放大倍数的稳定性、输入电阻、输出电阻及对波形失真的改善情况等）。

2.8.6 思考题

① 根据实测数据绘出放大器的幅频特性曲线。

② 根据实验结果，总结电压串联负反馈对放大器性能的影响。

2.9 运算放大器的应用

2.9.1 实验目的

① 了解运算放大器的外部特性。

② 熟悉几种由运算放大器组成的有源电路。

③ 学会有源器件的基本测试方法。

2.9.2 实验原理

运算放大器是一种具有极高的放大倍数、极高的输入阻抗和极小的输出阻抗的放大器，具有通用性强、灵活性大、体积小、用电省和寿命长的特点，因此得到了广泛的应用。由运算放大器组成的基本运算电路是运算放大器线性应用的典型电路。

1. 反相比例运算电路

反相比例放大电路如图 2-29 所示，当运算放大器的开环增益足够大时，反相比例放大电路的闭环电压增益为 $A_{uf}=\frac{u_o}{u_i}=\frac{R_f}{R_1}$。

由上式可知，选用不同的电阻比值，可以获得不同的电压增益，选取 $R_f=R_1$，闭环电压增益为-1，放大电路的输出电压等于输入电压的负值，为反相跟随器，即 $u_o = -u_i$。

2. 同相比例运算电路

同相比例运算电路如图 2-30 所示，当运算放大器的开环增益足够大时，同相比例放大电路的闭环增益为 $A_{uf} = \frac{u_o}{u_i} = 1 + \frac{R_f}{R_1}$。

当 $R_1 \to \infty$ 或 $R_f = 0$ 时，闭环电压增益为 1，上述同相比例放大电路变为电压跟随器，即 $u_o = u_i$。

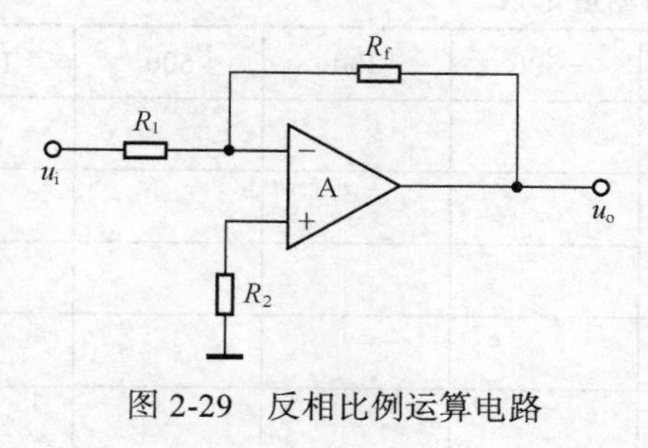

图 2-29 反相比例运算电路

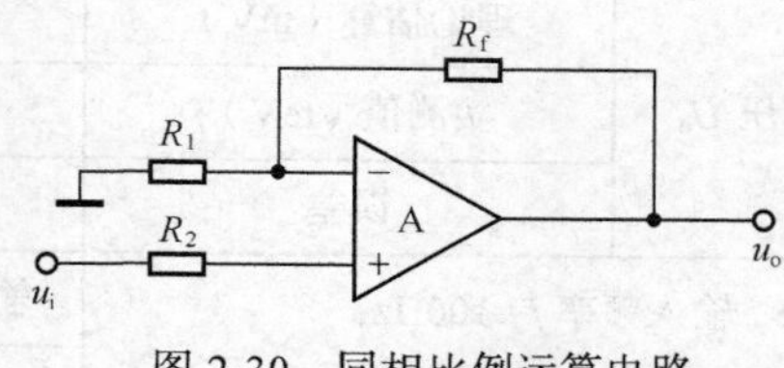

图 2-30 同相比例运算电路

3. 加法器

加法器电路如图 2-31 所示，当运算放大器的开环增益足够大时，能实现如下加法运算：

$$u_o = -\left(\frac{R_f}{R_{11}} u_{i1} + \frac{R_f}{R_{12}} u_{i2} + \frac{R_f}{R_{13}} u_{i3}\right)$$

4. 减法器

减法器电路如图 2-32 所示，当运算放大器的开环增益足够大时，能实现如下的减法运算：

$$u_o = \frac{R_f}{R_1}(u_{i2} - u_{i1})$$

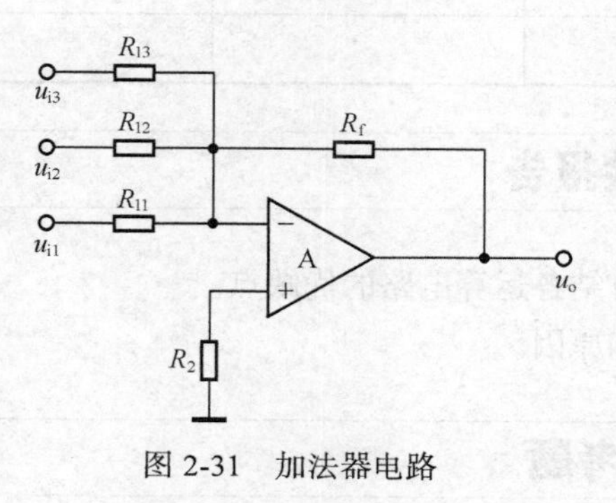

图 2-31 加法器电路

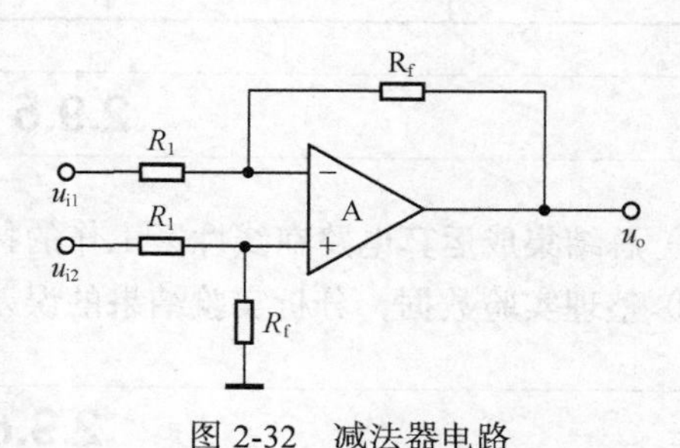

图 2-32 减法器电路

2.9.3 实验仪器与元器件

通用运算放大器，双踪示波器，直流稳压电源，信号发生器。

2.9.4 实验内容与步骤

1. 同相比例运算电路

按图 2-30 所示电路接线，其中 $R_f = 100k\Omega$，$R_1 = 10k\Omega$，按表 2-15 所示数据测量并记录相关数据。

表 2-15 同相比例运算电路测量记录

直流输入电压 U_i（mV）		−300	−500	300	500	1000
输出电压 U_o	理论估算（mV）					
	实测值（mV）					
	误差					
输入频率 f=100Hz，U=0.5V 的正弦信号		输入波形				
		输出波形				

2. 加法运算电路

按图 2-31 所示电路接线，其中 $R_f = 100k\Omega$，$R_{11} = R_{12} = R_{13} = 10k\Omega$，按表 2-16 所示数据测量并记录相关数据。

表 2-16 加法运算电路测量记录

直流输入电压	U_{i1}（mV）	300	300	−300
	U_{i2}（mV）	200	−200	200
	U_{i3}（mV）	100	100	−100
输出电压 U_o	理论估算（mV）			
	实测值（mV）			
	误差			

2.9.5 实验报告

① 总结集成运算电路在线性区工作的特点，总结各运算电路的优缺点。

② 整理实验数据，分析实验结果的误差情况和原因。

2.9.6 思考题

① 为了不损坏运放，实验中应注意什么？

② 总结比例运算电路和加法运算电路的电路特点。

2.10 OCL 功率放大器

2.10.1 实验目的

① 通过实验，进一步理解 OCL 功率放大器的工作原理。
② 掌握 OCL 功率放大器静态工作点的调试及主要性能指标的测试方法。

2.10.2 实验原理

能把输入信号放大并向负载提供足够大的功率的放大器叫功率放大器。无变压器推挽功率放大器，简称 OCL 电路，是一种性能很好的功率放大器。它省去了输入、输出变压器，具有频响宽、失真小、输出功率大等优点，有利小型化、集成化，目前得到广泛应用。

1. 电路简介

图 2-33 所示为 OCL 功率放大器实验电路，其中由晶体管 VT_1 组成推动级（也称前置放大级），VT_2、VT_3 是一对参数相近的型晶体管，由它们组成了互补推挽 OCL 功放电路。它们都接成了射极输出器形式。VT_1 管工作于甲类状态，它的集电极电流 I_{C1} 由电位器 R_{P1} 进行调节，I_{C1} 的一部分流经电位器 R_{P2} 及二极管 VD，给 VT_2 提供偏压。调节 R_{P2}，可以使 VT_2、VT_3 管得到合适的静态电流而工作于甲、乙类状态，以克服交越失真。静态时要求输端中点 A 的电位 $U_A=1/2V_{CC}$，这可以通过调节 R_{P1} 来实现。又由于 R_{P1} 的一端接在 A 点，因此在电路中引入了交、直流电压并联负反馈，因此稳定了静态工作点，改善了非线性失真。

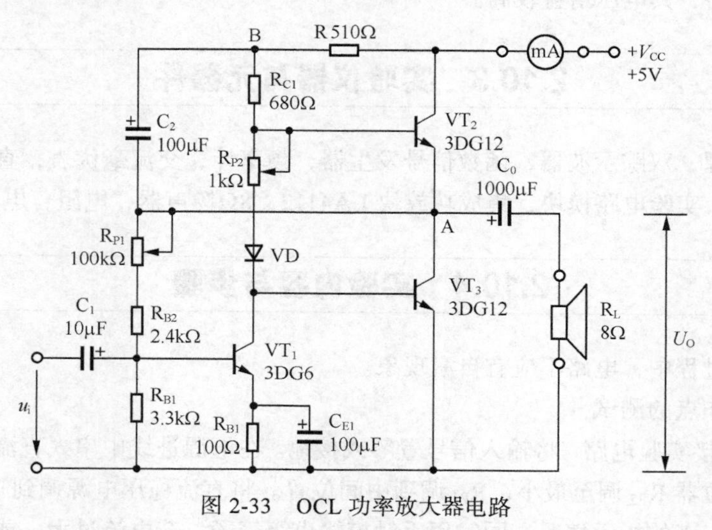

图 2-33 OCL 功率放大器电路

当输入正弦交流信号 U_i 时，经 VT_1 管放大、倒相后同时作用于 VT_2、VT_3 管的基极，U_i 的负半周使 VT_2 管导通（VT_3 管截止），并有电流通过负载 R_L 同时向电容 C_0 充电，在 U_i 的正半周，VT_3 管导通（VT_2 管截止），则已充好的电容器 C_0 起电源的作用，通过负载 R_L 放电，这样在 R_L 上就得到完整的正弦波。

C_2 和 R 构成自举电路，当 C_2 足够大时，对交流信号的工作频率而言，其容抗很小，因此 B 点的交流电压随 A 点而变化，起到了正反馈作用，尤其在 VT_2 管工作时，可进一步提高输出电压的幅度。

2. OCL 功率放大器的主要性能指标

① 最大不失真输出功率 P_{OM}：在理想情况下，$P_{OM}=V^2_{CC}/8R_L$，在实验中可通过测量 R_L 两端的电压有效值来求得实际的 $P_{OM}=U^2_{OM}/R_L$

② 电源供给的平均功率 P_E：在理想情况下，$P_E=4/\pi P_{OM}$，在实训中通过测量电源输出的平均电流 I_{DC}（忽略了其他支路的电流），可求得实际的 $P_E=V_{CC}I_{DC}$

③ 效率 η：在理想情况下，即管子的饱和压降为零，穿透电流为零，且 VT_2、VT_3 管完全对称，此时的最大理想效率 $\eta=P_{OM}\times100\%=\pi/4\times100\%=78.5\%$。在实验中可先分别求得 P_{OM} 和 P_E，再求取实际效率 $\eta=P_{OM}/P_E$。

④ 最大输出功率时晶体管的管耗 P_T：在理想情况下，$P_T=（4/\pi-1）V_{CC}/8R_L$，在实验中 $P_T=P_E-P_{OM}$

⑤ 输入灵敏度：输入灵敏度是指输出最大不失真功率时，输入信号 U_I 之值。

此外还有频率响应，失真度 d，噪声电压等指标。

3. 集成功率放大器组成及特点

集成功率放大器由集成功放块和一些外部阻容元器件组成。它具有线路简单，工作可靠，调试方便等优点。电路最主要组件为集成功放块，它的内部电路与一般分立元器件功率放大器不同，除了通常的前置级、推动级和功率级等几部分外，还有些具有特殊功能（消除噪声，短路保护等）的电路，其电压增益较高。

2.10.3 实验仪器与元器件

直流稳压电源，双踪示波器，函数信号发生器，频率计，交流毫伏表，直流数字电压表，直流数字毫安表，实验电路模块，集成功放块 LA4112，8Ω扬声器，电阻，电容器若干。

2.10.4 实验内容与步骤

在整个测试过程中，电路不应有自激现象。

（1）静态工作点的测试

按图 2-33 连接实验电路，将输入信号置零或接地。在电源进线中串入直流数字毫安表并置适当量程。将电位器 R_{P2} 调至最小，R_{P1} 调到中间位置。将直流稳压电源调到+5V 并接入电路。观察直流数字毫安表的指示情况，同时用手触摸输出级管子，若电流过大，或管子温升显著，应立即断开电源检查原因，如 R_{P2} 是否开路，电路是否自激，或输出管性能不好等。如无异常现象，即可开始调试。

调节 R_{P1}，用直流数字电压表测量 A 点电位，使输出端中点电位 $U_A=1/2V_{cc}$。

接着进行输出级静态电流调整工作。调节 R_{P2}，使 VT_2、VT_3 管的 $I_{c2}=I_{c3}=5\sim10mA$。从减小交越失真角度而言，应当适当加大输出级静态电流，但该电流过大，会使效率降低，所以一般以 5～10mA 为宜。由于直流数字毫安表是串接在电源进线中，因此测得的是整个放大器的电流，但一般 VT_1 管的集电极电流 I_{C1} 较小，从而可以把测得的总电流近似当作末级的静态电流。

调整输出级的静态电流另一方法是动态调试法。先使 $R_{P2}=0$，在输入端接入 f=1kHz 的正弦信号 U_I。逐渐加大输入信号的幅值，此时，输出波形应出现较严重的交越失真（注意：设有饱和和截止失真），然后缓慢增大 R_{P2}，当交越失真刚好消失时，停止调节 R_{P2}，恢复 $U_I=0$，此时直流数字毫安表读数即为输出级静态电流。一般数值也应在 5～10mA，如过大，则要检查电路。应该注意：在调整 R_{P2} 时，要注意旋转方向，不要调得过大，更不能开路，以免损坏输出管。其次，输出管静态电流调好后，如无特殊情况，不得随意旋动 R_{P2} 的位置。

输出极电流调好后，测量各级静态工作点，记入表 2-17 中。

表 2-17　　静态工作点测量值（U_A=2.5V）

	VT_1	VT_2	VT_3
U_B（V）			
U_C（V）			
U_E（V）			
I_C（mA）			

（2）最大输出功率 P_{OM}，直流电源供给平均功率，效率 η 和最大输出时晶体管的功耗 P_T 的测量

将函数信号发生器调至为 f=1kMHz 的正弦波信号，将其输出接入实验电路输入端，用示波器观察电路的输出端的输出电压 u_o 波形，逐渐增大输入信号 u_i 输出电压达到最大不失真输出，用交流毫伏表测出负载 R_L 的电压 U_{OM} 根据 $P^2{}_M/R_L$ 算出 P_{OM}。

当输出电压为最大不失真输出时，读出直流数字毫安表中的电流值，此电流即为直流电源供给的平均电流 I_{DC}，由此可近似求得直流电源供给平均功率 $P_E=V_{CC}I_{DC}$。

根据以上所求得的 P_{OM}、P_E，即可求得效率 $\eta=P_{OM}/P_E$ 和最大输出功率时晶体管的管耗 $P_T=P_E-P_{OM}$，将其结果填入表 2-18 中。

表 2-18　　P_{OM}、P_E、η、P_T 测量值（V_A＝2.5V，R_L＝8Ω）

	实 测 值	计 算 值
P_{OM}		
P_E		
P_T		
η		

（3）输入灵敏度和噪声电压的测试

根据输入灵敏度的定义，只要测出功率 $P_o=P_{OM}$ 时的输入电压值 U_i 即可，将结果记入

表 2-19 中。

表 2-19　输入灵敏度，噪声电压测量值

输入灵敏度（mV）	噪声电压（mV）

测量噪声电压时，将输入端短路为零，观察输出噪声波形，并用交流毫伏表测量输出电压，即为噪声电压，并测量结果记入表 2-19 中。

（4）自举电路的作用

在电路输出电压 U_o 为最大不失真的情况下，用示波器观察 U_o、U_B、U_{b2}、U_{b3} 的波形，并用交流毫伏表测试其有效值，然后将 C_2 开路，R 短路，即无自举电路的情况下，仍维持原输入信号不变，重复测试各点电压的波形和有效值，并记入表 2-20 中。

表 2-20　自举电路作用的测试

	U_o（v）	U_B（V）	U_{b2}	U_{b3}	U_i	A_o
有自举作用						
无自举作用						

2.10.5　实验报告

① 总结复合放大电路在线性区工作的特点，总结复合放大电路的优缺点。

② 整理实验数据，分析实验结果的误差情况和原因。

2.10.6　思考题

① 分析放大电路产生误差的原因，实验中应注意什么？

② 交越失真产生的原因是什么？

2.11　直流稳压电源

2.11.1　实验目的

① 了解直流稳压电源的基本结构及组成。

② 熟悉单相桥式整流电路和电容滤波电路的工作原理。

③ 掌握三端固定式集成稳压器的原理和使用方法。

④ 学会集成稳压电源的特点和性能指标的测试方法。

2.11.2 实验原理

大多数电子设备都需要稳定的直流电源供电。一般的功率直流电源由电源变压器、整流电路、滤波电路和稳压电路组成。其原理框图如图 2-34 所示。

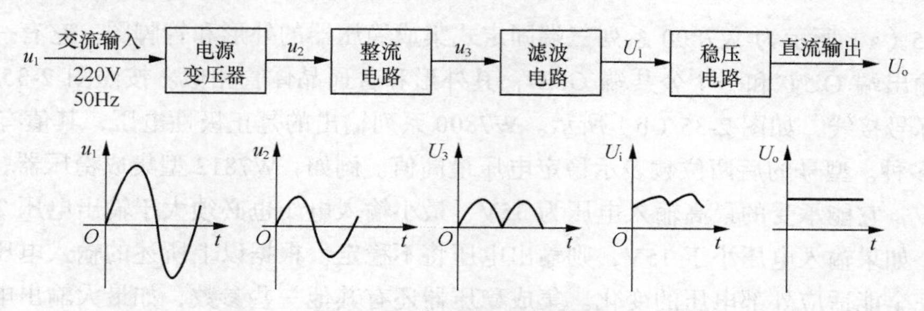

图 2-34 直流稳压电源框图

直流稳压电源的主要性能指标有输出电压、输出电压调整范围及额定输出电流。质量指标有稳压系数、输出电阻及输出纹波电压等。一般的功率直流稳压电源采用桥式整流、电容滤波、三端集成稳压器进行稳压的电路形式。

下面分别简单介绍各部分电路的工作情况及直流稳压电源的参数及测量。

1. 整流电路

整流是把交流电转变为直流电的过程，有单相半波整流、单相全波整流和桥式整流。

单相半波整流电路输出的直流电压的平均值为

$$U_o \approx 0.45U_2$$

单相桥式整流电路输出的直流电压的平均值为

$$U_o \approx 0.9U_2$$

式中：U_2为变压器二次绕阻电压的有效值，单位为 V。

2. 滤波电路

为了平滑整流后的脉动电压波形，减少其纹波成分，必须在整流电路后面加滤波电路，若采用桥式整流、电容滤波电路，则整流滤波电路输出的直流电压的平均值为

$$U_o \approx 1.2U_2$$

其输出直流电压范围为

$$U_i=(0.9\sim1.4)U_2$$

3. 稳压电路

稳压电路采用三端集成稳压器。例如，采用 LM7805。它的主要技术系数有：输入电压范围为 9～12V、输出电压为 5V、最大输出电流为 1.5A、电压调整率为 0.01%、负载调整率为 0.1%、纹波抑制比为 65dB。

4. 直流稳压电源的参数及测量

直流稳压电源的特性指标包括输出电压、输出电流，质量指标包括稳压系数、输出电阻和纹波电压。

5. W7800系列三端稳压器简介

图2-35（a）所示为W7800系列三端固定式集成稳压器的外形和管脚图。它有一个输入端IN，一个输出端OUT和一个公共端GND，其外形和普通晶体管相似。按照图2-35（a）中管脚的数字标号接线，如图2-35（b）所示。W7800系列输出的是正极性电压，其值有5V、6V、8V…24V多种。型号的后两位数表示稳定电压最高值。例如，W7812型集成稳压器，它的输出电压是12V，它能承受的最高输入电压为35V，最小输入电压也必须大于输出电压2～3V，即约为15V。如果输入电压小于15V，则输出电压将不稳定。根据以上所述的输入电压范围，这种稳压器完全能适应外部电压的变化。集成稳压器还有其他一些参数，如最大输出电流、输出电阻等，这都可以从产品手册上查得。此外，W7900系列的集成稳压器输出的是负电压。

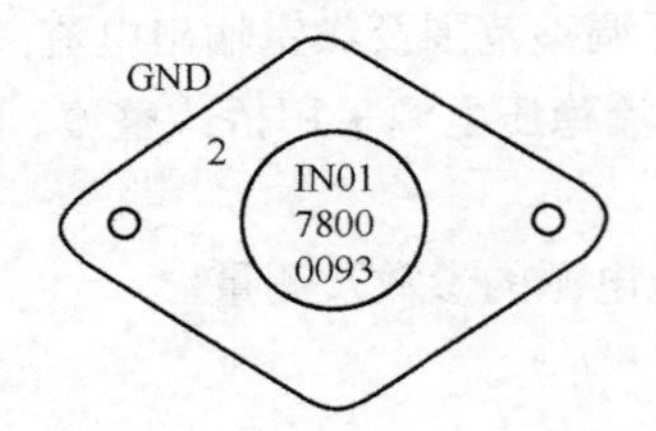

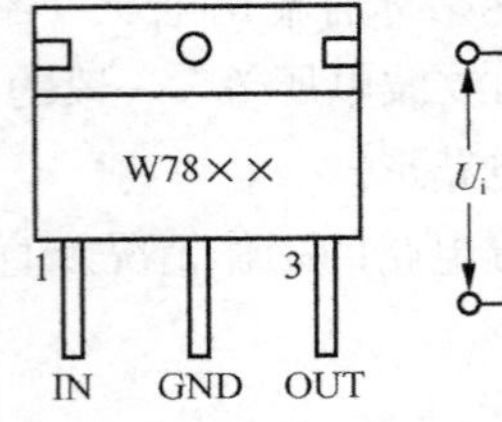

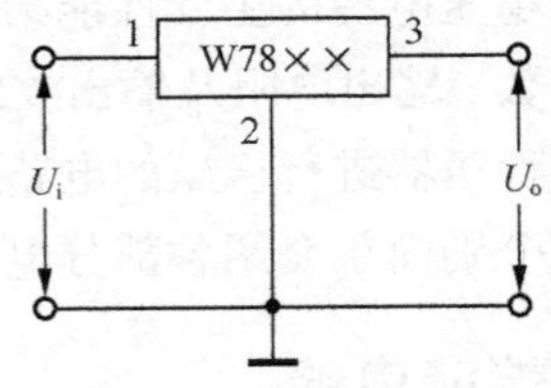

（a）W7800系列三端稳压器外形和管脚　　（b）W7800系列三端稳压器接线图

图2-35　W7800系列三端固定式集成稳压器

6. 稳压电源主要指标

（1）输出电阻R_o

当输入电压U_i（指稳压电路输入电压）保持不变，由于负载变化而引起的输出电压变化量与输出电流变化量之比，即为输出电阻R_o。

① 对最大输出功率按实验电路中参数进行理论估算，并与实验结果进行比较，分析产生误差原因。

② 讨论实验中出现的问题及相应的解决方法。

③ 交越失真产生的原因是什么？怎样克服交越失真？

$$R_o = \frac{\Delta U_o}{\Delta I_o}\ (U_i\text{为常数})$$

（2）稳压系数s（电压调整率）

当负载保持不变，输出电压相对变化量与输入电压相对变化量之比即电压调整率：

$$s = \frac{\Delta U_o / U_o}{\Delta U_i / U_i}\ (R_L\text{为常数})$$

由于工程上常把电网波动 ± 10%作为极限条件，因此也有将此时输出电压的相对变化为 $\Delta U_o/U_o$ 作为衡量指标，称之为电压高干调整率。

（3）纹波电压

纹波电压是指在额定负载条件下，输出电压所含交流分量的有效值（或峰峰值）。

2.11.3 实验仪器与元器件

模拟电路实验板（箱），万用表，双踪示波器，数字式直流电压表，毫伏表，三端稳压器 LM7805，整流电桥，电容。

2.11.4 实验内容与步骤

1. 测量桥式整流电路的输出电压并观察其波形

按图 2-36 所示接好整流电路（先不加滤波电路和稳压器电路）。通电后，用万用表分别测量二次电压和整流输出的电压，用示波器观察两电压和整流输出的电压的波形，并做记录。

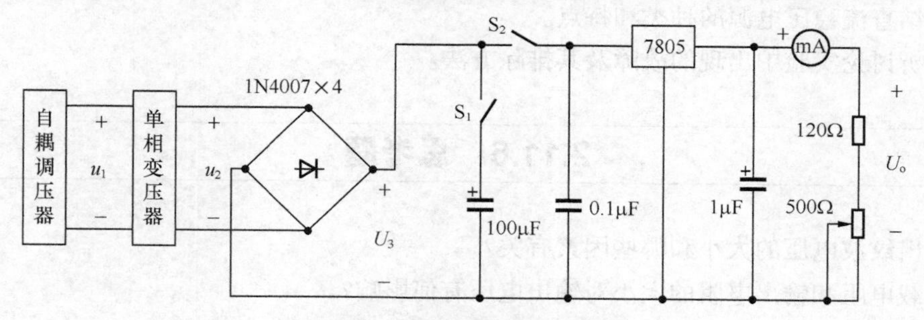

图 2-36 直流稳压电源实验电路

2. 测量桥式整流、电容滤波的输出电压并观察其波形，并做记录

将滤波电路接入，测量此时整流滤波电路的输出电压并观察其波形，并做记录。

3. 稳压电路的测量

① 测量稳压电源的输出电压，调节调压器，使集成稳压电路的输入电压为 9～20V，测量稳压电源的输出电压。

② 测量稳压电源的外特性，并计算出输出电阻。保持交流电源输入电压 220V 不变，按表 2-21 测量，记录数据，并计算 R_o 的平均值。

表 2-21 稳压电源输出电阻测量实验记录

输出电流 I_o（mA）	0	20	40	60	80	100	内阻平均值 R_0
输出电压 U_o（V）							

③ 测量稳压系数 s。保持输入交流电压 U_i = 220V 不变，并使输出电流为 60mA，测量稳压

电路的输出电压 U_o，并做记录。调节调压器模拟电网 ± 10%的电压变化，即将交流电压分别调至 198V 和 242V，测量此时的稳压电路的输出电压 U_o，记入表 2-22 中，并计算稳压系数。

表 2-22　稳压系数测量实验记录

测 量 值	U_i	198V	242V
	U_o		
计 算 值	$\Delta U_i/U_i$		
	$\Delta U_o/U_o$		

④ 测量纹波电压和纹波系数。在输入电压不变、负载电流为最大的情况下，将示波器接在输出端，用示波器 AC 挡测量其峰值，通常是毫伏数量级。

在测量纹波系数时，将毫伏表接在输出端，测量纹波电压的有效值。

注意：因为电压不是正弦波，故毫伏表的读数考虑变换因数。如纹波为锯齿波电压，应将毫伏表的读数乘以变换因数 1.4。

2.11.5　实验报告

① 总结直流稳压电源的种类和特点。

② 分析讨论实验中出现的故障及其排除方法。

2.11.6　思考题

① 输出纹波电压的大小和哪些因素有关？

② 负载电阻和输出电阻的大小对输出电压有何影响？

2.12　门电路逻辑功能及其测试

2.12.1　实验目的

① 熟悉常用逻辑门的逻辑功能。

② 掌握门电路逻辑功能的测试方法。

2.12.2　实验原理

门电路是构成各种复杂数字电子电路的基本逻辑单元。掌握各种门电路的逻辑功能和电气特性，对于正确使用数字集成电路是十分必要的。

门电路的种类很多。按逻辑功能区分，基本门电路主要有与门、或门、非门、与非门、或非门、与或非门、异或门等；按制造工艺区分，主要有 TTL 门电路和 CMOS 门电路；按输出结构区分，主要有 OC 门（或 OD 门）和三态门。

2.12.3 实验仪器与元器件

模拟/数字电路实验箱、双踪示波器、74LS00（二输入端四与非门 2 片）、74LS20（四输入端双与非门 1 片）、74LS86（二输入端四异或门 1 片）、74LS04（六反相器 1 片）。

2.12.4 实验内容与步骤

1. 测试门电路逻辑功能

① 选用双四输入与非门 74LS20 按如图 2-37 所示接线。输入端接 S_1～S_4（电平开关输出插口），输出端 Y 接电平显示发光二极管。

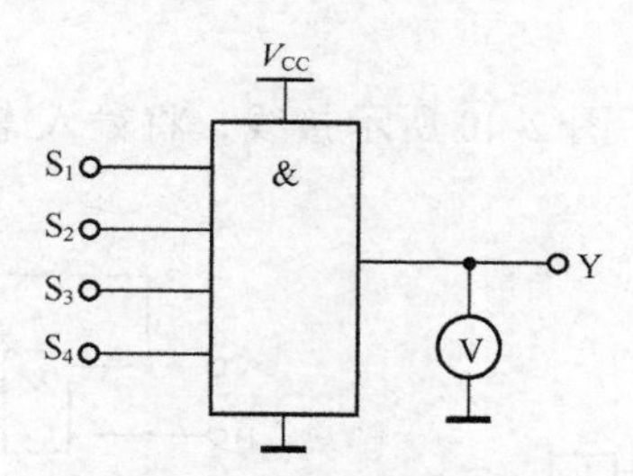

图 2-37 与非门逻辑功能测试

② 将电子开关按表 2-23 所示置位，分别测量输出电压及逻辑状态。

表 2-23 与非门逻辑功能测试表

输入				输出	
S_1	S_2	S_3	S_4	Y	U（V）
H	H	H	H		
L	H	H	H		
L	L	H	H		
L	L	L	H		
L	L	L	L		

2. 异或门逻辑功能测试

① 选二输入四异或门电路 74LS86，按如图 2-38 所示接线，输入端 1、2、3、4 接电平开关，输出端 A、B、Y 接电平显示发光二极管。

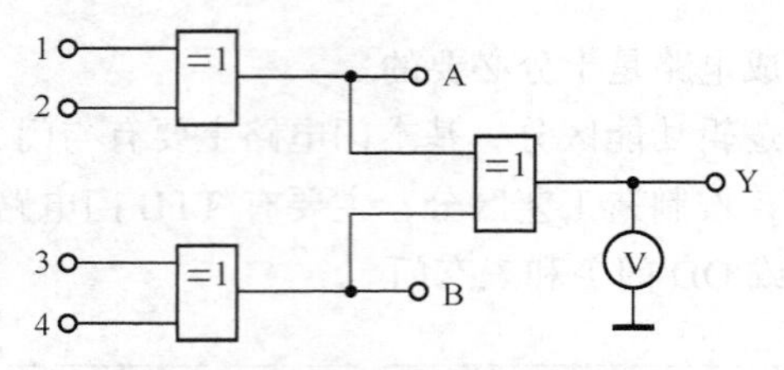

图 2-38 异或门逻辑功能测试

② 将电平开关按表 2-24 置位，将结果填入表 2-24 中。

表 2-24 异或门逻辑功能测试表

输入				输出			
1	2	3	4	A	B	Y	*U*（V）
L	L	L	L				
H	L	L	L				
H	H	L	L				
H	H	H	L				
H	H	H	H				
L	H	L	H				

3. 逻辑电路的联结

① 用 74LS00 按如图 2-39、图 2-40 所示接线，将输入/输出逻辑关系分别填入表 2-25、表 2-26 中。

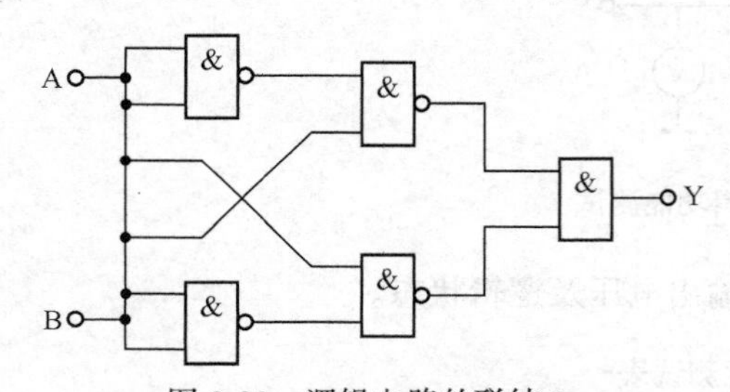

图 2-39 逻辑电路的联结 1

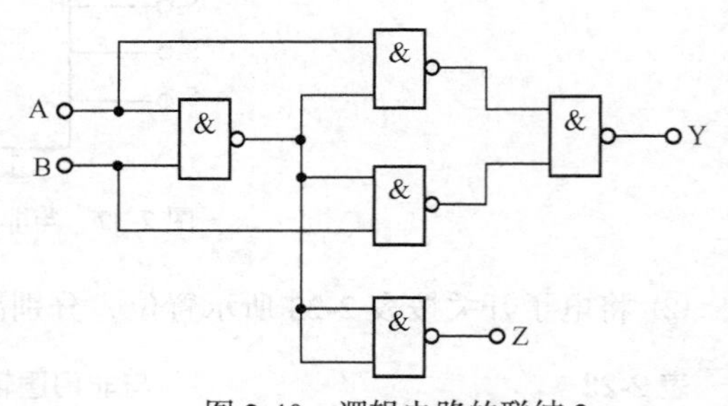

图 2-40 逻辑电路的联结 2

② 写出上面两个电路逻辑表达式。

表 2-25 实验数据表

输 入		输 出
A	B	Y
L	L	
L	H	
H	L	
H	H	

表 2-26 实验数据表

输 入		输 出	
A	B	Y	Z
L	L		
L	H		
H	L		
H	H		

4. 用与非门组成其他门电路并测试验证

① 组成或门

用一片二输入端四与非门组成或非门。

画出电路图，测试并将实验数据填入表2-27中。

② 组成异或门

将异或门表达式转化为与非门表达式。

画出逻辑图，测试并将实验数据填入表2-28中。

表2-27　实验数据表

输入		输出
A	B	Y
0	0	
0	1	
1	0	
1	1	

表2-28　实验数据表

输入		输出
A	B	Y
0	0	
0	1	
1	0	
1	1	

2.12.5　实验报告

① 按各步骤要求填表并画逻辑图。

② 怎样判断门电路逻辑功能是否正常？

2.12.6　思考题

① 异或门又称可控反相门，为什么？

② 简述实验中遇到的问题及解决方法。

2.13 组合逻辑电路的设计与测试

2.13.1　实验目的

掌握组合逻辑电路的设计与测试方法。

2.13.2　实验原理

使用中、小规模集成电路来设计组合电路是最常见的组合逻辑电路。设计组合电路的一般步骤是：根据任务的设计要求建立输入、输出变量，并列出真值表，然后用逻辑代数或卡诺图化简法求出简化的逻辑表达式，并按实际选用逻辑门的类型修改逻辑表达式，根据简化逻辑表达式，画出逻辑图，然后用集成电路构成逻辑电路，最后用实验来验证设计的正确性。

2.13.3 实验仪器与元器件

模拟/数字电路实验箱，待选的数字集成器件。

2.13.4 实验内容与步骤

① 用与非门设计一个表决电路。

a. 列真值表。当 4 个输入端中有 3 个或 4 个为 1 时，输出端为 1，列真值表见表 2-29。

表 2-29　与非门表决器真值表

A	0	0	0	0	0	0	0	0	1	1	1	1	1	1	1	1
B	0	0	0	0	1	1	1	1	0	0	0	0	1	1	1	1
C	0	0	1	1	0	0	1	1	0	0	1	1	0	0	1	1
D	0	1	0	1	0	1	0	1	0	1	0	1	0	1	0	1
Z																

b. 写出逻辑表达式并化成与非形式。

c. 根据逻辑表达式画出用与非门构成的逻辑电路图。

d. 用实验验证逻辑功能。

② 设计用与非门及用异或门、与门组成的半加器电路。

③ 设计一位全加器，要求由异或门、与门、或门组成。

2.13.5 实验报告

① 写出实验任务的设计过程，画出设计的电路图。

② 对所设计的电路进行实验测试，记录测试结果。

2.13.6 思考题

简述设计组合电路的体会。

2.14 触发器

2.14.1 实验目的

① 了解触发器的构成方法和工作原理。

② 熟悉各种触发器的逻辑功能、特性。

2.14.2 实验原理

① 触发器是一种能够存储一位二进制码的逻辑电路元器件，是构成时序逻辑电路的基本单元。

② 触发器的种类很多，分类方法也不同。按逻辑功能来分，触发器可分为 RS 触发器、JK 触发器、D 触发器和 T 触发器等。RS 触发器具有约束条件 RS = 0，D 触发器和 T 触发器的功能比较简单。JK 触发器的逻辑功能最为灵活。按电路结构来分，触发器又可分为基本 RS 触发器、同步触发器、主从触发器和边缘触发器等。它们的触发方式不同。

2.14.3 实验仪器与元器件

模拟/数字电路实验箱，双踪示波器，D 触发器 74LS74，JK 触发器 74LS112。

2.14.4 实验内容与步骤

1. D 触发器

（1）验证 D 触发器 74LS74 的置、复位功能和逻辑功能

① 异步置位 $\overline{S_D}$ 、复位 $\overline{R_D}$ 功能测试：在实验箱上，将 $\overline{S_D}$ 和 $\overline{R_D}$ 端分别接逻辑开关，输出 Q 和 $\overline{Q}$ 端分别接发光二极管。按表 2-30 要求测试，并将结果填入表 2-30 中；在 $\overline{S_D}$ 和 $\overline{R_D}$ 作用期间，任意改变 D 和 CP 端的状态，观察输出 Q 和 $\overline{Q}$ 的状态是否变化。

表 2-30　　异位置位复位功能测试

$\overline{S_D}$	$\overline{R_D}$	Q	$\overline{Q}$
1	1		
1	0		
0	1		
0	0		

② 逻辑功能测试：将 $\overline{S_D}$ 和 $\overline{R_D}$ 端接无效电平（即 $\overline{S_D}$ =1、$\overline{R_D}$ =1），CP 端接高低电平发生器，D 端接逻辑开关，输出 Q 和 $\overline{Q}$ 端分别接发光二极管。按表 2-31 要求测试，并将结果填入表 2-31 中。在 CP = 0 或 CP = 1 期间，改变 D 端信号，观察输出 Q 的状态是否变化。

表 2-31　　D 触发器功能测试

D	CP	Q^{n+1}	
		Q^n=0	Q^n=1
1	↑		
	↓		
0	↑		
	↓		

（2）观察D触发器的计数状态

将D触发器的$\overline{Q}$端相连，使触发器工作在计数状态。在CP端加入f= 1kHz的连续脉冲，用双踪示波器观察并记录CP与Q的波形。

注意：CP与Q的频率关系和触发器输出状态翻转的时间。

2. JK触发器

（1）验证JK触发器74LS112的逻辑功能

将$\overline{S_D}$和$\overline{R_D}$端接入高电平，CP端接高低电平发生器，J、K端接逻辑开关，输出端Q和$\overline{Q}$端分别接发光二极管。按表2-32要求测试，并将结果填入表2-32中。在CP = 0或CP = 1期间，改变J、K端信号，观察输出Q的状态是否变化。

表2-32　JK触发器功能测试

J	K	CP	Q^{n+1}	
			Q^n=0	Q^n=1
0	0	↑		
		↓		
0	1	↑		
		↓		
1	0	↑		
		↓		
1	1	↑		
		↓		

（2）观察J、K触发器的计数状态

将JK触发器的J、K端都接高电平，使触发器工作在计数状态。在CP端加入f= 1kHz的连续脉冲，用双踪示波器观察并记录CP与Q的波形。

注意：CP与Q的频率关系和触发器输出状态翻转的时间。

3. 触发器逻辑功能的转换

① 将JK触发器转换成D触发器和T触发器，画出各逻辑电路图，测试其逻辑功能。自拟实验步骤及测试方法。

② 将D触发器转换成JK触发器和T触发器，画出各逻辑电路图，测试其逻辑功能。自拟实验步骤及测试方法。

2.14.5　实验报告

① 列出各种测试结果，整理表格。

② 画出触发器在计数状态时的联结方式和输入波形，并说明触发器翻转时间的分频作用。

2.14.6 思考题

① D 触发器和 JK 触发器的逻辑功能和触发方式有何不同？

② 说明触发器在使用中注意的事项。

2.15 计数、译码、显示电路

2.15.1 实验目的

① 熟悉译码器和数码显示器的使用方法。

② 掌握中规模集成计数器的逻辑功能，以及用中规模集成计数器构成任意进制计数器的方法。

2.15.2 实验原理

1. 计数器

计数器是一个用于实现计数功能的时序部件，它不仅可以用来对脉冲计数，还常用作数字系统的定时、分频、执行数字运算及其他一些特定的逻辑功能。

中规模集成计数器除按其自身进制实现计数功能外，还可以采用反馈法构成任意进制的计数器。

2. 显示译码器和数码管

① 显示译码器将计数器的输出（BCD 代码）译成显示器（数码管）所需要的驱动信号，以便使数码管用十进制数字显示出 BCD 代码所表示的数值。

根据数码管的不同，用于显示驱动的译码器也有不同的规格和品种。例如，适用于共阳极数码的译码器有 74LS46、74LS47、74LS247 等，适用于共阴极数码管的译码器有 74LS48、74LS49、74LS248 等。

② 显示器。一般的显示器使用的是 LED 数码管。LED 数码管是将电信号转换为光信号的固体显示器件，它用 7 个条形发光二极管构成 7 段字形，7 段分别为 a、b、c、d、e、f、g，显示哪个字形，则相应段的发光二极管就发光。LED 数码管的形状如图 2-41（a）所示，图中“D.P”为小数点。

按联结方式不同，LED 数码管分为共阳极和共阴极两种。共阳极是指数码管中的 7 个发光二极管的阳极连在一起，接到高电平（V_{CC}）。当某段发光二极管的阴极为低电平时，该段就导通发光；若为高电平时就截止不发光。因此它要求与有数输出电平为低电平的 7 段译码器/驱动器相连。共阴极是指数码管中的 7 个发光二极管的阴极连在一起，接到低电平（GND）。当某段发光二极管的阳极为高电平时，该段就导通发光；若为低电平时，该段就截止不发光。因此它要求与有数输出电平为高电平的七段译码器/驱动器相连。共阴极和共阳极数码管的结构如图 2-41（b）和（c）所示。

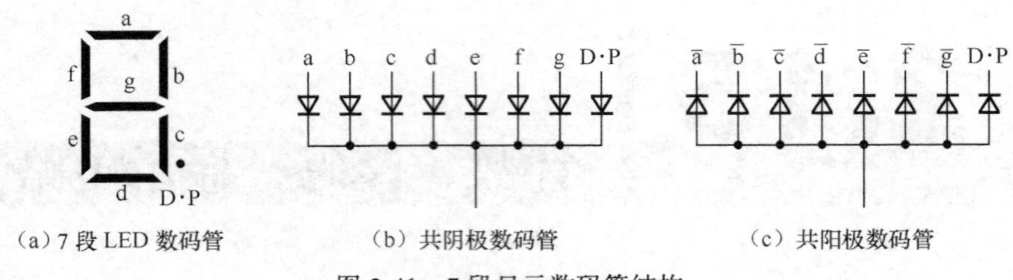

（a）7 段 LED 数码管　　（b）共阴极数码管　　（c）共阳极数码管

图 2-41　7 段显示数码管结构

译码器驱动显示器的原理如图 2-42 所示，只要在译码器的输入端按 8421BCD 码输入逻辑信号，数码管便能显示相应的十进制数字符号。

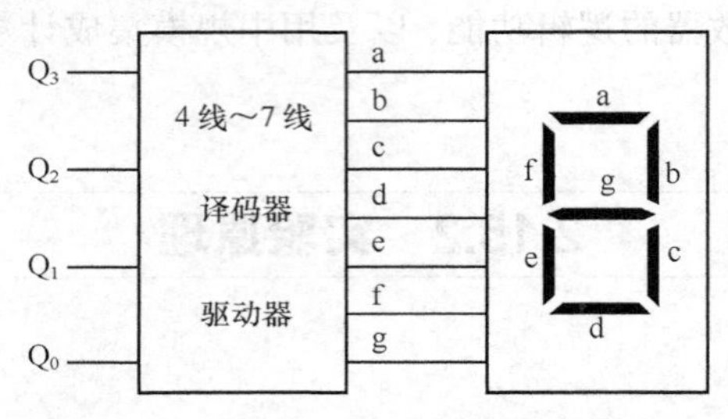

图 2-42　译码器驱动显示器原理图

2.15.3　实验仪器与元器件

模拟/数字电路实验箱，中规模集成计数器 74LS290 或 74LS161，共阴极数码管，双踪示波器。

2.15.4　实验内容与步骤

1. 十进制计数器逻辑功能测试

① 十进制计数器采用 74LS290，计数器的 R_{OA}、R_{OB}、S_{qA}、S_{qB} 分别接逻辑开关，CP 接单次脉冲，输出端 Q_3、Q_2、Q_1、Q_0 分别接显示译码器的输入端 A_3、A_2、A_1、A_0，译码器与显示器再按图 2-42 接线，验证计数译码显示的功能（注意：将计数器的 Q_0 与 CP_1 相连，计数脉冲器 CP_0 加入）。

② 计数脉冲 CP 改接连续脉冲，用示波器分别观察 CP 和计数器输出端 Q_3、Q_2、Q_1、Q_0 的波形（注意它们之间的时序关系）。

2. 任意进制计数器的组成

用中规模集成计数器（74LS290 或 74LS161）设计一个二十四进制计数器，并与译码、显示电路联结起来。要求画出逻辑电路和实际连线图，并测试其功能。

2.15.5 实验报告

① 画出十进制计数、译码、显示电路中各集成芯片之间的联结图。
② 整理实验结果，画出有关的工作波形并分析时序关系。
③ 写出二十四进制计数器的设计过程，画出逻辑图并总结验证结果。

2.15.6 思考题

① 7 段数码管分为共阴极和共阳极两类，本实验用的是哪一类？若采用共阳极数码管，则 7 段显示译码器应怎样选用？

② 在采用中规模集成计数器构成 N 进制计数器时，常采用哪两种方法？两者有何区别？

2.16 555定时器及其应用

2.16.1 实验目的

① 了解 555 定时器的结构和基本工作原理。
② 考习 555 定时器的基本应用。
③ 理解 555 定时器组成的单稳态触发器、多谐振荡器的工作原理。

2.16.2 实验原理

555 定时器是一种多用途的数字—模拟混合集成电路，利用它能极方便地构成施密特触发器、单稳态触发器和多谐振荡器。由于使用灵活、方便，所以 555 定时器在波形的产生与变换、测量与控制、电子玩具等许多领域中都得到了应用。图 2-43 所示是 555 定时器的管脚图。

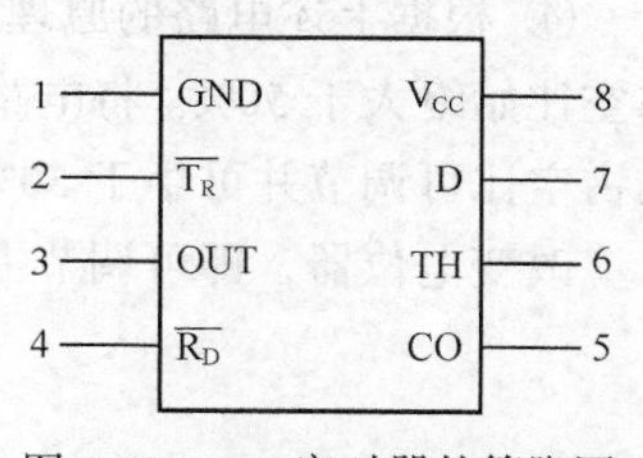

图 2-43　555 定时器的管脚图

555 定时器的电源电压范围较宽，可在 5～16V 范围内使用。电路的输出有缓冲器，因而有较强的带负载能力。双极性定时器最大的灌电流和拉电流都在 200mA 左右，可直接推动 TTL 和 CMOS 电路中的各种电路。

2.16.3 实验仪器与元器件

模拟/数字电路实验箱，双踪示波器，数字万用表。

2.16.4 实验内容与步骤

1. 555定时器构成的单稳态触发电路

① 按如图2-44所示接线，图中$R = 1\text{k}\Omega$，$C_1 = 10\mu\text{F}$，$C_2 = 0.1\mu\text{F}$。

② 将u_i输入频率为1kHz的方波，幅度由小逐渐增大，测出触发信号的幅度，再用示波器观察输出端相对于输入信号u_i的波形并记录，同时测出输出脉冲的宽度t_w($t_w = 1.1RC$)。

③ 调节输入信号的频率，增大或减小，分析记录观察到的输出波形的变化。

④ 若使$t_w = 100\text{ms}$，该怎样调整电路？

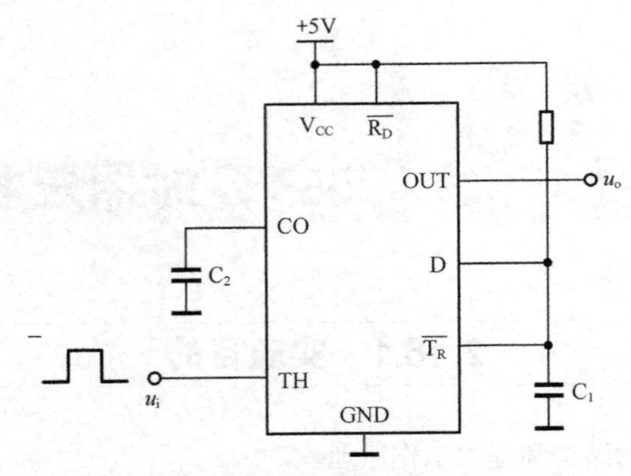

图2-44 555定时器构成的单稳态触发电路

2. 555定时器构成的多谐振荡器

① 按图2-45接线。图中$R_1 = 15\text{k}\Omega$、$R_2 = 5\text{k}\Omega$、$C_1 = 0.033\mu\text{F}$、$C_2 = 0.1\mu\text{F}$。

② 用示波器观察并测量输出波形的频率。

③ 若只将R_1、R_2分别改为20kΩ、10kΩ，电容不变，上述的波形会有什么变化？

④ 根据上述电路的原理，充电回路的支路是$R_1 \to R_2 \to C_1$，放电回路的支路是$R_2 \to C_1$，故占空比始终大于50%。将电路略做修改，增加一个电位器和两个二极管，可构成如图2-46所示的占空比可调节并可小于50%的多谐振荡器，其占空比为$q = R_1/(R_1+R_2)$。

改变电位器，即可调节占空比。合理选择元器件参数，可使电路的占空比为0.2。

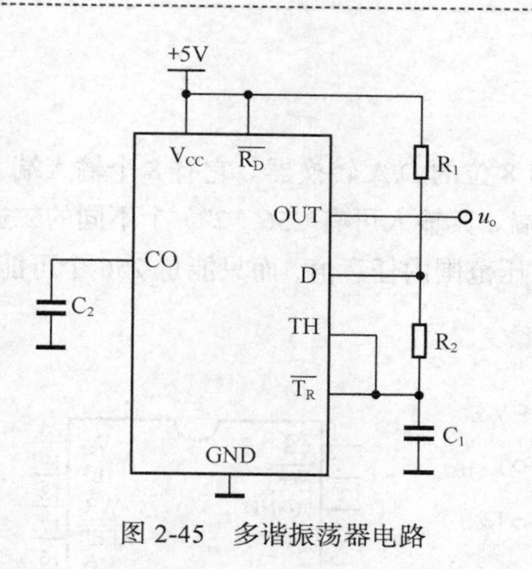

图 2-45 多谐振荡器电路

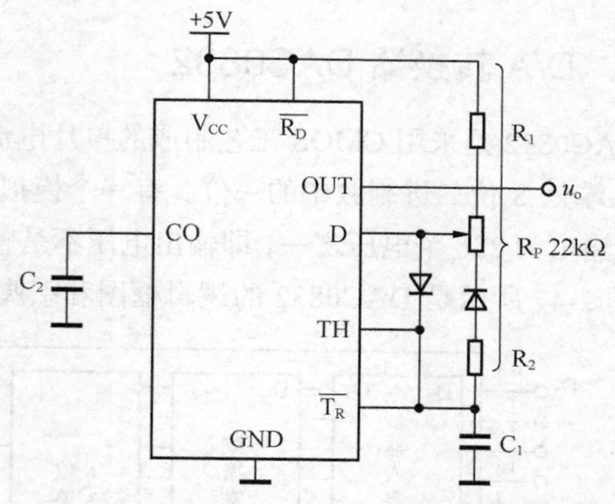

图 2-46 占空比可调节的多谐振荡器电路

2.16.5 实验报告

① 按实验内容要求整理实验数据。

② 画出 555 定时器组成单稳态电路中要求的相应波形，并计算各波形的脉宽。

③ 画出占空比可调节的多谐振荡器的电路图，并标出各元器件的参数。

2.16.6 思考题

写出对 555 定时器的应用体会。

2.17 A/D、D/A 转换器

2.17.1 实验目的

① 了解 A/D、D/A 转换器的性能和使用方法。

② 掌握 A/D、D/A 转换器的典型应用。

2.17.2 实验原理

在数字电子技术的很多应用中，往往需要把模拟量转化为数字量，称模/数转换器（A/D 转换器，简称 ADC）；或把数字量转化为模拟量，称为数/模转换器（D/A 转换器，简称 DAC）。本实验采用大规模集成电路 DAC0832 实现 D/A 转换，ADC0809 实现 A/D 转换。

1. D/A 转换器 DAC0832

DAC0832 是采用 CMOS 工艺制成的单片电流输出 8 位的 D/A 转换器。它有 8 个输入端，每个输入端是 8 位二进制数中的一位，有一个模拟输出端。其输入可有 256（2^n）个不同的二进制组态，输出为 256 个电压之一，即输出电压不是整个电压范围内任意值，而只能是 256 个可能值。

图 2-47 所示是 DAC0832 的逻辑框图和引脚排列。

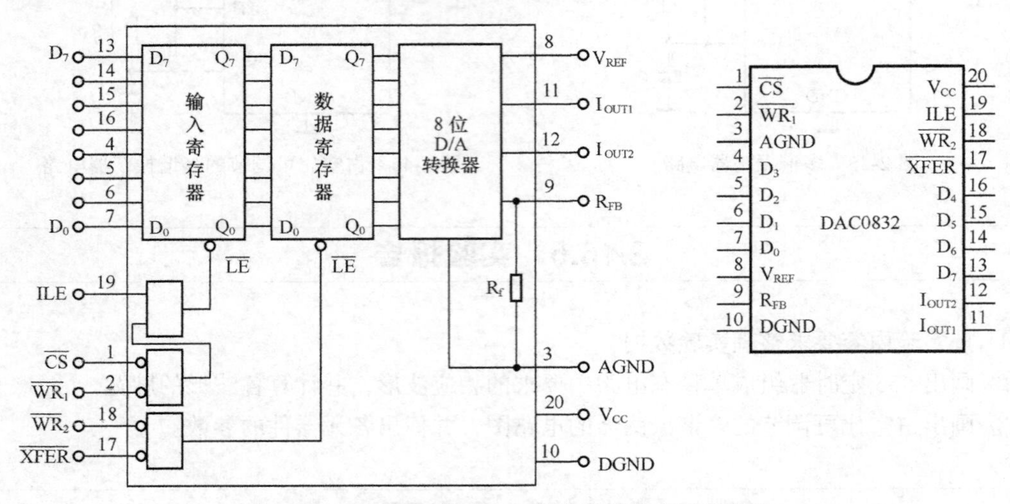

图 2-47 DAC0832 单片 D/A 转换逻辑框和引脚排列

D_0～D_7：数字信号输入端。

ILE：输入寄存器允许，高电平有效。

$\overline{CS}$：片选信号，低电平有效。

$\overline{WR_1}$：写信号 1，低电平有效。

$\overline{XFER}$：任选控制信号，低电平有效。

$\overline{WR_2}$：写信号 2，低电平有效。

I_{OUT1}，I_{OUT2}：DAC 电流输出端。

R_{FB}：反馈电阻，是集成在片内的外接运算放大的反馈电阻。

V_{REF}：基准电压 - 10～ + 10V。

V_{CC}：电源电压 5～15V。

AGND：模拟地。

DGND：数字地。

DAC0832 输出的是电流，要转换为电压，还必须经过一个外接的运算放大器，实验电路如图 2-48 所示。

2. A/D 转换器 ADC0809

ADC0809 是采用 CMOS 工艺制成的单片位通道逐次渐近型 A/D 转换器，其引脚排列如图 2-49 所示。

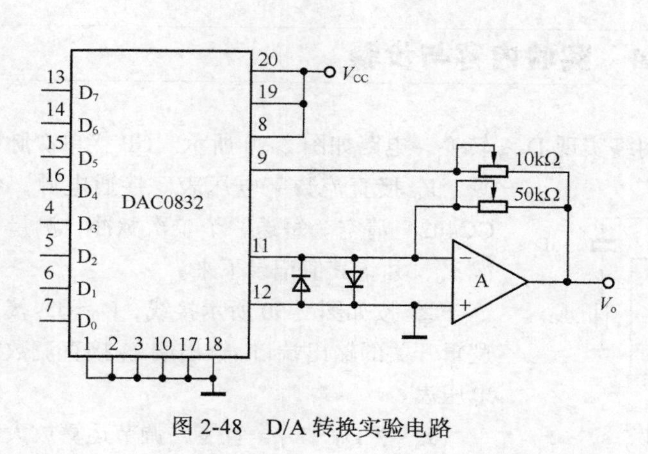

图 2-48　D/A 转换实验电路

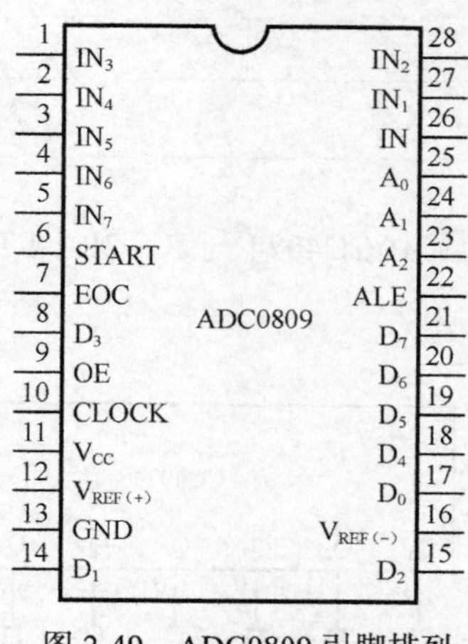

图 2-49　ADC0809 引脚排列

IN_0～IN_7：8 路模拟信号输入端。

A_2、A_1、A_0：地址输入端。

ALE：地址锁存元器件输入信号，在此脚加正脉冲，上升沿有效，此时锁存地址码，从而选通相应的模拟信号通道，以便进行 A/D 转换。

START：启动信号输入端，应在此脚加正脉冲，当上升沿到达时，内部逐次逼近寄存器复位，在下降沿到达后，开始 A/D 转换过程。

EOC：转换结果输出信号（转换结束标志），高电平有效。

OE：输入元器件信号，高电平有效。

CLOCK（CP）：时钟信号输入端，外接时钟频率一般为 640kHz。

V_{CC}：5V 单电源供电。

$V_{REF(+)}$、$V_{REF(-)}$：基准电压的正极、负极。一般情况下，$V_{REF(+)}$ 接 5V 电源，$V_{REF(-)}$ 接地。

D_0～D_7：数字信号输出端。

八路模拟开关由 A_2、A_1、A_0 三地址输入端选通八路模拟信号中的任何一路进行 A/D 转换，地址译码与模拟输入通道的选通关系见表 2-33。

表 2-33　ADC0809 的使用功能表

选通模拟通道		IN_0	IN_1	IN_2	IN_3	IN_4	IN_5	IN_6	IN_7
地址	A_2	0	0	0	0	1	1	1	1
	A_1	0	0	1	1	0	0	1	1
	A_0	0	1	0	1	0	1	0	1

2.17.3　实验仪器与元器件

模拟/数字电路实验箱，直流电源，双踪示波器，数字电压表，DAC0832，ADC0809，CC4024，μA741，电位器，电阻，电容。

2.17.4 实验内容与步骤

① 由 CC4024 与 R—2R 倒 T 形网络实现 D/A 转换，电路如图 2-50 所示。CP 接单次脉冲源，V_o 接直流数字电压表。接通电源，使 CC4024 清空。每送一个单次脉冲，测量一次 V_o，并将其值记录下来。

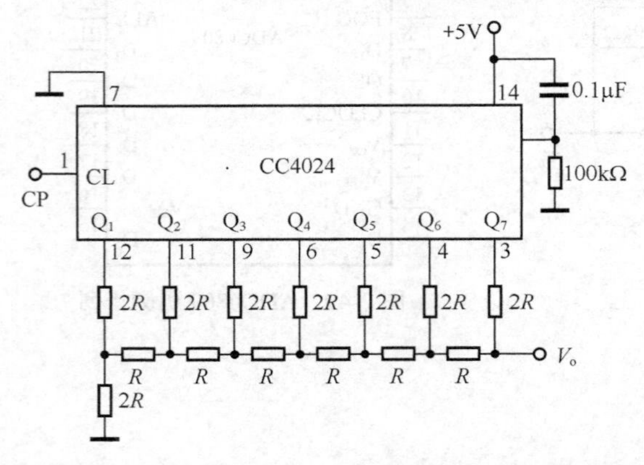

图 2-50 由 CC4024 与 R—2R 组成 D/A 转换电路

② 按如图 2-50 所示接线，D_0～D_7 接至逻辑开关的输出端口，输出端 V_o 接直流数字电压表。

a. 令 D_0～D_7 全置零，调节运算放大器的电位器使 μA741 输出为零。

b. 按表 2-34 所列的输入数字信号，用数字电压表测量运算的输出电压 V_o，并将测量结果填入表 2-34 中。

③ 按如图 2-51 所示接线，变换记录 D_0～D_7 接 LED 指示器输入插口，CP 时钟脉冲由脉冲信号源提供，f= 1kHz。A_0～A_2 地址端 0 电平接地，1 电平通过 1kΩ 电阻接 5V 电源。按表 2-35 要求观察，记录 IN_0～IN_7 8 路模拟信号的转换结果，并将结果换算成十进制数表示的电压值，并对数字电压表实测的各路输入电压值进行比较，分析误差原因。

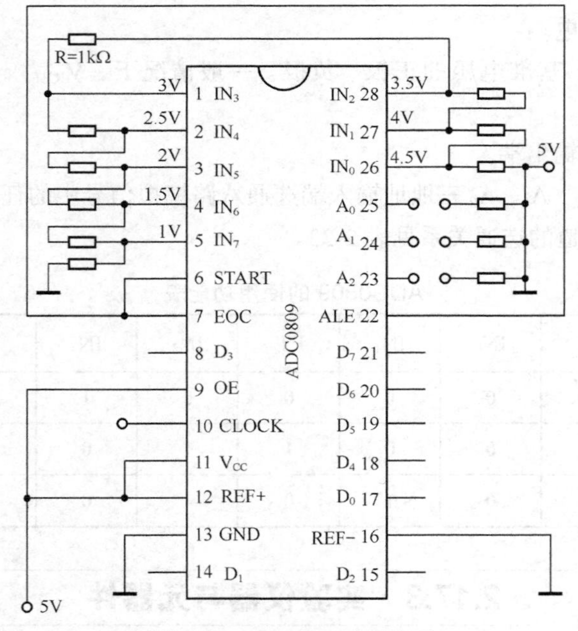

图 2-51 ADC0809 实验电路

表 2-34　　实验数据表

输入数字量								输出模拟量 V_o（V）	
D_7	D_6	D_5	D_4	D_3	D_2	D_1	D_0	V_{CC}=5V	V_{CC}=15V
0	0	0	0	0	0	0	0		
0	0	0	0	0	0	0	1		
0	0	0	0	0	0	1	0		
0	0	0	0	0	1	0	0		
0	0	0	0	1	0	0	0		
0	0	0	1	0	0	0	0		
0	0	1	0	0	0	0	0		
0	1	0	0	0	0	0	0		
1	0	0	0	0	0	0	0		
1	1	1	1	1	1	1	1		

表 2-35　　实验数据表

被选模拟通道	输入模拟量	地址	输出模拟量								
IN	V_i（V）	$A_2A_1A_0$	D_7	D_6	D_5	D_4	D_3	D_2	D_1	D_0	十进制
IN_0	4.5	000									
IN_1	4.0	001									
IN_2	3.5	010									
IN_3	3.0	010									
IN_4	2.5	100									
IN_5	2.0	101									
IN_6	1.5	110									
IN_7	1.0	111									

2.18 三相电路

2.18.1 实验目的

① 掌握对称三相电路线电压与相电压、线电流与相电流之间的关系。

② 了解三相四线制供电线路中线的作用。

③ 熟悉电阻性三相负载的星形联结和三角形连接方法。

④ 掌握对称三相电路与不对称三相电路的区别及其相应的特点。

2.18.2 实验原理

三相负载可联结成“Y”或“△”。在不同接法下，负载承受的实际电压必须等于其额定电压，才能保证负载正常工作。当三相负载对称，做“Y”连接时，线电压 U_L 是相电 U_P 的 $\sqrt{3}$ 倍，线电流 I_L 等于相电流 I_P，即 $U_L=\sqrt{3}\,U_P$，$I_L=I_P$。当采用三相四线制接法时，由于三相电流对称，故中性线电流 $I_N=0$，可省去中性线。当对称三相负载做“△”连接时，线电压 U_L 等于相电压 U_P，线电流 I_L 等于相电流 I_P 的 $\sqrt{3}$ 倍，即 $U_L=U_P$，$I_L=\sqrt{3}\,I_P$。当三相负载不对称，做“Y”连接，必须采用三相四线接法，即“Y”接法，中性线不能省去，且必须牢固联结。因为不接中性线，会导致中性点电压偏移（不为零），使得三相电压不对称，造成负载不能正常工作。当三相负载不对称做“△”连接时，由于电源的线电压 U_L 是对称加在三相负载上，所以三相负载电压也是对称的，各相负载都能正常工作，但此时线电流 I_L 不等于相电流 I_P 的 $\sqrt{3}$ 倍，即 $I_L\neq\sqrt{3}\,I_P$。

2.18.3 实验仪器与元器件

交流电压表，交流电流表，万用表，三相自耦调压器，三相灯组负载，电门插座。

2.18.4 实验内容与步骤

1. 三相负载星形连接（三相四线制供电）

按图 2-52（或图 2-53）电路接线，即三相灯组负载经三相自耦调压器接三相对称电源。将三相调压器的旋柄置于输出为 0V 的位置（即逆时针旋到底）。经指导教师检查合格后，方可开启实验台电源，然后调节调压器的输出，使输出的三相线电压为 380V，并按下述内容完成各项实验，分别测量三相负载的线电压、相电压、线电流、相电流、中线电流、电源与负载中点间的电压。将所测得的数据记入表 2-36（或表 2-37）中，观察各相灯组亮暗的变化情况，特别要注意中线的作用。

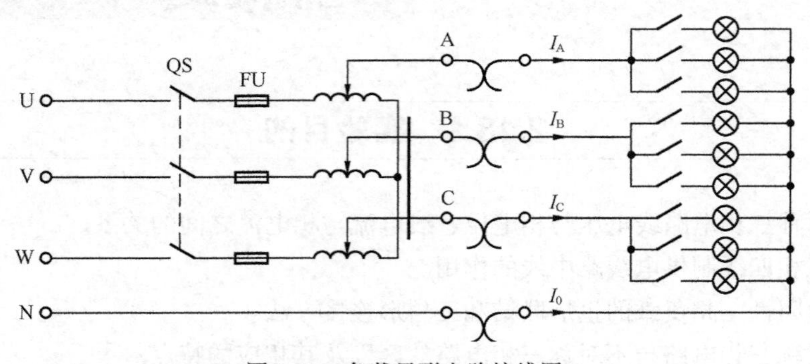

图 2-52　负载星形电路接线图

表 2-36　负载星形联结测量数据表

测量数据 实验内容（负载情况）	开灯盏数 A相	开灯盏数 B相	开灯盏数 C相	线电流（A） I_A	I_B	I_C	线电压（V） U_{AB}	U_{BC}	U_{CA}	相电压（V） U_{A0}	U_{B0}	U_{C0}	中线电流 I_0（A）	中点电压 U_{N0}（V）
Y0 接平衡负载	3	3	3											
Y 接平衡负载	3	3	3											
Y0 接不平衡负载	1	2	3											
Y 接不平衡负载	1	2	3											
Y0 接 B 相断开	1		3											
Y 接 B 相断开	1		3											
Y 接 B 相短路	1		3											

表 2-37　负载星形联结测量数据表

			线电压（V） U_{UV}	U_{VW}	U_{WU}	相电压（V） U_{U0}	U_{V0}	U_{W0}	线电流（mA） I_{UL}	I_{VL}	I_{WL}	中线电压（V） U_{N0}	中线电流（mA） I_N
对称 S1 合	有中线	全相											
		缺相											
	无中线	全相											
		缺相											
不对称 S1 开	有中线	全相											
		缺相											
	无中线	全相											
		缺相											

注：缺相时开关 S3 打开，无中线时 S2 打开，不对称时 S1 打开。

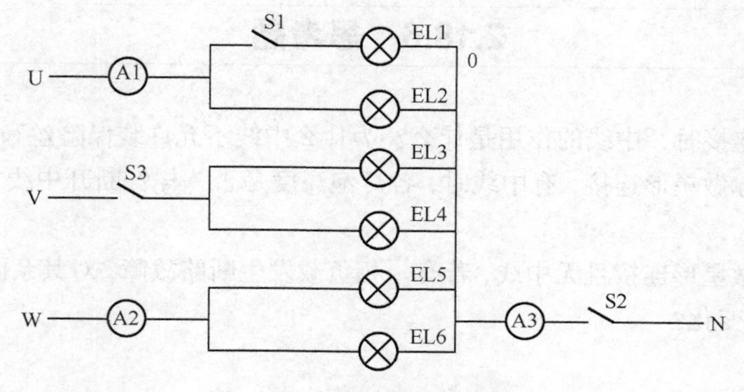

图 2-53　负载星形连接接线图

2. 负载三角形连接（三相三线制供电）

按图2-54改接线路，经指导教师检查合格后接通三相电源，调节调压器，使其输出线电压为380V，并按表2-38的内容进行测量。

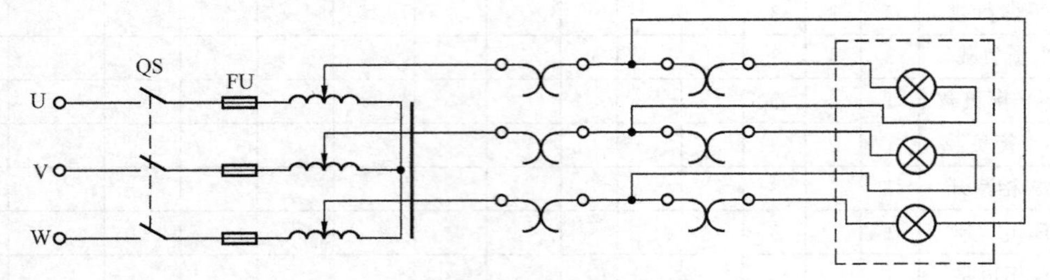

图2-54 负载三角形连接线图

表2-38 负载三角形连接测量数据表

测量数据	开灯盏数			线电压=相电压（V）			线电流（A）			相电流（A）		
负载情况	A—B相	B—C相	C—A相	U_{AB}	U_{BC}	U_{CA}	I_A	I_B	I_C	I_{AB}	I_{BC}	I_{CA}
三相平衡	3	3	3									
三相不平衡	1	2	3									

2.18.5 实验报告

① 记录数据填表。

② 用实验数据验证对称三相负载做星形连接时的线电压和相电压的数量关系。

③ 通过不对称三相负载做星形连接的实验数据，总结中线的作用。

④ 在缺相时，有中线与无中线对每相负荷有何影响？

2.18.6 思考题

① 负载星形连接时，中线的作用是什么？为什么中线不允许装保险丝和开关？

② 负载不对称做星形连接，有中线时，各灯泡亮度是否一样？断开中线，各灯泡亮度是否还一样？为什么？

③ 负载对称做星形连接且无中线，若有一相负载发生断路故障，对其余两相负载的影响如何？灯泡亮度有何变化？

2.19 日光灯电路的测试及功率因数的提高

2.19.1 实验目的

① 了解日光灯电路的结构和基本工作原理。
② 学会安装日光灯电路及测试其电流、电压和功率因数。
③ 掌握提高功率因数的方法，理解提高功率因数的意义。

2.19.2 实验原理

1. 日光灯电路的组成及工作原理

图 2-55 所示为常用的日光灯电路原理图，它由灯管、镇流器和启辉器联结而成。当电路与电源接通时，由于启辉器的玻璃泡内双金属片的触点是断开的，电路不通，电源电压（220V）全部加在双金属片两端，促使充有惰性气体的玻璃泡内产生辉光放电，双金属片被加热。由于金属片的热膨胀系数不同，加热时双金属片就会发生弯曲，使触点接触。此时，整个电路接通，电流流经镇流器、灯管的两个灯丝和启辉器触点形成回路，由于整个回路只有镇流器和两个灯丝起作用，所以电流较大，灯管两端的灯丝得到了预热。当启辉器触点接触后，原来的辉光放电就会消失，双金属片就会冷却而恢复到原来的位置，触点重新断开。在触点断开瞬间，日光灯电路由通变为不通，由于镇流器电感的作用产生一高压，致使灯管两灯丝间产生一较高的电压，使已预热的灯丝发射出电子，撞击管内的惰性气体和水银蒸气，使灯管内产生弧光放电，辐射出的紫外线激发灯管内壁上的荧光粉而发出可见光。灯管正常发光后，其电流将增大，但由于镇流器的作用，灯管电流会维持在一定数值上，使整个电路处于稳定工作状态。

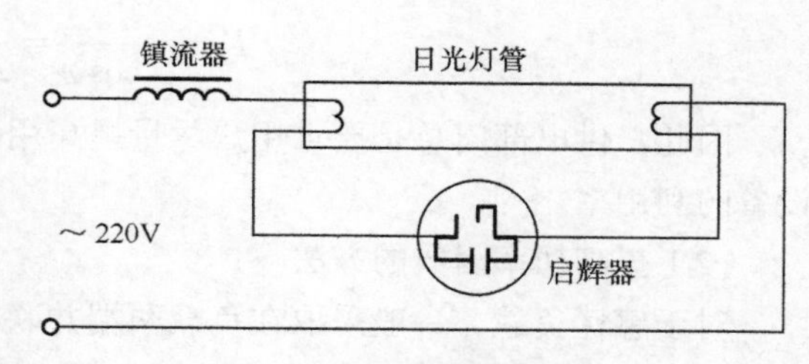

图 2-55 日光灯电路原理图

表 2-39 列出了某型日光灯管在启动和正常工作时的一些数据，可供参考。正常工作时，由于灯管两端即启辉器两端电压远小于 220V，启辉器不会产生辉光放电，双金属片的触点始终处于断开状态。

表 2-39　直线形荧光灯管的技术参数

统一型号	额定功率（W）	工作电压（V）	工作电流（mA）	启动电流（mA）	平均寿命（h）
YZ-8	8	65	145 ± 5	220	1 000
YZ-15	15	50	320	440	3 000
YZ-20	20	60	350	500	
YZ-30	30	81	350	560	
YZ-40	40	108	410	650	

启辉器中还有一个和玻璃泡并联的纸质电容器，它用来消除触点断开时的电火花，以防止干扰收音机和电视信号。

2. 提高功率因数的意义和方法

（1）提高功率因数的意义

前面所介绍的日光灯电路，由于镇流器是高电感元器件，所以整个电路呈感性且功率因数在 0.5 左右。负载的功率因数低，在传输相同的有功功率条件下，将会使传输线的电流增加。例如，当灯管消耗的有功功率为 40W，功率因数为 0.5 时，220V 电源需提供的电流为

$$I=\frac{P}{U\cos\varphi}=\frac{40}{220\times 0.5}=0.36(\mathrm{A})$$

若将电路的功率因数提高到 0.9，则同样传输 40W 的有功功率，220V 电源需提供的电流为

$$I'=\frac{P}{U\cos\varphi}=\frac{40}{220\times 0.9}=0.2(\mathrm{A})$$

因此，供电部门总是要求用户尽量提高用电设备的功率因数，以减小线路损失，提高供电设备的利用率。

（2）提高功率因数的方法

对于感性负载，一般采取在负载两端并联补偿电容的方法来提高功率因数。当电容选择恰当时，可将功率因数提高到接近 1。如果补偿电容太大，电路变成容性，有可能使功率因数反而降低。补偿电容的选择可用以下公式计算，即

$$C=\frac{P}{2\pi fU}(\tan\varphi-\tan\varphi')$$

式中：P 为感性负载的有功功率；f 为市电的频率（50 Hz）；U 为电源电压；φ为未并电容前的 U、I 相位差；φ' 为并联电容后要求达到的相位差。

为了提高功率因数和改善日光灯的性能，近几年来研制出了各种各样的改进电路和多种电子镇流器，新产品的优点是启动电压低，启动快，发光效率高，功率因数高，节省电能，无闪烁等。图 2-56 所示是一种最简单的改进电路，读者可以做实验测量其参数，并对此电路的性能进行分析。

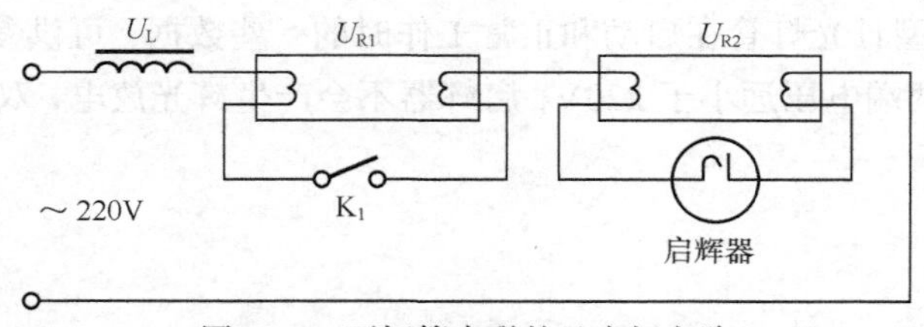

图 2-56　两灯管串联的日光灯电路

2.19.3 实验仪器与元器件

交流电压表，交流电流表，功率表，自耦变压器，镇流器、启辉器，日光灯灯管及灯座，电容器，电流插座。

2.19.4 实验内容与步骤

1. 安装日光灯电路

如图 2-57 所示，将日光灯电路各器件按下图连接。

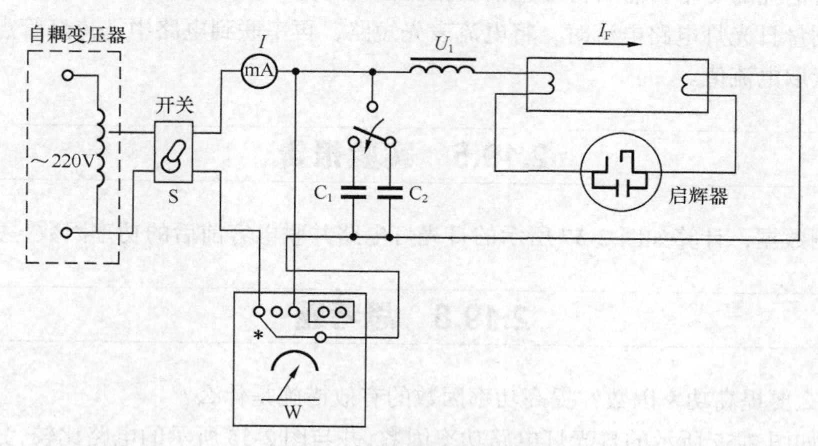

图 2-57 日光灯电路实验图

2. 观察日光灯的点燃过程

（1）观察日光灯的点燃电压

实验者调节调压器，使电压逐渐增加到日光灯刚启燃，记录电压值 $U_{燃}$，此电压被称为日光灯的启燃电压，再将电压缓慢增加到 220V，观察日光灯的点燃过程。注意：在观察日光灯点燃过程时，先将低功率因数瓦特表的电流线圈短路，测量功率读数时，才将短路线取掉，以免日光灯启动时电流过大，使指针偏转过头而被损坏。

（2）观察日光灯的熄灭电压

将电源电压由 220V 逐渐降低，直到日光灯管熄灭，此时的电压值为熄灭电压，记录电压值 $U_{熄}$。

（3）观察人工启动过程

取下启辉器，用导线接通启辉器两端，几秒钟后断开。

3. 测量电路相关电压

日光灯点燃后，保持电源电压为 220V 不变，测量电路中镇流器两端电压 U_1 及灯管两端电压 U_R，电路中电流 I，有功功率 P，并记入自己设计的表格中。

4. 并联补偿电容提高功率因数

① 将 2μF 的电容器与日光灯电路并联，使日光灯点燃，测量电压 U_1、U_R 及灯管电流 I_R、总电流 I、功率 P，记入自己设计的表格中。

② 改变并联电容器为 4pF，重复上述步骤。

注意：换接电路时，必须断开电源，将电容两极用导线短路放电后，再进行操作。

5. 测量日光灯电路

测量如图 2-56 所示的日光灯电路的功率、电流及镇流器、灯管两端电压。

启动时先将 K_1 闭合。一根灯管点燃后，再将 K_1 打开，第二根灯管立即启燃。测量功率时，先测两个灯管消耗的功率，然后再测包括镇流器在内的整个日光灯电路消耗的功率。

注意：测量日光灯电路电流时，将电流表先短路，再串联到电路中，待灯管点燃后，再去掉短路线，读取电流值。

2.19.5 实验报告

根据所测数据，计算如图 2-57 所示的日光灯电路并联电容前后的功率因数，并得出结论。

2.19.6 思考题

① 为什么要提高功率因数？提高功率因数的有效措施是什么？

② 计算如图 2-57 所示的日光灯电路功率因数，并与图 2-55 所示的电路比较，分析如图 2-56 所示的日光灯电路的优缺点及实用性。

③ 回答下列问题。

a. 用向量图说明日光灯并联电容后，功率因数提高的原因。为什么当补偿电容过大时，功率因数反而减小？

b. 使用并联电容提高功率因数的办法对日光灯电路工作有否影响？为什么？对电源电流是否有影响？为什么？

2.20 电磁式继电器特性

2.20.1 实验目的

① 了解供配电系统中常用的过电流继电器和时间继电器的结构、工作原理和基本特性。

② 掌握调试各种继电器（DL 型电流继电器、DS 型时间继电器）的基本技能。

2.20.2 实验原理

在线圈两端加上一定的电压，线圈中就会流过一定的电流，从而产生电磁效应，衔铁就会在电磁力吸引的作用下克服返回弹簧的拉力吸向铁芯，从而带动衔铁的动触点与静触点（常开触点）吸合。当线圈断电后，电磁的吸力也随之消失，衔铁就会在弹簧的反作用力下返回原来的位置，使动触点与原来的静触点（常闭触点）闭合。这样吸合、释放，从而达到了在电路中的导通、切断的目的。

2.20.3 实验仪器与元器件

单向调压器	1 台
万能表或电流表 0.5/1A	1 块
继电器/220V 或 DL 型电流继电器	1 个
DS 型时间继电器	1 个
白炽灯　15W、24V	4 只
交流接触器（220V）	1 个
中间继电器（127V）	2 个

2.20.4 实验内容与步骤

DL 型电流继电器的结构及特性调试如下所述。

① 实验内容。

a. 熟悉铭牌，了解继电器的型号、额定电流和启动电流的整定范围。

b. 观察继电器外观、结构，了解继电器的主要组成部分——铁芯、线圈、可活动舌片、活动触点和固定触头、弹簧及接线端子的实际位置。

c. 掌握在整定值刻度盘上调整继电器动作参数的方法。

d. 测量 DL 型继电器的启动电流、返回电流，计算返回系数。

② 实训接线如图 2-58 所示。

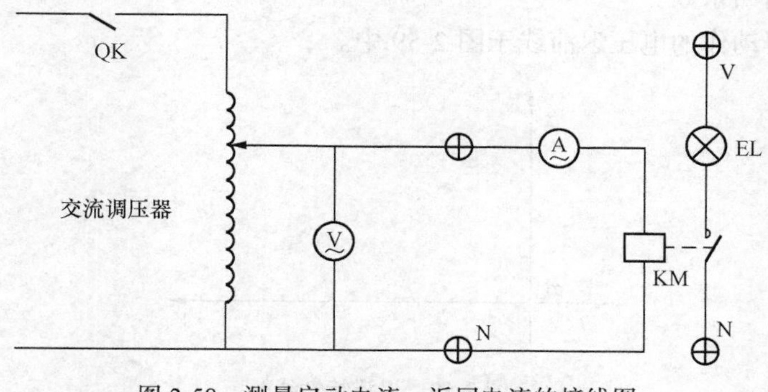

图 2-58　测量启动电流、返回电流的接线图

③ 测量启动电流、返回电流的方法。

a. 在整定值刻度盘上调整拨针指示位置，先进行继电器两线圈并联实验，后进行两个线圈串联实验。

b. 将调压器调回零位。

c. 合上交流电源开关 QK。

d. 调节调压器旋转手柄，使输出电压由零慢慢上升，同时观察电流表 A 读数的变化，直至 DL 型电流继电器动作，常开触头闭合，显示灯亮，记录此时电流值，即为启动电流 I_{op}。

e. 调节调压器手柄，将电压稍稍上升，然后再反向旋动手柄，使继电器线圈中的电流缓缓下降，至 DL 继电器返回，常开接点断开释放，显示灯灭，记录此时电流值，即返回电流 I_{re}。

f. 重复 3 次记录有关数据，取其平均值。将电磁继电器实验结果记录在表 2-40 中。

表 2-40　　电磁继电器实验结果记录表

测 量 参 数	测最次数（1）	测量次数（2）	测量次数（3）	平 均 值
启动电流（mA）				
保持电流（mA）				
启动电压（V）				
保持电压（V）				
返回电流（mA）				
返回电压（V）				
启动功率（W）				
保持功率（W）				
启动功率因数				
保持功率因数				

电压返回系数 K_{re}=返回电压/启动电压。

2.20.5 实验报告

① 计算电压返回系数。

② 画出继电器动作的电压迟滞线于图 2-59 中。

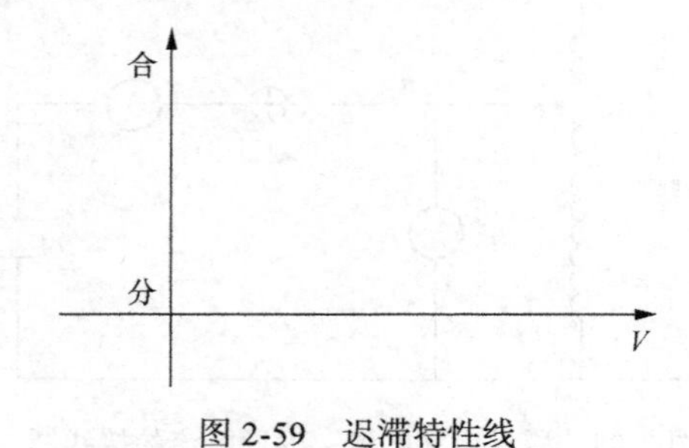

图 2-59　迟滞特性线

2.20.6 思考题

① DL 型电流继电器是利用什么原理来改变其动作电流的大小？
② DL 型电流继电器两个线圈采用不同的连接方式，实际动作电流为什么不同？
③ DS 型时间继电器是利用什么原理来控制不同延时时间的？

2.21 变压器特性实验

2.21.1 实验目的

① 掌握变压器绕组的同名端判别方法和变压器铜耗、铁耗及变比的计算。
② 了解变压器空载，短路，负载时的运行特点。

2.21.2 实验原理

图 2-60 所示为测试变压器参数的电路，用双头枪式插接线连接变压器的 24 和 12 点，由仪表可测得变压器一次测（0—220）的 U_1、I_1、P_1 及二次测（0—36）的 U_2、I_2，并用万用表 R×1 挡测出一、二次绕组的直流电阻 R_1 和 R_2，即可算得变压器的各项参数值：

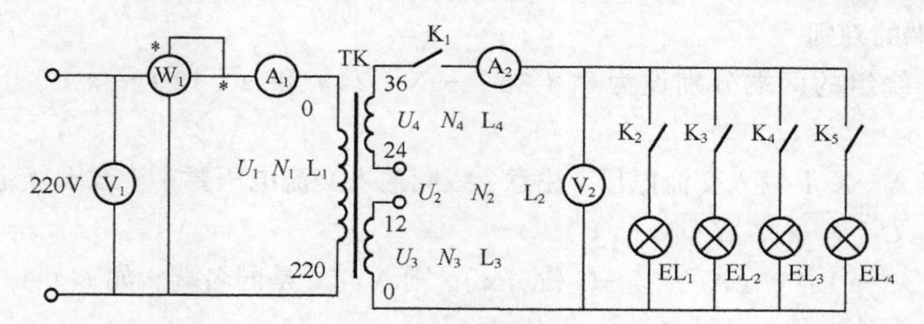

图 2-60 变压器参数电路

电压比 $K=U_1/U_2=N_1/N_2$；
电流比 $K_i=I_2/I_1=N_2/N_1=1/K$；
一次侧阻抗 $Z_1=U_1/I_1$；
二次侧阻抗 $Z_2=U_2/I_2$；
阻抗比 $N_Z=Z_1/Z_2$；
负载功率 $P_2=U_2I_2$；
损耗功率 $P_0=P_1-P_2$；
功率因素 $\cos\varphi_1=P_1/U_1I_1$；

一次侧线圈铜耗 $P_{CU_1} = I_1^2 R_1$；

二次侧线圈铜耗 $P_{CU_2} = I_2^2 R_2$；

铁耗 $P_{Fe}=P_0-(P_{CU_1}+P_{CU_2})$。

还有变压器空载特性测试，变压器负载（外）特性测试等。

2.21.3 实验仪器与元器件

BK50VA 变压器，自耦调压器，钳型电流表，万用表，兆欧表，微电量数字功率表，36V 小灯泡。

2.21.4 实验内容与步骤

（1）安全测试

① 变压器有 3 个独立的绕组，用万用表找出每个绕组的两端，并测量绕阻直流电阻，填入表 2-41 中。

② 用兆欧测量各绕组间和它们与铁芯的绝缘电阻，填入表 2-41 中。注意：绝缘电阻应 > 5MΩ/500V。

表 2-41 绕组绝缘与电阻

绕　组	L_1（220—0·）	L_4（36—24）	L_3（12—0）
绕组间绝缘电阻（MΩ/500V）			
绕组与地绝缘电阻（MΩ/500V）			
绕组直流电阻（Ω）			

（2）同名端的判别

① 将两个绕组的两端分别设为 A（36）—X（24）和 a（12）—x（0），并将 X 与 x 短接。

② 在绕组 A—X 上输入交流电压，注意：线圈输入交流电压要小于线圈额定电压，分别测量 U（A—X），U（a—x），U（A—a）。

③ 如 U（A—a）= U（A—X）−U（a—x），则 A 与 a 是同名端。如 U（A—a）= U（A—X）+U（a—x），则 A 与 a 是异名端。

④ 用以上方法找出剩下绕组的同名端。将同名端点标注（※）填于表 2-42 中。

表 2-42 绕组同名端与电压

	L_1（220—0·）		L_4（36—24）	L_3（12—0）	$L_2=L_4+L_3$
是否同名端点					
一次侧电压	U_1:	二次侧	U_4:	U_3:	$U_2=U_3+U_4$:

（3）空载实验

① 将图 2-60 中变压器一次侧测量仪表用微电量测量仪替换，二次侧 K_1 断开，将测量结果

填入表 2-43 中。又因变压器功率很小，输入到初级线圈的空载电流很小，难以测出可以从变压器次级线圈额定电压 24V 端输入 24V 交流电压。

② 测量初级绕组两端电压，次级绕组输入电流和输入功率。

由于空载时变压器不输出有功功率，输入功率为变压器的铜损耗和铁损耗，且空载时的电流很小，铜损耗比铁损耗小很多，可忽略不计，工程上通常把空载时的功率看作为变压器的铁耗。将测量数据填入表 2-43 中。

③ 根据测量的数据可以计算变压器的下列参数：

电压比 $K=N_2/N_1=U_2/U_1$；

励磁阻抗 $Z=U_{10}/I_{10}$；

励磁电阻 $R=P_0/(I_{10}*I_{10})$；

励磁电抗 $X*X=Z*Z-R*R$。

将测量和计算数据填入表 2-43 中。

表 2-43 空载特性

空载电压	空载电流	空载功率	励磁阻抗	励磁电阻	励磁电抗	电压比
U_{10}:	I_{10}:	P_0:				
U_{20}:	I_{20}:	P_0:				

（4）短路实验

① 将变压器低压侧短接，在高压侧接调压器。从零开始慢慢往上调，同时观察输入电流，当短路电流达到额定电流时，立即停止升压，否则会烧坏变压器。此时的输入电压就是短路电压。BK50VA 变压器 380V 时额定电流约为 132mA（220V/227 mA）。

② 测量短路电流，短路功率，短路电压值。

③ 短路实验时，变压器不输出有功功率，电源输入的功率全部消耗在初、次级绕组的铜耗和铁芯中的铁耗里。此时，铁损耗比铜损耗小得多，可以忽略不计。工程上通常把短路实验时的输入功率看作为变压器的铜耗。

④ 根据测量结果，可以计算变压器的短路参数：

短路阻抗 $Z(K)=U(K)/I(K)$；

短路电阻 $R(K)=P(K)/[I(K)*I(K)]$；

短路电抗 $X(K)*X(K)=Z(K)*Z(K)-R(K)*R(K)$。

将测量和计算数据填入表 2-44 中。

表 2-44 短路特性

短路电流	短路电压	短路功率	短路阻抗	短路电抗	短路电阻

（5）负载实验

① 将变压器高压侧输入 220V 交流电，低压侧分别接上 1,2,3,4 个 15W/36V 灯泡，记录每次的输出电流和电压值，将测量数据填入表 2-45 中。

表 2-45　负载特性

灯泡数	0	1	2	3	4
开关闭合	K_1	K_1、K_2	K_1～K_3	K_1～K_4	K_1～K_5
输出电压（V）					
输出电流（mA）					
输出功率（W）					

② 以输出电压为纵坐标，输出电流为横坐标，画出变压器的输出特性曲线（图 2-61）。

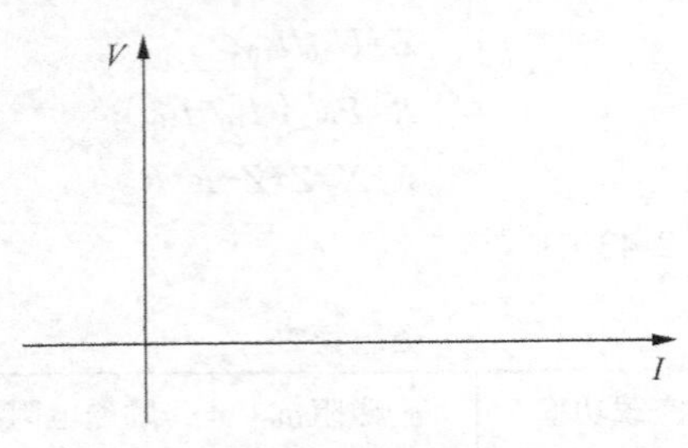

图 2-61　负载特性

2.21.5　实验报告

① 找出变压器的同名端。

② 计算电压比、励磁阻抗、励磁电阻、励磁电抗、短路阻抗、短路电阻、短路电抗。

③ 画出负载特性曲线。

2.21.6　思考题

① 变压器负载运行时，初级绕组电流为什么会随次级绕组电流的变化而变化？

② 变压器的能量是如何从初级绕组传递到次级绕组的？

2.22　三相鼠笼式异步电动机启动（点动）控制

2.22.1　实验目的

① 通过对三相异步电动机控制电路的安装，掌握由电气原理图接成操作电路的方法。

② 加深对电气控制系统各种保护、自锁等环节的理解。

③ 了解三相异步电动机点动与直接启动运行的工作原理。

④ 学会分析、排除继电–接触控制电路故障的方法。

2.22.2 实验原理

三相鼠笼式异步电动机启动控制电路原理如图 2-62 所示。其保护功能有短路、过载、失、欠压保护等功能。

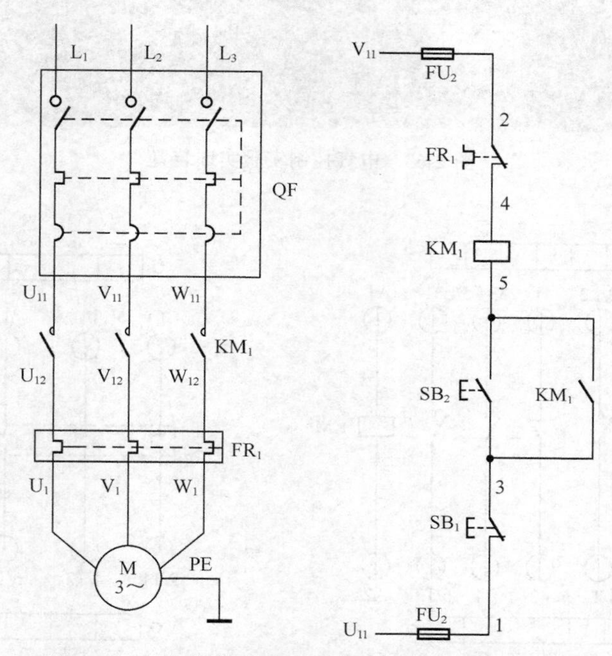

图 2-62 三相鼠笼式异步电动机启动控制电路原理

① 合上空气开关 QF 线路得电。

② 按下正向启动按钮 SB2（触点 3 和 5 点闭合），接触器 KM1 线圈得电吸合，使 KM1 常开主触点闭合，电动机 M 得电启动运行。KM1 常开辅触点（5，3）闭合并自锁。

③ 按下停止按钮 SB1，常闭触点（1，3）断开，KM1 线圈断电，其主触点断开，电动机断电。

④ 点动时（当未接 KM1 的常开辅触点（5，3）时其控制电路为点动控制），按下启动按钮 SB2，接触器 KM1 线圈得电吸合，使 KM1 常开主触点闭合，电动机 M 得电点动运行。松开按钮 SB2，电动机断电自由停。

2.22.3 实验仪器与元器件

电气控制实验实训装置 1 台，如图 2-63 所示，三相异步电动机 1 台，电工基本工具，万用表，接触器，接线示意图，如图 2-64 所示，热继电器 1 个，如图 2-65 所示，时间继电器接体示意如图 2-66 和图 2-67 所示，按钮接线示意如图 2-68 所示。

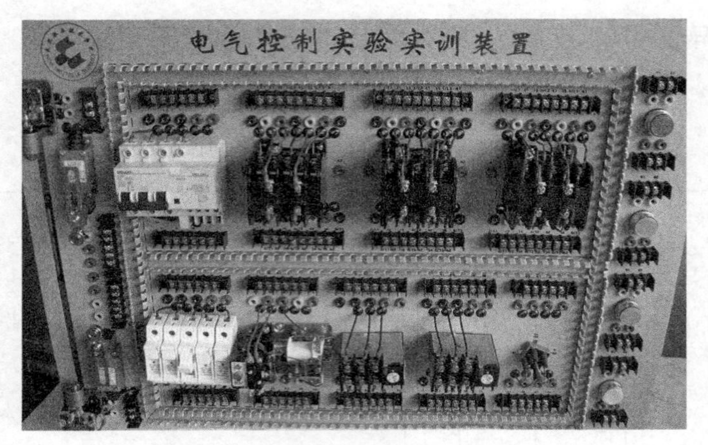

图 2-63　电气控制实验实训装置

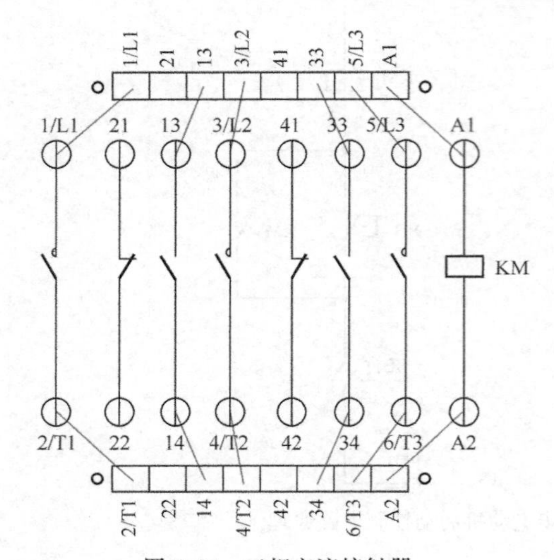

图 2-64　三相交流接触器

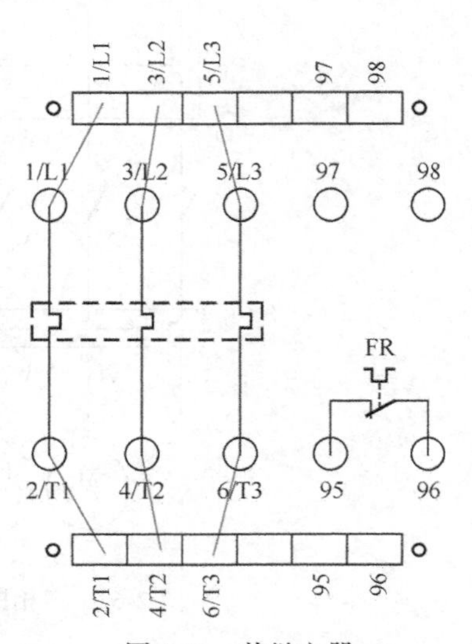

图 2-65　热继电器

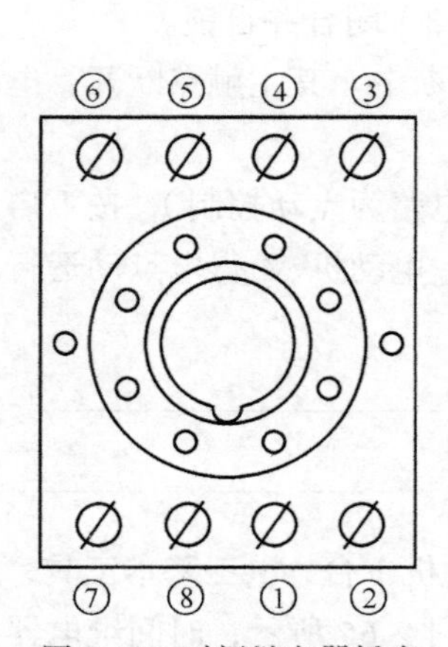

图 2-66　时间继电器插座

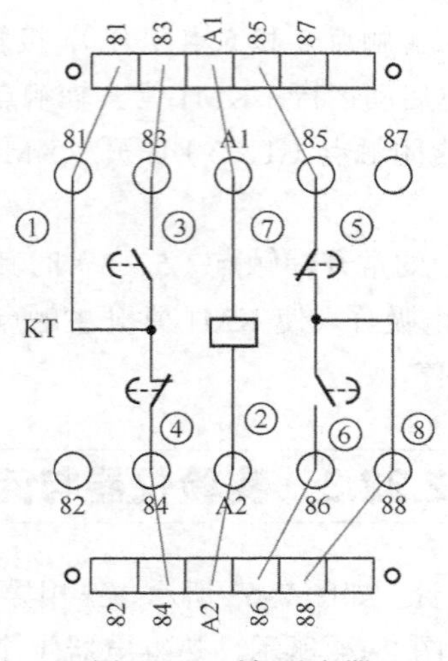

图 2-67　时间继电器

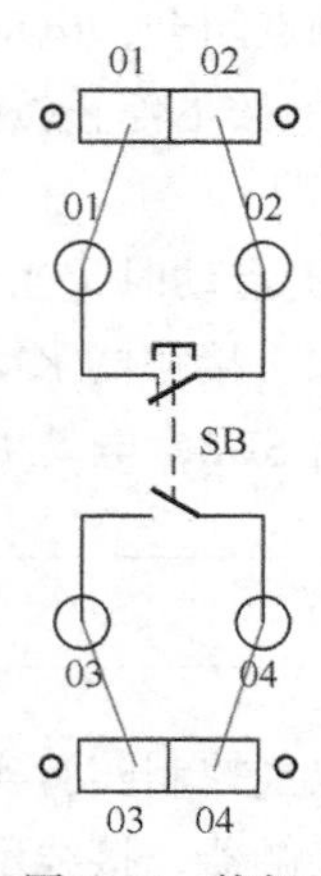

图 2-68　按钮

2.22.4 实验内容与步骤

了解各电器的结构，认识图形符号和实物对应，抄录电动机及各电器铭牌数据，并用万用表欧姆挡检查各电器线圈、触头是否完好。

三相压输入端 L1、L2、L3 供电线电压为 380V。

按图 2-62 用双头插接线连线，先接主回路，后接控制回路，连接好后经指导教师检查后，方可通电进行操作。

① 合上空气开关 QF 线路得电。

② 按正向启动按钮 SB2（触点 3，5 点闭合），接触器 KM1 线圈得电吸合，使 KM1 常开主触点闭合，电动机 M 得电启动运行。KM1 常开辅触点（5，3）闭合并自锁。观察并记录电动机和接触器的运行情况。

③ 按停止按钮 SB1，常闭触点（1，3）断开，KM1 线圈断电，其主触点断开，电动机断电，观察并记录电动机和接触器的运行情况。

④ 当断开接触器 KM1 的常开辅触点（5，3）时，再按 SB2，观察并记录电动机和接触器的运行情况。电动机 M 得电点动运行。松开按钮 SB2，电动机断电自由停。

⑤ 过载保护：当电动机启动后，人为地拨动热继电器后盖上的双金属片模拟过载开关，观察电动机、接触器动作情况。

注意：此项内容较难操作且有一定的危险性，可由指导教师作示范操作。

实验完毕，按停止按钮，切断实验线路电源。

2.22.5 实验报告

① 画出三相异步电机启动控制电路原理图。

② 记录各电器件型号参数。

③ 分析电路工作原理。

2.22.6 思考题

① 在控制线路中，短路、过载保护等功能是如何实现的？ 在实际运行过程中，这几种保护有何意义？

② 如何将单向自锁启动电路改为点动与连动（自锁）并存，画出控制电路图。

2.23 两台三相异步电动机顺序启动控制线路

2.23.1 实验目的

① 理解电动机动顺序启动的控制原理及特点。

② 了解常用低压电器的动合与动断触头动作过程的理解。

③ 掌握控制线路的连接方法。

2.23.2 实验原理

两台三相异步电动机控制电路原理如图 2-69 所示。

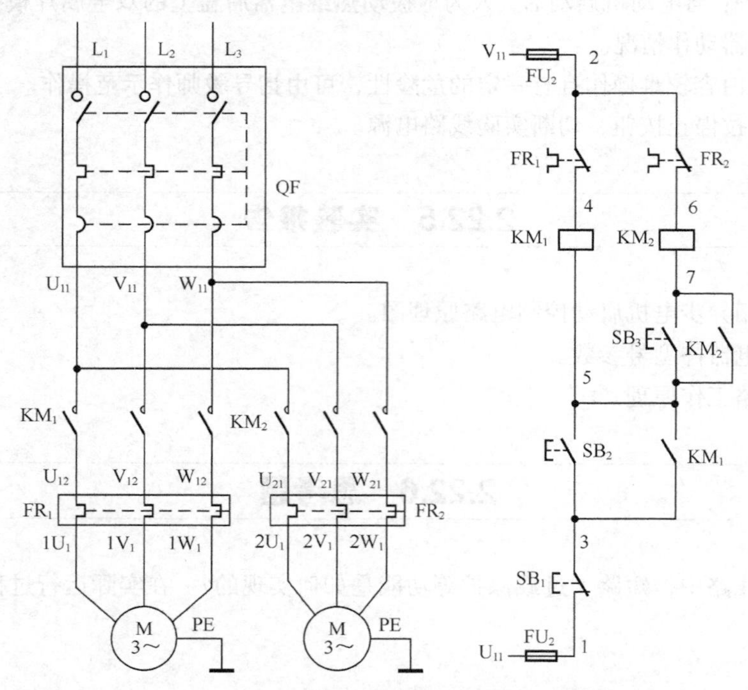

图 2-69 两台三相异步电动机顺序启动控制原理图

由图可知，合上空气开关 QF 线路得电，按下启动按钮 SB2（触点 3，5 点闭合），接触器 KM1 线圈得电，使 KM1 常开主触点吸合，电动机 M1 得电启动运行。KM1 常开辅触点（5，3）闭合并自锁。再按下按钮 SB3（触点 7，5 点闭合），接触器 KM2 线圈得电吸合，使 KM2 常开主触点闭合，电动机 M2 得电启动运行。按下停止按钮 SB1，常闭触点（1，3）断开，KM1、

KM2线圈断电，其对应主触点断开，电动机M1、M2断电自由停。

2.23.3 实验仪器与元器件

三相交流电源，三相鼠笼式异步电动机2台，交流接触器2只，按钮3只，热继电器2只，电工基本工具，万用表。

2.23.4 实验内容与步骤

按图2-69用双头串连插接线连线，先接主回路，后接控制回路，连接好后经指导教师检查后，方可通电进行操作。

① 合上空气开关QF线路得电。

② 按启动按钮SB2，观察并记录电动机M1和接触器KM1的运行情况。

③ 再按启动按钮SB3，观察并记录电动机M2和接触器KM2的运行情况。

④ 按停止按钮SB1，观察并记录电动机M1、M2和接触器KM1、KM2的运行情况。实验完毕，按停止按钮，切断实验线路电源。

2.23.5 实验报告

① 画出三相异步电机启动控制电路原理图。

② 记录各电器件型号、参数。

③ 分析控制电路工作原理。

2.23.6 思考题

控制电路如何实现正序启动逆序停止？

2.24 三相笼型异步电动机Y—△减压启动控制

2.24.1 实验目的

① 进一步提高按图接线的能力。

② 了解时间继电器的结构、使用方法、延时时间的调整及在控制系统中的应用。

③ 熟悉异步电动机Y—△减压启动控制的运行情况和操作方法。

2.24.2 实验原理

① 按时间原则控制电路的特点是各个动作之间有一定的时间间隔，使用的元器件主要是时间继电器。时间继电器是一种延时动作的继电器，它从接受信号（如线圈带电）到执行动作（如触头动作）具有一定的时间间隔，此时间间隔可按需要预先整定，以协调和控制生产机械的各种动作。时间继电器的种类通常有电磁式、电动式、空气式和电子式等。其基本功能可分为两类，即通电延时式和断电延时式，有的还带有瞬时动作式的触头。时间继电器的延时时间通常可在 0.4～0.8s 之间调节。

② 按时间原则控制笼型电动机 Y—△减压自动换接启动的控制电路如图 2-70 所示。从主回路看，当接触器 KM、KMY 主触头闭合、KM△主触头断开时，电动机三相定子绕组做 Y 联结；而当接触器 KM 和 KM△主触头闭合，KMY 主触头断开时，电动机三相定子绕组做△联结。因此，所设计的控制电路若能先使 KM 和 KMY 得电闭合，后经一定时间的延时，使 KMY 失电断开，而后使 KM△得电闭合，则电动机就能实现减压启动后自动转换到正常工作运转。启动时按下 SB_2（5，7 通）KT、KMY 线圈通电动作，KMY 的常闭点（11，15）先断开，常开触点（9，11）后闭合，使得 KM 线圈通电并自锁，电动机 Y 接启动。后经一定时间的延时 KT 通电延时断开触点（9，13）断开，使得 KMY 失电断开，其常开点（9，11）先复位，常闭点（11，15）后复位使 KM△得电闭合，则电动机就能实现减压启动后自动转换到正常△接工作运转。

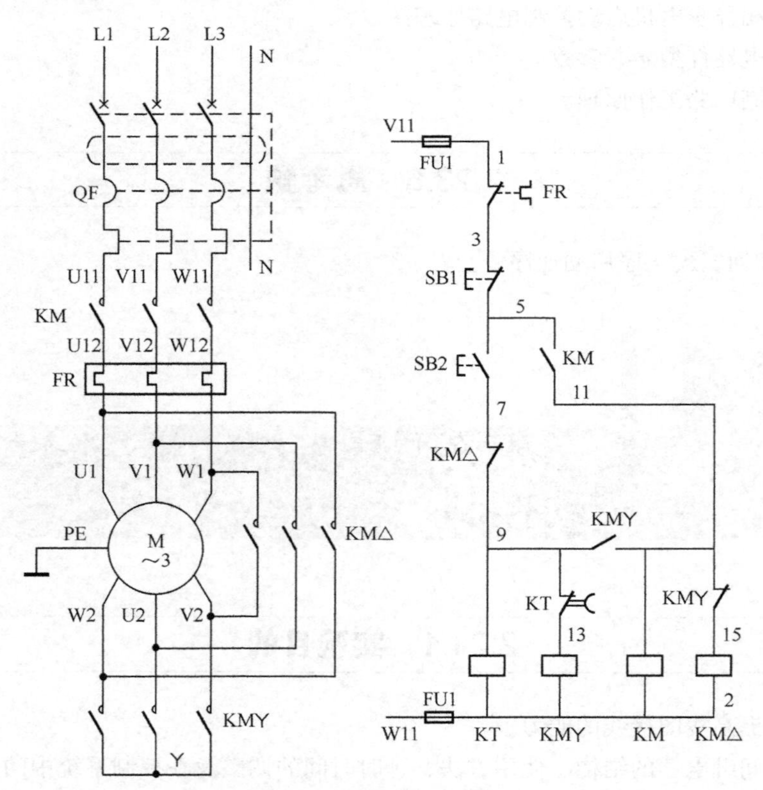

图 2-70 Y—△减压启动控制电路

2.24.3 实验仪器与元器件

① 三相交流电源 1 台。
② 三相笼型异步电动机 1 台。
③ 交流接触器 3 个。
④ 时间继电器 1 个。
⑤ 按钮 3 个。
⑥ 热继电器 1 个。
⑦ 万用电表 1 块。

2.24.4 实验内容与步骤

时间继电器控制 Y—△自动减压启动电路。观察电子式时间继电器的结构，认清线圈和延时动合、动断触头的接线端子。用万用电表欧姆挡测量触头的通与断，以此来判定触头延时动作的时间。通过调节即可整定所需的延时时间。

① 按图 2-70 电路进行接线，先接主回路，后接控制回路，要求按图示的节点编号从左到右、从上到下，逐行连接。

② 在不通电的情况下，用万用电表欧姆挡检查电路连接是否正确，特别注意 KMY 与 KM△两个互锁触头是否正确接入。经指导教师检查后，方可进行通电操作。

③ 开启控制屏电源总开关，按下启动按钮 SB，接通三相交流电源。

④ 按下启动按钮 SB2，观察电动机的全启动过程及各电器的动作情况，记录 Y—△换接所需时间。

⑤ 按下停止按钮 SB1，观察电动机及各电器的动作情况。

⑥ 调整时间继电器的整定时间，观察接触器 KMY、KM△的动作时间是否相应地改变。

⑦ 实验完毕，按下控制屏停止按钮，切断实验电路电源。

2.24.5 实验报告

① 画出三相异步电机 Y—△启动控制电路原理图。
② 记录各电器件型号、参数。
③ 时间继电器的整定时间的调整。
④ 分析控制电路工作原理。

2.24.6 思考题

① 采用 Y—△减压启动对笼型异步电动机有何要求？

② 如果手头没有通电延时式时间继电器，只有一断电延时式时间继电器，请设计异步电动机 Y—△减压启动控制线路。试问 3 个接触器的动作次序应做如何改动，控制回路又应如何设计？

第3章 电路综合实训

3.1 ZX2009型交流调压器

3.1.1 实训目的

① 了解印制电路板（PCB）的作用与功能。

② 学会由实际电路的简单测绘，标注元器件的管脚及焊点。

③ 掌握电子元器件的管脚测试与识别。

④ 以实物为例，测绘出电路原理图。

3.1.2 实训原理

1. 双向触发二极管

双向触发二极管（DIAC）的用途较为广泛，常用来触发双向晶闸管，构成过压保护电路、定时器、调光及调速电路等。DIAC属于三层对称性的二端器件，等效于基极开路，如图3-1所示。发射极与集电极对称的NPN型晶体管，其正、反向伏安特性完全对称，如图3-2所示。其主要特点是：当其两端电压差大于转折电压时，它导通而呈短路状态，外加电压可正、可负，只有导通和截止两种状态。

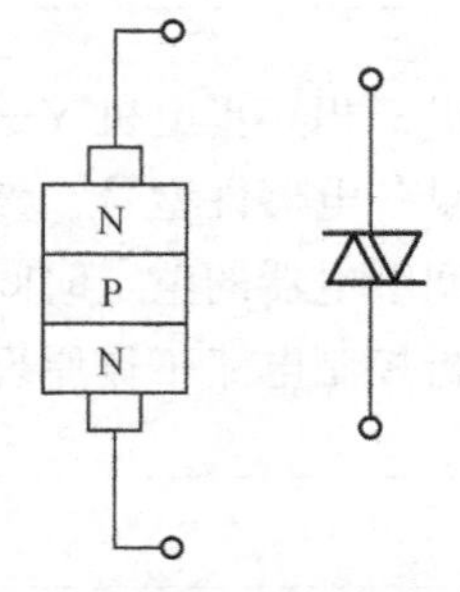

图3-1 双向触发二极管的结构和电路符号

用兆欧表和万用表检测其性能。先用数字万用表100k挡，测DIAC的正、反向电阻值，因其U_{B1}、U_{B2}均在20V以上，故其正、反向电阻均应是无穷大，然后按照如图3-3所示的接线，由兆欧表提供击穿电压，并用直流电压挡分别测其U_{B1}和U_{B2}，最后比较其转折电压的对称性。

在实际使用中，应适当选择 U_{B1}，转折电流尽量小，转折电压的偏差$\Delta U_B = U_{B1} - U_{B2}$尽量小的DIAC。

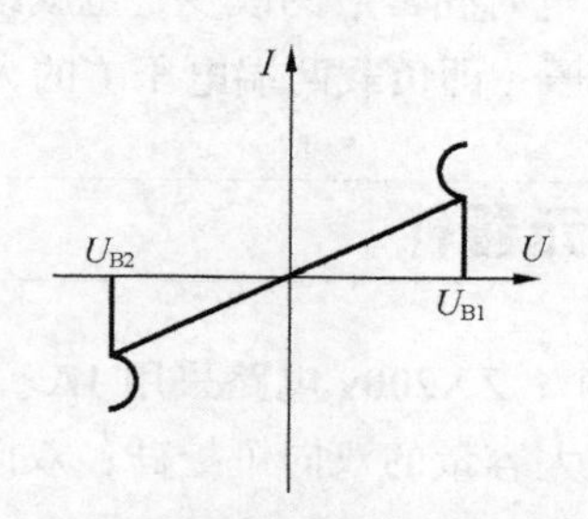

图 3-2　双向触发二极管的伏安特性

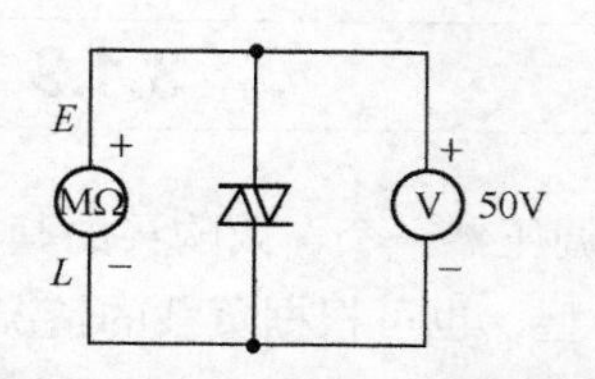

图 3-3　双向触发二极管的性能检测

2. 双向晶闸管

双向晶闸管的结构与符号如图 3-4 所示，它属于 NPNPN 5 层器件，3 个电极依次为 T1、T2、G。

① 判定 T2 极，由于 G 极与 T1 极靠近，距 T2 较远，因此，G—T1 之间的正、反向电阻都很小。用数字万用表 200 挡检测任意两脚之间的电阻时，只有 G—T1 之间呈现低阻，正、反向电阻仅几十欧，而 T2—G、T2—T1 之间的正、反向电阻均呈无穷大，这表明，只要测出其一脚和其他两脚都不通，就肯定此脚是 T2 极。

② 区分 G 极和 T1 极，找出 T2 极之后，先假定剩下两脚中某一脚为 T1 极，另一脚为 G 极；数字万用表正极接 T1 极，负极接 T2 极，电阻为无穷大；接着用负极把 T2 与 G 短路，给 G 极加上负触发信号，证明管子已经导通，导通方向为 T1—T2；再把负极表笔与 G 极脱开（但仍接 T2），如果电阻值保持不变，就表明管子在触发之后仍能维持导通状态；把负极表笔接 T1 极，正极表笔接 T2 极，然后使 T2 与 G 短路，给 G 极加上正触发信号，在 G 极脱开后若阻值不变，说明管子经触发后在 T2—T1 方向上也能维持导通状态，因此具有双向触发性质。

3. 电路工作原理

本电路的工作原理图如图 3-5 所示，图中的 VS 为双向可控硅，VD 为双向触发二极管，R_P 为开关电位器，R_P、R 和 C 组成 RC 移相网络。当交流电源电压处于正半周时，电源电压通过 R_P、R 向 C 充电，电容 C 上的电压极性是上正下负，这个电压通过双向触发二极管 VD 使双向

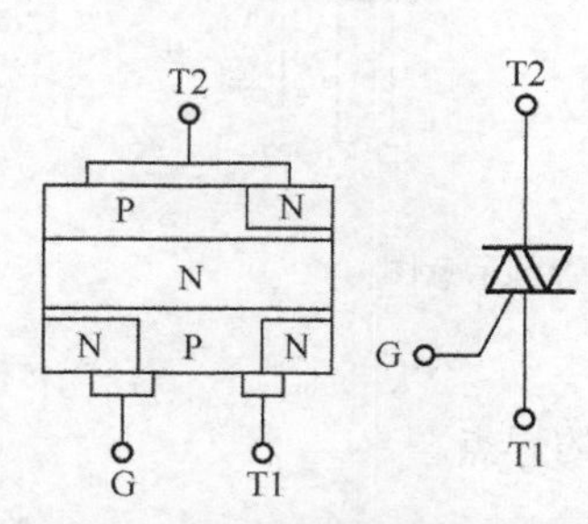

图 3-4　双向晶闸管的结构和符号

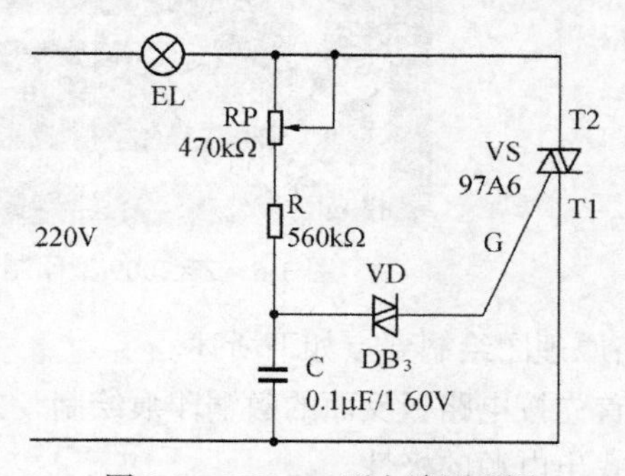

图 3-5　ZX2009 型电路原理图

可控硅的控制极 G 和 T2 之间得到一个正向触发电压（流），可控硅导通；当交流电源电压处于负半周时，同样使双向可控硅得到一个反向触发电压（流），同样可使可控硅导通。在电路中，调节 R_P 的阻值，即可改变 RC 网络的时间常数，这个充电时间常数的改变，也就改变了可控硅的控制角，控制角的改变，也就改变了可控硅的输出电压（即负载两端电压）的大小。

3.1.3 实训仪器与元器件

ZX2009 调压器一个，或购买的其他型号调压器一个；ZX2009 电路采用 1A、400V 的双向可控硅 97A6 型，也可根据负载的情况选用 3A、6A 等大容量的双向可控硅；双向触发二极管采用 DB3；其他元器件及配件见元器件清单表 3-1。

表 3-1 元器件清单

序号	名称	位号	规格	数量	序号	名称	位号	规格	数量
1	触发二极管	VD	DB3	1 只	6	铜柱			2 个
2	开关电位器	R_P	470kΩ	1 个	7	塑料帽			2 个
3	电阻	R	560Ω	1 只	8	导线		50mm	1 根
4	可控硅	VS	97A6	1 只	9	自攻螺丝		$\Phi3\times8$	2 个
5	涤沦电容	C	0.1μF/160V	1 只	10	灯泡	EL	220V/40W	1 只

电工工具 1 套、电烙铁、镊子、小刀、锥子、针头等；数字万用表 1 台；多用电路板（50mm×50mm）一块；松香和焊锡丝等。

3.1.4 实训内容与步骤

1. 测绘电路原理图

1）实际测绘 ZX2009 型调压器的各个电子元器件型号与参数。

2）根据图 3-6 实际印制电路及电子元器件绘制的电子元器件接线电路原理图。

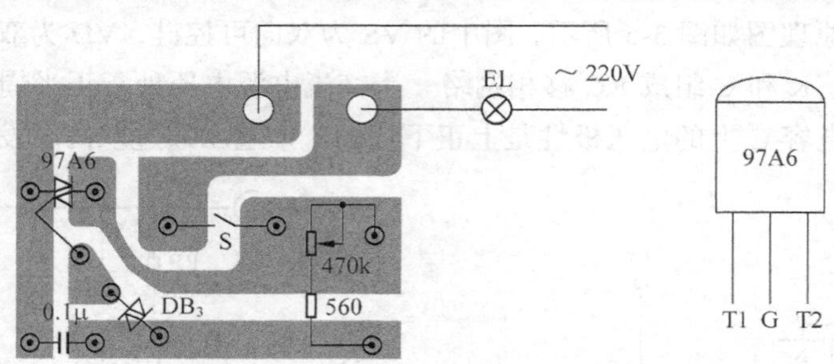

图 3-6 ZX2009 型印制电路图及可控硅管脚示意图

电路原理图绘制要点如下所述。

① 首先按电路板反面的敷铜印痕绘制，并标注元器件的焊点。

② 找出电源的极性。

③ 正面的原理草图在保证连接正确的情况下可以随意连线，但最终的原理图线条务必横平

竖直。

④ 元器件要标注代号、型号及量值。

⑤ 有极性的器件（如二极管、三极管、电解电容和可控硅等）要标注清楚管脚极性。

⑥ 集成块的脚代号要如实标注。

2. 电路制作

根据测绘出的电子元器件按原理图在多用电路板上连接电路进行制作。

（1）焊接技术要求

① 焊点的机械强度要满足需要，为了保证足够的机械强度，一般采用把被焊接的电气元器件引线端子打弯后再焊接的方法，但不能用过多的焊料堆积，以防止造成虚焊或焊点之间短路。

② 焊接要可靠，保证导电性能良好，为保证有良好的导电性能，必须防止虚焊。虚焊现象常有两种，一是引线浸润不好，二是印制电路板浸润不好。

③ 焊点表面要光滑、清洁。

（2）焊接前的准备

① 搪锡（镀锡）。因为一般长期存放的电气元器件引线端部有一层氧化膜，元器件焊接前，大部分电气元器件引脚应先用工具除去氧化层，然后再对电气元器件引脚进行搪锡，但是少部分电气元器件不需要搪锡。

② 电气元器件引线加工成型。加工时要用工具保护引线的根部，不要从引线齐根部弯折，以免损坏电气元器件；安装电气元器件有两种方式：一种是立式；一种是卧式，焊接时，具体选择哪一种应根据具体情况来选用。

（3）焊接的步骤

① 五步焊接法。准备—加热—送丝—去丝—移烙铁。

② 三步焊接法。准备—加热和送丝—去丝和移烙铁。

③ 对于小热容量焊件，整个焊接过程时间不得超过 2～4s。

（4）操作工艺

1）检查所用电子元器件质量及分类，检查电阻、二极管、三极管和电容等元器件外观是否有损坏；检查电子元器件技术数据是否与实际相符合；然后用万用表粗测电子元器件的质量好坏，并将电子元器件分类标出。

2）元器件的安装。

① 把安装的元器件引线清理干净。

② 根据电路板安装孔的距离和元器件的立式或卧式进行安装。

③ 元器件的引线上锡后，插入相对应的孔内（必要时要套绝缘套管）。

3）元器件的焊接。

① 印制电路板适用 20～30W 电烙铁进行焊接，焊接前要清除烙铁头上的氧化物，并镀一层焊锡。

② 元器件引线上有氧化层时，用橡皮擦干净以不破坏元器件引线的镀层而后焊接。

③ 烙铁头醮取适量的焊锡，醮取少量焊剂，对准焊点进行焊接，当焊接点充满锡后，烙铁头要迅速离开焊点，焊接时间要控制在 2～3s 内，焊后剪去多余的引线。

④ 元器件焊接时，不应出现漏焊、虚焊、少焊现象；元器件字标要朝外或朝上安装。

（5）调试方法

1）调试前的检查。根据电路图或接线图从电源端开始，逐步逐段校对电子元器件的技术参数是否与电路图相对应；逐步逐段校对连接导线是否正确，检查焊点是否光滑、美观，有无虚焊。

2）调试。

① 静态测量。从电源开始测量关键点的直流电压值。测量主要晶体管管脚直流电压值，是否与电路中规定值对应，进一步确定电路的正确性。

② 动态测量。加入动态信号，用电子仪器进行测量，将测量结果与标准参数对比，进一步调整电路，完善电路的性能。

（6）调试电路

1）分析电路图的工作原理，确定电路图中调试的关键点。

2）除去灯泡，接通电源。将万用表拨至交流电压500V挡，测量灯泡座上的电压，电压应随着 R_P 的调节而改变。调节 R_P 电阻值时，一定要慢慢调节。

操作要点提示如下。

① 认真检查主电路与控制电路接线是否正确，特别注意晶闸管的控制极不要与其他部分发生短路。

② 控制电路不可用调压变压器作为电源，而主电路在调试时可用调压变压器的低压调试。

③ 调试时应先检查电源的输入情况，再检查电源的输出情况；先调试触发电路，后调试主电路；电源输入电压先低后高，整流输出电流先小后大。

实训要点及注意事项如下。

① 清查元器件的数量（见元器件清单）与质量，对不合格元器件应及时更换。

② 按照原理图的提示对元器件进行合理布局及摆放。

③ 焊接双向可控硅时注意极性，其管脚的方向如图3-6所示，装插时千万不要插错。

④ 将开关电位器 R_P 的开关端焊接在电路板上，可调电阻通过导线接入电路板上。

⑤ 焊接完成后，剪去多余的引脚线，检查所有的焊点，对缺陷进行修补。

⑥ 焊接完后，认真检查电路有无虚焊、错焊等。无误后方可外接负载及交流电源进行测试，测试时可用40W的白炽灯泡作为负载。

⑦ 用于接负载及交流电源的导线必须用多股线，并且要在老师的指导下通电检查。

3.1.5 实训报告

① 思考电路中双向触发二极管的作用，双向触发二极管有正负极吗？

② 如果将97A6的T1、T2管脚反接，电路是否还能正常工作？

3.2 调功电路安装

3.2.1 实训目的

① 了解单向可控硅的工作原理。

② 学会识别单向可控硅的管脚。

3.2.2 实训原理

单向可控硅调功电路原理如图 3-7 所示。电路是由整流全桥电路与控制电路组成的。电路的工作原理是 220V 的交流电经过整流桥后整流成直流电。电流的方向是从二极管负极流出、正极流入，所以可认为整流桥上方为正极，下方为负极。控制电路中的电流很小，因为大部分的电压都被灯泡所承受。R_P、R_1、R_2 和 C 组成 RC 移相网络，所以单向晶闸管的 A、K 两极必须按照电路的正负接入，A 为阳极，K 阴极，G 为控制极，只有当 A、G 两极有正向电压时，晶闸管导通，反之则不通。BT169D 单向晶闸管管脚识别如图 3-8 所示，注意连通电路时不可接错，如果接错，通电时会发生晶闸管爆炸的事故。

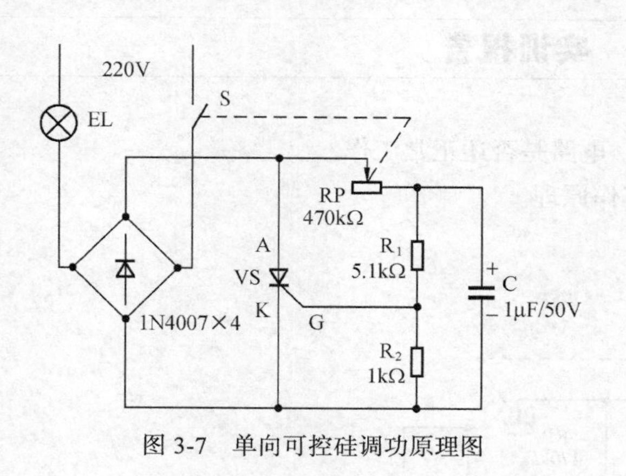

图 3-7　单向可控硅调功原理图

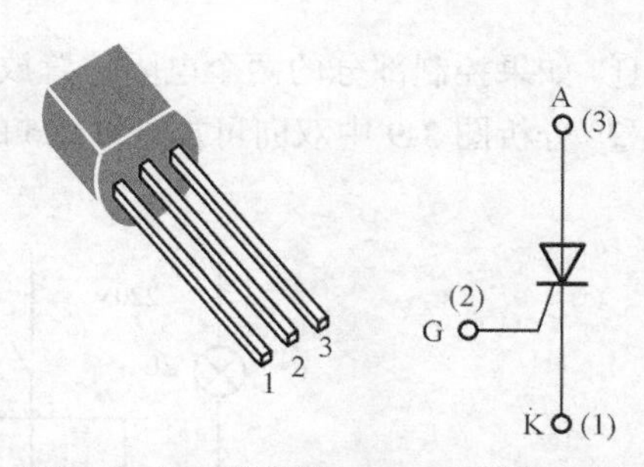

图 3-8　单向晶闸管 BT169D 管脚示意图

3.2.3 实训仪器与元器件

本电路采用 0.8A、600V 的单向可控硅（BT169D），详细元器件及其他配件见元器件清单见表 3-2。

表 3-2　　　　元器件清单

序号	名　称	位号	规格	数量	序号	名　称	位号	规格	数量
1	灯泡	EL	220V/40W	1个	6	电阻	R_1	5.1kΩ	1个
2	开关电位器	R_P	470～500kΩ	1个	7	电解电容	C	50V 1μF	1个
3	单向可控硅	VS	BT169D	1个	8	整流二极管	VR	1N4007	4个
4	导线			若干	9	多用电路板		50×50	1块
5	电阻	R_2	1kΩ	1个	10	插头			1个

3.2.4 实训内容与步骤

电路制作：

根据图 3-7 在多用电路板上连接电路进行制作；

控制电路制作的具体步骤同 3.1.4 中的电路制作步骤是一样的。

操作提示：

① 检查主电路与控制电路接线是否正确，特别注意晶闸管的控制极不要与其他部分发生短路。

② 焊接单向晶闸管时注意极性，其管脚极性如图 3-8 所示，连接时千万不要接错。

③ 要在老师的指导下检查、通电，用 40W 的白炽灯泡作负载测试调功效果。

3.2.5 实训报告

① 如果控制部分的两个电阻位置放反，电路是否还正常工作？

② 分析图 3-9 中双向可控硅 97A6 的工作原理。

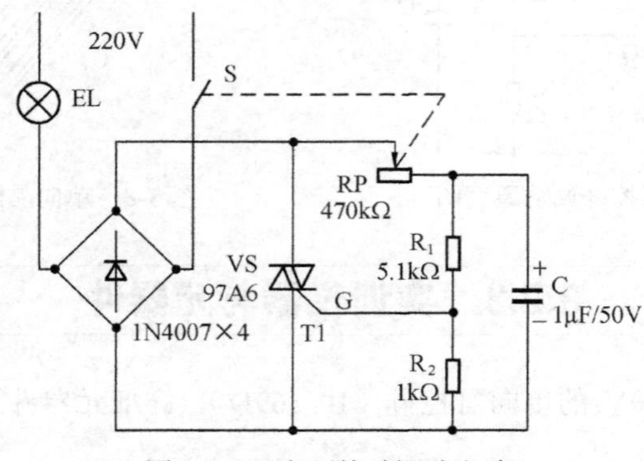

图 3-9　双向可控硅调功电路

3.3 自动开门电路

3.3.1 实训目的

① 了解小功率单向可控硅的使用。

② 学习由可控硅组成直流开关电路。

③ 了解光电管的使用方法。

④ 学习小型继电器在控制电路中的使用。

3.3.2 实训原理

可控硅（SCR）是一种带控制极的开关器件，它有 3 个极：阳极 A、阴极 K 和控制极 G（门极）。在外加正向电压（$U_A>U_K$）的条件下，当控制极为低电平或悬空时，可控硅处于截止状态；当控制极加足够大的高电平或正触发脉冲时，可控硅被触发导通，导通后 $U_{AK}\approx1V$，$U_{GK}\approx0.6\sim0.7V$，这时 A、K 极间相当于一只普通二极管，故可控硅的符号是带有控制极的二极管。可控硅一旦被触发导通，即使控制极恢复低电平，可控硅仍维持导通，只有在断电或减小 I_{AK} 到某一值，或在 A、K 极间施加零电压、负电压并使控制极为低电平，才能使可控硅恢复截止。可控硅的驱动能力强，是一种很好的无触点开关，在交、直流电路中有广泛应用。

图 3-10 所示是一种可用于大门自动开关的电路，由光电三极管 VTG 和小功率单向可控硅组成。其中，光电三极管作传感器，当欲进门的汽车灯光照射时，光电管受光照导通，产生较大的电流，于是控制极 G 得到一个触发电压而使可控硅导通，驱动继电器动作来控制电机的工作，将大门拉开。当大门拉开足够大时，触动限位开关 S 使之断开，于是可控硅恢复截止状态。

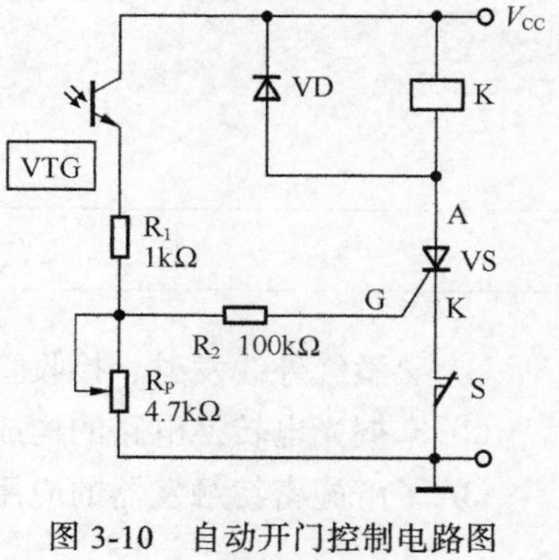

图 3-10 自动开门控制电路图

与继电器线圈 K 并联的 VD 为保护二极管。由于继电器线圈的电感，在它断电的时候，线圈两端将产生较高的反向电压，这个电压与电源电压同极性，加在可控硅的阳极和阴极之间，很可能超过可控硅的最大耐受电压，使可控硅损坏，而 VD 的作用就是消除这个反向电压的影响，保护电路的正常工作。在电子电路中，凡是有直流继电器的地方都需与其线圈反向并联一个二极管，以防止电路元器件的损坏。

3.3.3 实训仪器与元器件

VT 小功率光电三极管（型号任选，可采用光电二极管），VD 续流二极管 1N4007，VS 小功率单向可控硅（型号任选），R_P 小型碳膜电位器（阻值根据选用的光电管参数确定），1/8W 碳膜电阻器 1kΩ一只，1/8W 碳膜电阻器 100Ω 一只，K 小型电磁式继电器 HRAH-S-DC12V 一只，S 微动行程开关一个，多用印制板或面包板一块，可调稳压电源（V_{CC}为直流 2～24V）。

3.3.4 实训内容与步骤

① 按照图 3-10 在多用印制板上组装电路，控制电路制作的具体步骤同 3.1.4 中的控制电路制作。

② 用手电光模拟汽车灯光，照射光电管，调节电位器 R_P，直至继电器动作。

③ 用电压表测量可控硅控制极电位及可控硅的导通压降。

④ 压下微动开关 S（或移去短接线），通过继电器的失电验证可控硅已被关断。

3.3.5 实训报告

① 试述光电管的工作原理。

② 分析电阻 RP 和 R_2 的作用。

3.4 红外线光电开关控制电路

3.4.1 实训目的

① 熟悉红外线发射、接收管的使用方法。

② 掌握光电转换电路的构成和应用。

③ 了解施密特触发器的应用。

3.4.2 实训原理

在电子电路中，红外线的发射与接收一般是使用红外发光二极管和红外接收管完成的。元器件体积很小，质量轻，功耗低，使用寿命长，发出的光均匀稳定。特点是：这种发光二极管发出的光为不可见光，当发出的光束被某一特定的信号调制后，只有专门的解调电路才可收到，这就具有很强的抗干扰性和保密性。因此，在诸如电器的遥控电路、重要部门的防盗报警机构及其他自控装置中被广泛应用。

学习组装是由红外发射与接收管（或光槽）作为传感器组成的红外光电开关，其电路原理图如图 3-11 所示。

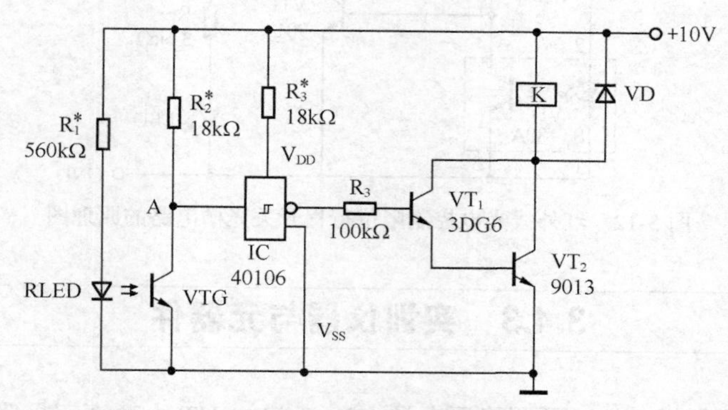

图 3-11　红外线光电控制行程开关电路原理图

在这个电路中，使用了通用红外线光电开关作为红外线传感器，这个组件内含有一只微型红外线发射管与一只微型红外接收管，它主要用于复印机、打字机、冲床等数控设备中作限位控制、光电计数等作用。

电路中 IC 为带有施密特触发器的反相器，用于对信号整形；VT_1、VT_2 构成复合管与继电器 K 组成了控制执行电路。

电路的工作原理是，红外发射管 RLED 在通电情况下发出不可见的红外光束，照射在接收管 VTG 上，接收管 VTG 实质上相当于一个基极受光控制的三极管，由于它的基区面积较大，所以当有光照射时，在基区激发出电子空穴对，其作用相当于向基区注入少数载流子，效果与引入基极电流一样，因此，能够在集电极回路产生较大的电流，使接收管 VTG 导通。A 点呈低电位，施密特触发器 40106 输出与输入相反，为高电位，它使 VT_1、VT_2 导通，继电器 K 吸合，常开触点闭合。只要在发光管和接收管之间遮挡光线，VTG 便截止，A 点即由低变为高电位，使施密特触发器输出变为低电位 VT_1、VT_2 截止，继电器 K 常开触点断开。

值得注意的是，在接收管由亮到暗，或由暗到亮的过程中，晶体管要经过导通和截止的临界状态，十分不稳定，会产生一连串的抖动脉冲。为了消除这种抖动干扰，通常采用施密特触发器来担任整形，以便得到理想的矩形波形。

电路中 3DG6 与 9013 的连接是复合管形式，它使得电路具有很高的电流放大倍数，只要给 VT_1 提供较小的基极电流，就可以给继电器提供足够的吸合电流。

电路中与继电器并联的续流二极管 VD 是用来消除断电时加在晶体管 C、E 极间的反向电压的，以免其可能超过晶体管的最大 $U_{(BR)CEO}$ 而将晶体管击穿。

采用这个红外线光电开关用于控制容器内的液面时，若液面未到规定的高度，泵向容器内输送液体，液体达到规定的高度时，光被遮挡在控制电路的作用下，泵自动停止工作。用于自动生产线上产品的计数时，可在传送带两侧放置红外线传感对管，在施密特触发器的输出端接计数电路，传送带上每经过一个产品，施密特触发器就输出一个脉冲，计数器记录和显示脉冲数量，便实现了产品的自动计数。当使用中功率红外发射管，配以适当的电路，还可以构成各种警戒线，用于安全、保卫部门作为报警电路使用。

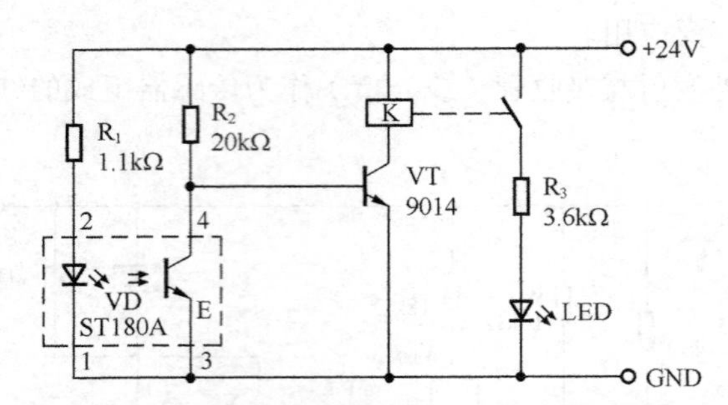

图 3-12　红外线光电控制限位行程开关光槽电路的原理图

3.4.3　实训仪器与元器件

多用印制板或面包板一块，可调稳压电源（2～24V），VT 小功率三极管 9013 或 9014，VD 续流二极管 1N4148，红外发射—接收管（光槽）ST180A（或反射—接收管），R_1 阻值 1.1kΩ、R_2 阻值 20kΩ，R_3 阻值 3.6kΩ，发光二极管（LED），K 继电器 HRS2H-S-DC24V/2.8kΩ。

3.4.4　实训内容与步骤

① 测试红外线发射、接收管。

测量红外线发射管的方法很简单，使用万用表的电阻挡，按照测量普通二极管的方法，即很容易地判别出其正、负极及其性能。测量接收管的方法是：使用指针式万用表 R×1 k 挡，红、黑表笔分别接接收管的两只引脚，其中一次测量的电阻值较大，这时，将接收管的受光面用强光照射（手电筒光线即可），其电阻值明显减少，此时，万用表黑表笔接的引脚为接收管的集电极，红表笔所接为发射极。

② 将所用元器件使用万用表逐一测试，其质量符合要求方可接入电路。

③ 按图 3-12 的电路进行制作，具体步骤同 3.1.4 中的电路制作是一样的。

④ 经检查无误后通电，继电器应为释放状态，当在发射、接收管间加以遮挡时，继电器应吸合（注意：由于红外线有一定的穿透能力，所以遮挡物以金属片为宜）。若能达到上述要求，则电路视为正常工作状态。

⑤ 调试时若电路不能正常工作，应先检查电路是否接错，接收、发射管的引脚有无接反。如均无错误，可分阶段实验电路功能。

3.4.5　实训报告

① 利用红外线测控开关电路设计一种实际工业控制过程。

② 用简捷的语言和框图描述该过程，包括说明红外线对管的安置方法及继电器驱动的电气设备（如泵、电机等）。

3.5 亚超声波遥控开关

3.5.1 实训目的

① 熟悉亚超声波传感器，了解其工作原理。
② 熟悉声电转换电路的构成和应用。
③ 学习组装亚超声波遥控开关电路。

3.5.2 实训原理

1. 超声波传感器

超声探头的核心是其塑料外套或者金属外套中的一块压电晶片。构成晶片的材料可以有许多种。晶片的大小，如直径和厚度也各不相同，因此每个探头的性能是不同的，我们使用前必须预先了解它的性能。

2. 超声波传感器的主要性能指标

（1）工作频率

工作频率就是压电晶片的共振频率。当加到它两端的交流电压的频率和晶片的共振频率相等时，输出的能量最大，灵敏度也最高。

（2）工作温度

由于压电材料的居里点一般比较高，特别是诊断用超声波探头使用功率较小，所以工作温度比较低，可以长时间地工作而不失效。

（3）灵敏度

灵敏度主要取决于制造晶片本身。机电耦合系数大，灵敏度高；反之，灵敏度低。

3. 工作原理

亚超声遥控开关分为遥控发射头和接收放大控制电路两部分。遥控头为一开有小孔的球形橡胶气囊，挤压气囊可以发出频率为16～20kHz的亚超声波作为控制源。接收电路原理图如图3-13所示，工作原理如下。

220V市电经电容C_1降压，VD_1、VD_2、VD_3、VD_4桥式整流，电容C2滤波，得到约12V直流电压，为整个遥控接收控制电路提供直流电源。C_1并联的R_1为C_1的放电电阻。压电陶瓷片ZD为亚超声接收头，将接收到的亚超声振动能转化为对应频率的电能。经以VT_1为核心的固定偏置共射电路放大，并经并联谐振回路L、C_4选频，以排除其他声频的干扰，防止误动作。

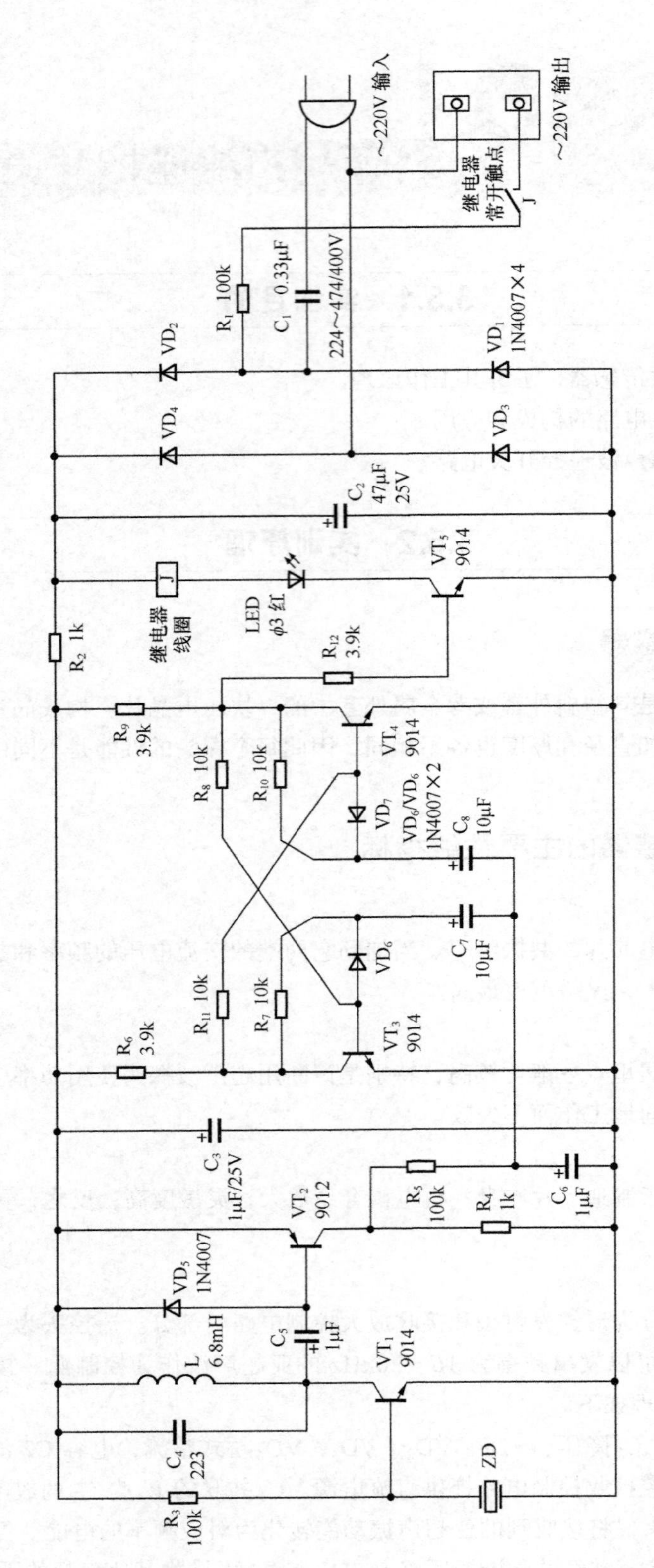

图 3-13　亚超声接收电路原理

按如图 3-13 所示参数，不难算出选频频率约为 20kHz。该脉冲经 C_5 耦合，由 VT_2 放大。VD_5 是为防止 VT_2 发射结反向击穿而设的保护二极管。VT_2 放大输出的信号，经 R_5、C_6 积分电路延时后，作为控制双稳态电路翻转的脉冲。以 VT_3、VT_4 为核心，加上 R_6、R7、R_8、R_9、R_{10}、R_{11}、R_{12}、C_7、C_8、VD_6、VD_7 组成双稳态电路，每经 R_5 过来一个脉冲，双稳态电路翻转一次，使 VT_4 的集电极输出轮流为高低电平状态。当 VT_4 集电极为高电平时，VT_5 饱和导通，使继电器 J 或 K 通过发光管 LED 接通。LED 点亮，继电器 J 常开触点吸合，输出端通电。

再次按动遥控头后，VT_3、VT_4 组成的双稳态电路翻转，VT_4 集电极电位变低，VT_5 截止，LED 熄灭，继电器 J 或 K 工作线圈失去电流，继电器触点 J 释放，开关输出端断电。

3.5.3 实训仪器与元器件

二极管 VD_1～VD_7 选用 1000V 的 1N4007 型二极管，特别是 VD_1～VD_4，要保证其耐压不低于 400V。VT_2 选用 PNP 型三极管 9012，其余选用 NPN 型三极管 9014。详细元器件清单见表 3-3。

表 3-3　　元器件清单

序　号	名　　称	型号规格	位　　号	数　量
1	发光二极管	Φ3 红	LED	1 只
2	整流二极管	1N4007	VD_1～VD_7	7 只
3	三极管	9014	VT_1、VT_3～VT_5	4 只
4	三极管	9012	VT_2	1 只
5	电阻	100Ω	R_5	1 只
6	电阻	1.2kΩ（1kΩ）、100kΩ	R_1、R_2、R_3、R_4	各 2 只
7	电阻	3～9kΩ	R_6、R_9、R_{12}	3 只
8	电阻	10kΩ	R_7、R_8、R_{10}、R_{11}	4 只
9	涤沦电容	0.47μF/400V	C_1	1 只
10	电解电容	1μF、10μF	C_5、C_6、C_7、C_8	各 2 只
11	电解电容	47μF/25V	C_2、C_3	2 只
12	瓷片电容器	223	C_4	1 只
13	电感	6.8mH	L	1 只
14	继电器	4098	J	1 只
15	铜件			4 个
16	亚超声接收器	ZD		1 个
17	线路板			1 个
18	气囊			1 个
19	外壳			1 套
20	自攻螺丝			1 个
21	装配图			1 张

3.5.4 实训内容与步骤

1. 电路制作

图 3-14 所示是亚超声遥控开关的印刷电路元器件安装图。首先对照元器件清单，认真查对元器件及配件的数量，并用万用电表检测电阻、电容、二极管、三极管等元器件的质量。除了二极管 VD_1～VD_7 采用卧式安装外，其余阻容元器件、三极管元器件等采用立式安装，并紧靠电路板。安装电解电容器、发光二极管、整流二极管、三极管等有极性元器件时注意方向，电子元器件管脚识别请参考图 3-15，千万不要插反装错。继电器 J 的焊接时间不要过长，否则会损坏开关触点，两个铜件（插座）要求焊接要牢固，不能有松动，另两个铜件（插头）用“十字”螺丝刀固定在印制电路板上。亚超声接收器装在前机壳的蜂鸣腔内，用烙铁将周边的塑料熔化固定亚超声接收器，再用热熔胶固定其二根引出线直接焊在电路板相应处。

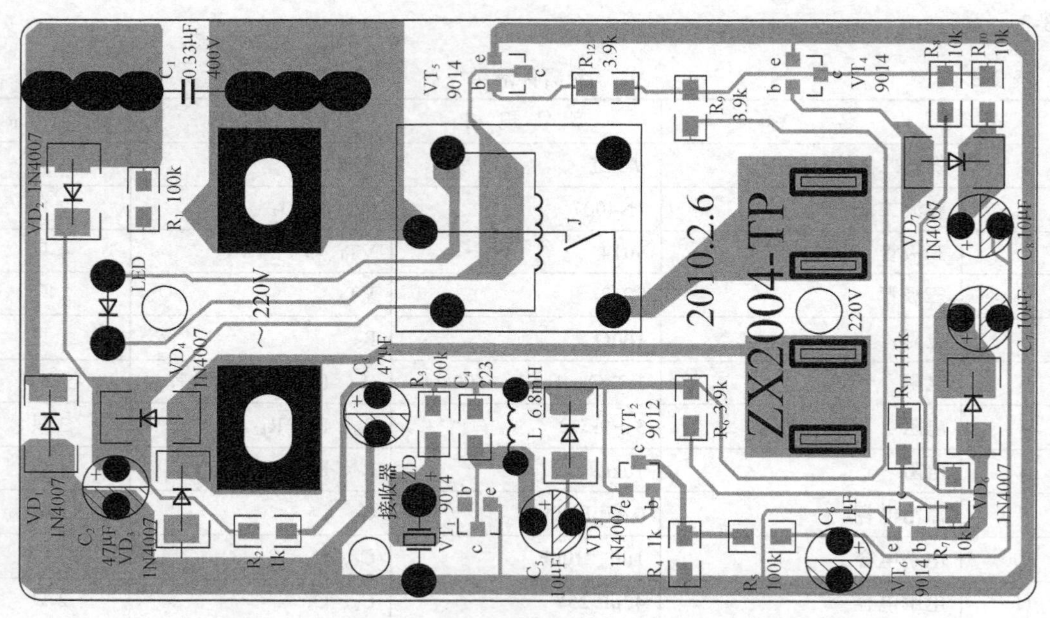

图 3-14 亚超声遥控开关印制电路板（PCB）及元器件插位图

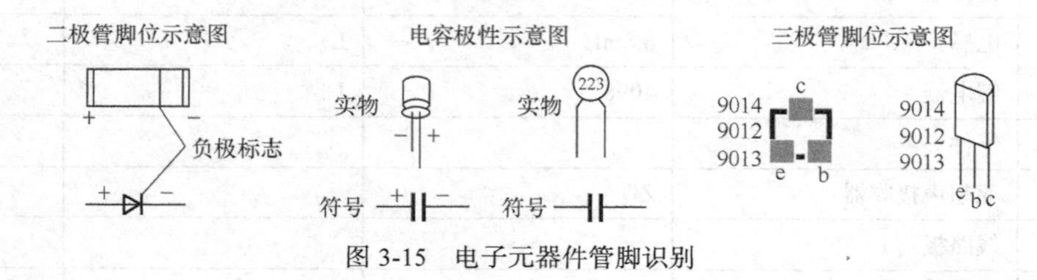

图 3-15 电子元器件管脚识别

2. 电路调试

在通电测试前，首先把焊完的电路板认真对照印制电路板图检查有无漏焊、错焊、虚焊、短路等现象，然后为了人身安全，先在 C_2 的两端接入 20V 直流电源，检测用挤压亚超声气囊能否使继电器 J 动作，如能正常开与关，即可装好外壳，进行交流调试，将遥控开关插入 220V 的交流电源上，把需要遥控的负载电器插到遥控开关的输出插座中，这时挤压超声气囊即可在 10m 距离内有效控制电器的开和关。

若晚间电压低于 160V 以下，导致继电器 J 不能吸合，这时可将 C_1 的容量加大至 0.68μF 即可正常工作。图 3-13 所示是电路可控制 200VA 左右的电器，如果被控电路功率较大或是电感性负载，那么可选用触点功率较大的继电器即可。

3.5.5 实训报告

① 说明二极管 D 的作用，若不接 D 可能产生什么后果?

② 利用红外线测控开关电路设计一种实际工业控制过程，用简捷的语言和方块图描述该过程，包括说明红外线对管的安置方法以及继电器驱动的电气设备（如泵、电机等）。

③ 分析亚超声波传感器的作用。

④ 超声波传感器有何应用?

3.6 声光控延时开关

3.6.1 实训目的

① 熟悉集成电路 CD4011 的电路结构。

② 熟悉光敏电阻的工作原理及应用。

③ 了解可控硅的工作原理和测量方法。

3.6.2 实训原理

用声光控延时开关代替住宅小区楼道上的开关，只有在天黑以后，当有人走过楼梯通道，发出脚步声或其他声音时，楼道灯会自动点亮，提供照明，当人们进入家门或走出公寓，楼道灯延时几分钟后会自动熄灭。在白天，即使有声音，楼道灯也不会亮，这样可以达到节能的目的。

声光控延时开关的电路原理图如图 3-16 所示。电路中的主要元器件是使用了数字集成电路 CD4011，其内部含有 4 个独立的与非门 VD_1～VD_4，使电路结构简单，工作可靠性高。

声光控延时开关就是用声音来控制开关的“开启”，若干分钟后延时开关“自动关闭”。因此，整个电路的功能就是将声音信号处理后，变为电子开关的开动作。明确了电路的信号流程方向后，即可依据主要元器件将电路划分为若干个单元，每个单元的方框图如图 3-17 所示。

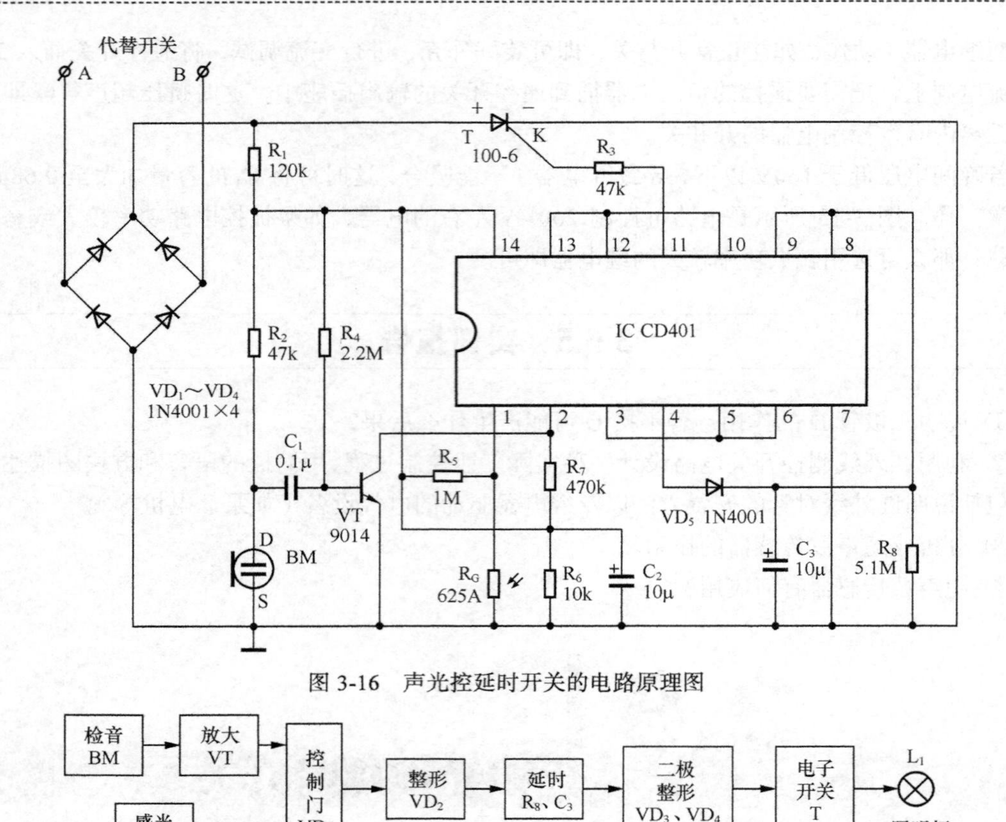

图 3-16　声光控延时开关的电路原理图

检音 BM → 放大 VT → 控制门 VD1

感光 RG → 控制门 VD1

控制门 VD1 → 整形 VD2 → 延时 R8、C3 → 二极整形 VD3、VD4 → 电子开关 T → L1 照明灯

图 3-17　声光控延时开关方框图

声音信号由驻极体话筒 BM 接收并转换成电信号，经 C_1 耦合到 VT 的基极进行电压放大，放大的信号送到与非门（VD_1）的 2 脚，R_4、R_7 是 VT 偏置电阻，C_2 是电源滤波电容。

为了使声光控开关在白天开关断开，即灯不亮，由光敏电阻 RG 等元器件组成光控电路，R_5 和 RG 组成串联分压电路，夜晚环境无光时，光敏电阻的阻值很大，RG 两端的电压高，即为高电平“1”，则与非门 VD_1 的 1 脚为高电平“1”，使声光控电路工作具备了光控条件。白天较强的环境光线使 RG 的阻值很小，RG 两端的电压几乎为 0，即为低电平“0”，则与非门 VD_1 的 1 脚为低电“0”，使声光控电路不具备光控条件，电子开关处于断开状态。

在夜晚，同时又有外界声信号时，控制门（与非门）VD_1 的两输入端都为高电平 “1”，输出为“0”。经 VD_2 整形后输出高电平“1”，经 VD_5 后给 C_3 充电，C_3 和 R_8 构成延时电路，延时时间 $T=2\pi R_8C_3$，改变 R_8 或 C_3 的值，可改变延时时间，满足不同的延时。VD_3 和 VD_4 构成两级整形电路，将方波信号进行整形。当 C_3 充电到一定电平时，信号经与非门 VD_3、VD_4 后输出为低电平，使单向可控硅导通，电子开关闭合；C_3 充满电后只向 R_8 放电，当放电到一定电平时，经与非门 VD_3、VD_4 输出为低电平，使单向可控硅截止，电子开关开，完成一次完整的电子开关由开到关的过程。

二极管 VD_1～VD_4 将交流 220V 进行桥式整流，变成脉动直流电，又经 R_1 降压，C_2 滤波后即为电路的直流电源，为 BM、VT、IC 等供电。

3.6.3 实训仪器与元器件

集成电路 CD4001 1 块，三极管 9014 1 只，单向可控硅 100-6 1 只，整流二极管 IN4007 6 只，驻极体（54±2）dB 1 只，光敏电阻 625A 1 只。详见元器件清单见表 3-4。

表 3-4 元器件清单

序 号	名 称	型 号 规 格	位 号	数 量
1	单向可控硅	100−6	VS	1 只
2	整流二极管	1N4001	VD_1～VD_5	5 只
3	三极管	9014	VT_1	1 只
4	驻极体	（54±2）dB	BM	1 只
5	光敏电阻	625A	RG	1 只
6	电阻	120kΩ、47kΩ、47kΩ	R_1、R_2、R_3	各 1 只
7	电阻	2.2MΩ、1MΩ、5.1MΩ	R_4、R_5、R_8	3 只
8	电阻	10kΩ、470kΩ	R_6、R_7	2 只
9	瓷片电容器	104	C_1	1 只
10	电解电容	10μF/50V	C_2、C_3	2 只
11	线路板			1
12	外壳			1 套
13	自攻螺丝			5 个
14	装配图			1 张

3.6.4 实训内容与步骤

① 将所用元器件使用万用表逐一测试，其质量符合要求方可接入电路。

② 按图 3-18 的电路进行制作，具体步骤同 3.1.4 中的控制电路制作是一样的。

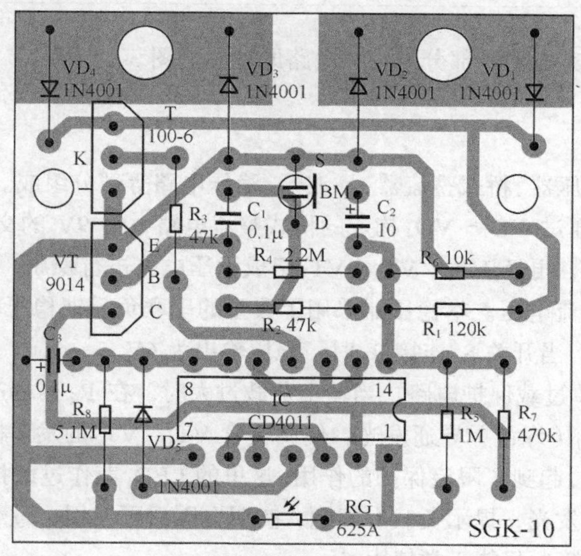

图 3-18 印制电路板及元器件插位图

③ 调试前先检查元器件有没有出错，有没有虚焊、错焊，再上拧螺丝。

接 220V 交流电（一定要注意安全），用布等物将光敏电阻的光挡住，用手轻拍驻极体，这时灯应亮。若用光照射光敏电阻，再用手重拍驻极体，这时灯不亮，说明光敏电阻完好，即说明本套件制作成功。

3.6.5 实训报告

① 分析光敏元器件的作用。

② 常用光敏元器件有哪几种？

③ 请画出几种光电耦合电路。

3.7 ZX-2018 直流稳压电源与充电器

3.7.1 实训目的

① 熟悉变压器的结构及桥式整流电路。

② 了解发光二极管的应用范围。

③ 熟悉串联负反馈电路及调整管的作用。

④ 了解限流保护的作用。

3.7.2 实训原理

电路由稳压电源和充电器两部分组成，电路原理图如图 3-19 所示。

1. 稳压部分

稳压部分由电源变压器、桥式整流器、滤波器、稳压电路等部分组成。电源变压器 T 将 220V 的交流电降压至 9V，通过 VD_1～VD_4 构成的桥式整流电路，将 9V 的交流电进行整流并由 C_1 组成的滤波器进行滤波，再经 VT_1、VT_2、VT_3 组成稳压电路进行稳压，并通过 C_3 再次滤波后即可输出比较稳定的直流电压。本稳压器采用了典型的串联负反馈稳压电路，当开关 S_1 连接 R_4 时，稳压输出为 3V，当开关 S_1 连接 R_5 时，稳压输出为 6V。

R_2、LED_1 组成简单过载保护电路，当输出负载过大时，在 R_2 两端产生的压降增大，当增大到一定数值后，LED_1（绿色）导通发光，使调整管 VT_1、VT_2 的发射极电流不再增大，从而限制了输出电流的增加，起到了限流保护的作用。这里的 LED_1 兼作过载指示，正常负载时 LED_1 不亮，过载时 LED_1 才发光，提示负载有问题，查明原因后再使用，过载后不会烧坏本稳压源的电子元器件，排除故障后仍能正常使用。

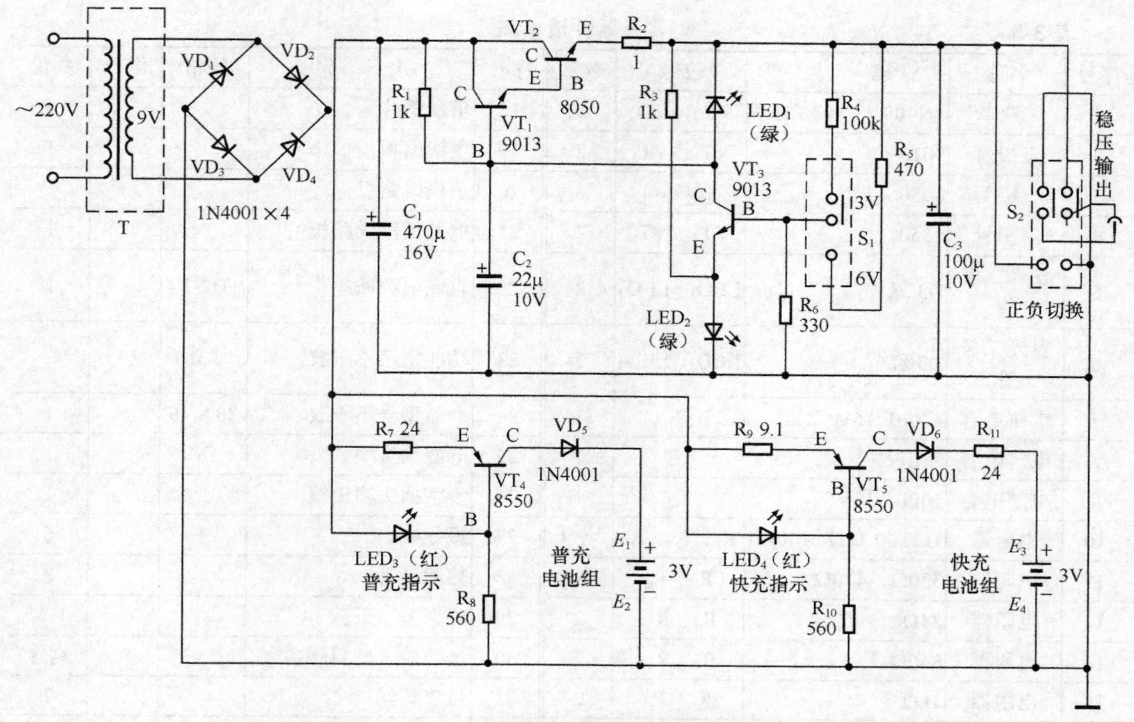

图 3-19　稳压电源和充电器电路原理图

LED_2（绿色）起稳压二极管和作电源指示灯的双重作用，S_1 是 3V 和 6V 的切换开关，也可根据自己需要通过调整 R_4 或 R_5 切换成 9V 的任何输出电压值。S_2 为正负极性输出。

2. 充电部分

由图 3-19 可以看出，它由 VT_4、VT_5 及相应元器件组成的两路完全相同的恒流源充电电路，其恒流充电的工作原理：充电电压由 VD_1～VD_4 的桥式整流和 C_1 滤波后取得，这里的 LED_3 起稳压和充电指示的双重作用，VD_5 是为了防止电池极性装错而设置的。由图 3-19 可知，通过 R_7 的电流（即输出电流）可表示为 $I_c \approx (V_z - V_{be})/R_7$，$V_z$ 为 LED_3 上的正向压降，V_{be} 为 VT_4 基极和发射极间的电压降，是一个常数，由上式可知 I_0 主要取决于 V_z 的稳定性，而与负载无关，即实现恒流特性，改变 R_7 可调节输出电流。因此，本产品可改为大电流的快速充电，缩短充电时间。但大电流充电会影响电池的使用寿命，改变 R_7 减小充电电流，可保证充电电池的使用寿命。增大电流的另一种方法是在 VT_4 的 C～E 极之间并接一只 50Ω左右的电阻，以减少 VT_4 的功耗。

3.7.3 实训仪器与元器件

额定功率 5W 的变压器，初级 220V，次级 9V；普通二极管选用 1N4001、1N4002 或 1N4007 均可；LED_1～LED_4 为发光二极管，三极管 VT_1、VT_3 选用的是 β 值大的 9013，VT_2、VT_4 分别选用中功率三极管 8050 和 8550；开关 S_1 选用 3 只脚的单刀双掷开关，S_2 选用 6 只脚的双刀双掷开关，其他阻容元器件及附件见表 3-5。

表 3-5　　元器件清单表

序号	名称	规　格	位号	数量	序号	名　称	规格	位号	数量
1	二极管	1N4001	VD_1～VD_6	6	18	负极簧片			4
2	三极管	9013	VT_1、VT_3	2	19	主线路板			1
3	三极管	8050	VT_2	1	20	负极线路板			1
4	三极管	8550	VT_4、VT_5	2	21	电源插座线路板			1
5	发光二极管	D3 绿	LED_1、LED_2	2	22	直流电源插座	D2-1		1
6	发光二极管	D3 红	LED_3、LED_4	2	23	功能指示不干胶	2 孔		1
7	电解电容	470μF/16V	C_1	1	24	产品型号不干胶	30×46		1
8	电解电容	22μF/10V	C_2	1	25	电源插头线	1M		1
9	电解电容	100μF/10V	C_3	1	26	十字插头输出线			1
10	电阻器	1kΩ、9.1kΩ、100kΩ	R_2、R_9、R_4	各 1	27	短导线			6
11	电阻器	330Ω、470Ω	R_5、R_6	各 1	28	热缩套管			2
12	电阻器	24Ω	R_7、R_{11}	2	29	外壳上、下盖			1 套
13	电阻器	560Ω	R_8、R_{10}	2	30	透明盖、塑料腰条			各 1
14	电阻器	1kΩ	R_1、R_3	2	31	自攻螺丝			2
15	变压器	220V/9V、5.5W	T	1	32	自攻螺丝			4
16	直脚开关	1×2、2×2	S_1、S_2	各 1	33	自攻螺丝			2
17	正极片			4	34	装配说明			1 份

3.7.4 实训内容与步骤

按图 3-20 逐一焊接各元器件进行安装调试。

① 清理元器件的数量（见元器件清单）与质量，对不合格元器件应及时更换。

② 确定元器件的安装方式、安装高度，一般它由该器件在电路中的作用、印制板与外壳间的距离及该器件安装孔之间的距离（见印制板图 3-20）所决定。

③ 进行引脚处理，即对器件的引脚弯曲成型并进行烫锡处理。成型时不得从引脚根部弯曲，尽量把有字符的元器件面置于易于观察的位置，字符应从左到右（卧式），从下到上（直立式）。

④ 插装。根据元器件位号对号插装，不可插错，对有极性的元器件（如二极管、三极管、电解电容器等）及三极管的管脚，插孔时应特别小心。

⑤ 焊接。各焊点加热时间及用锡量要适当，对耐热性差的元器件应使用工具辅助散热，防止虚焊、错焊，避免因拖锡而造成短路。

⑥ 焊后处理。剪去多余引脚线，检查所有焊点，对缺陷进行修补，必要时用无水酒精清洗印制板。

⑦ 盖后盖上螺钉。盖后盖前需检查：所有与面板孔嵌装的元器件是否正确到位；变压器是否上好；导线不可紧靠铁芯；是否有导线压住螺钉孔或散露在盖外。后盖螺钉的松紧应适度，若发现盖不上或盖不严，切不可硬拧螺钉，应开盖检查处理后再上螺钉。

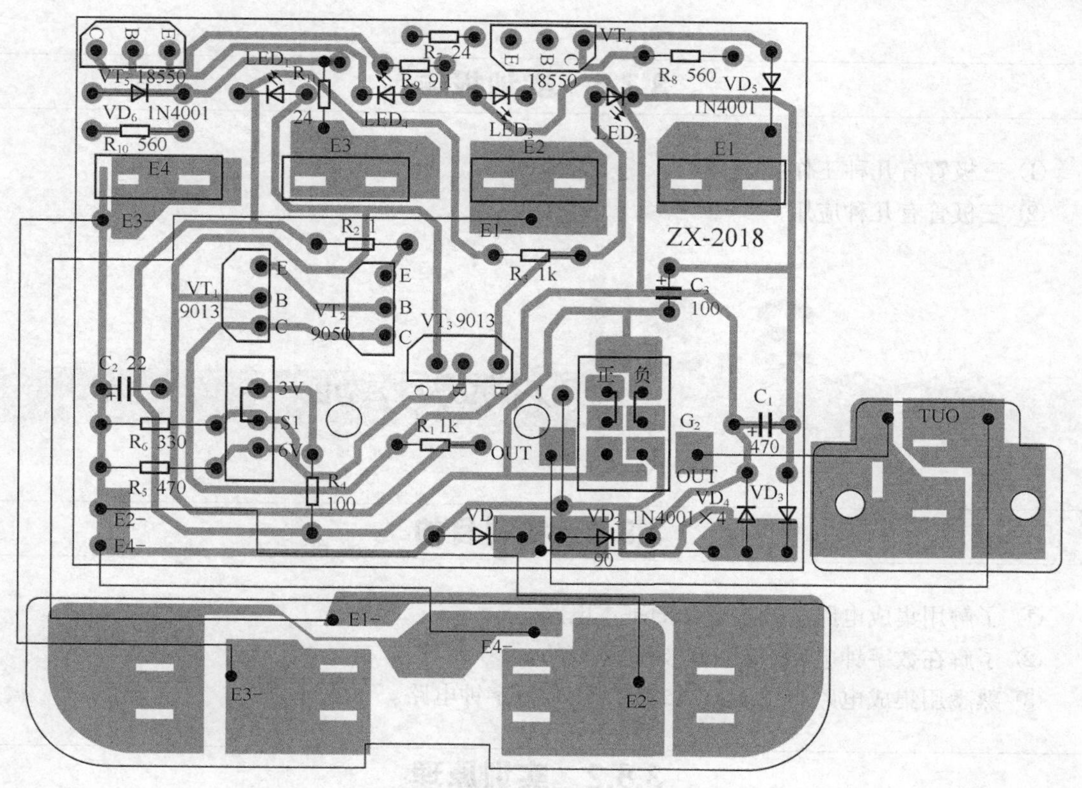

图 3-20　印制电路板及元器件插位图

安装时应注意的问题：注意所有与面板孔嵌装元器件的高度与孔的配合（如发光二极管的圆顶部应与面板孔相平，面板上拨动 S_1、S_2 开关是否灵活到位）；VT_1、VT_2、VT_3 采用横装，焊接时引脚稍留长一些；由于空间不够，C_1 卧装在铜泊面，C_2、C_3 卧装；R_7、R_9、R_{11} 直立装，其他电阻元器件一律卧装；整流二极管全部卧装；从变压器及印制板上焊出的引线长度应适当，导线剥头时不可伤及铜芯，多股芯线剥头后铜芯有松散现象，需捻紧以便烫锡、插孔、焊装，接直流插座的两根线和变压器输出的 9V 的两根线焊在铜泊面上，4 个电池的负极引线从元器件面的孔插入焊接；总装完毕后，按原理图、印制板装配图及工艺要求检查整机安装情况，着重检查电源线、变压器连线及印制板上相邻导线或焊点有无短路及缺陷，一切正常时用万用表欧姆挡测得电源插头二引脚间的电阻大于 500Ω以上，即可通电检测。

检测步骤：接通电源，绿色通电指示灯（LED_2）亮；空载电压，空载时测量通过十字插头输出的直流电压，其值应略高于额定电压值；输出极性，拨动 S_2 开关，输出极性应做相应变化；负载能力，当负载电流在额定值 150mA 时，输出电压的误差应小于 ± 10%；过载保护，当负载电流增大到一定值时 LED_1 绿色指示灯逐渐变亮，LED_2 逐渐变暗，同时输出电压下降，当电流增大到 500mA 左右时，保护电路起作用，LED_1 亮，LED_2 灭，若负载电流减小则电路恢复正常；充电电流，充电通道内不装电池，置万用表于直流电流挡，当正负表笔分别短时触及所测通道的正负极时（注意两节电池为一组），被测通道充电指示灯亮，所显示的电流值即为充电电流值。

再调整：若稳压电源的负载在 150mA 时，输出电压误差大于规定值的 ± 10%时，3V 挡更换 R_4，6V 挡更换 R_5，阻值增大电压升高，阻值减小电压降低；若要改变充电电流值，可更换 R_7（R_9），阻值增大，充电电流减小，阻值减小，充电电流增大。

3.7.5 实训报告

① 三极管有几种工作状态?
② 三极管有几种应用?

3.8 石英数字钟

3.8.1 实训目的

① 了解用集成电路构成数字钟的基本电路。
② 了解在数字钟电路中数字是如何进位的。
③ 熟悉用集成电路组件 MM5457N 等组装数字钟电路。

3.8.2 实训原理

钟表的数字化给人们带来了极大的方便，它扩展了钟表原先的报时功能，使得诸如自动报警、按时自动打铃、自动控制时间程序、定时开关用电设备变得十分容易。所有这些功能，都是以钟表数字化为基础的。

数字钟的基本组成部分包括秒信号发生电路，秒、分、时计数电路，译码显示电路，以及时间校准电路等，还应具有清零、计停等功能。图 3-21 所示为数字钟原理方框图。它主要由产生秒脉冲的标准时基电路和计数显示两大部分组成。秒信号经计数、寄存、译码和驱动电路，最后由显示器显示时间。显示器有磷砷化镓数码管、荧光数码管和液晶显示屏等。数字钟需要 4～6 位的数码显示，即秒位、十秒位（此两位也可不要）、分位、十分位、时位和十时位。秒、分、时均为十进制，而十秒位和十分位为六进制。时钟显示周期可选 12 小时或 24 小时，即计时到 12（或 24）小时复零，重新循环。

在实际中，数字钟采用 PMOS 大规模专用集成电路制成，如 LM8361、LM5387AA、M55501、MM5457N 等。这些专用集成电路功耗小，电源电压低，驱动光亮度大，计时精度高，功能扩展及应用领域范围广，安装和调试简便，适合家庭、工厂、学校、机场、码头等使用。

该石英数字钟的电路采用了一只 MM5457N 型专用集成电路，并通过驱动显示屏便能显示时分的数字日历钟。振荡部分采用石英晶体作为时基信号源，走时精确、调整方便，另设一组干电池以备市电停电时保持时钟能继续工作。图 3-22 所示是石英数字钟的电路原理图。

电源变压器的次级采用中心抽头的输出双 7V 的变压器，双路输出的 7V 交流电分别通过半波整流滤波电路（VD_1、VD_2、C_1、C_2）获得近 9V 的直流电，一路供电给主电路，另一路供电给显示屏。当市电停电时，备用电池只对主电路供电，显示屏无市电时不显示以降低功耗，停电时按 KS 可临时显示。

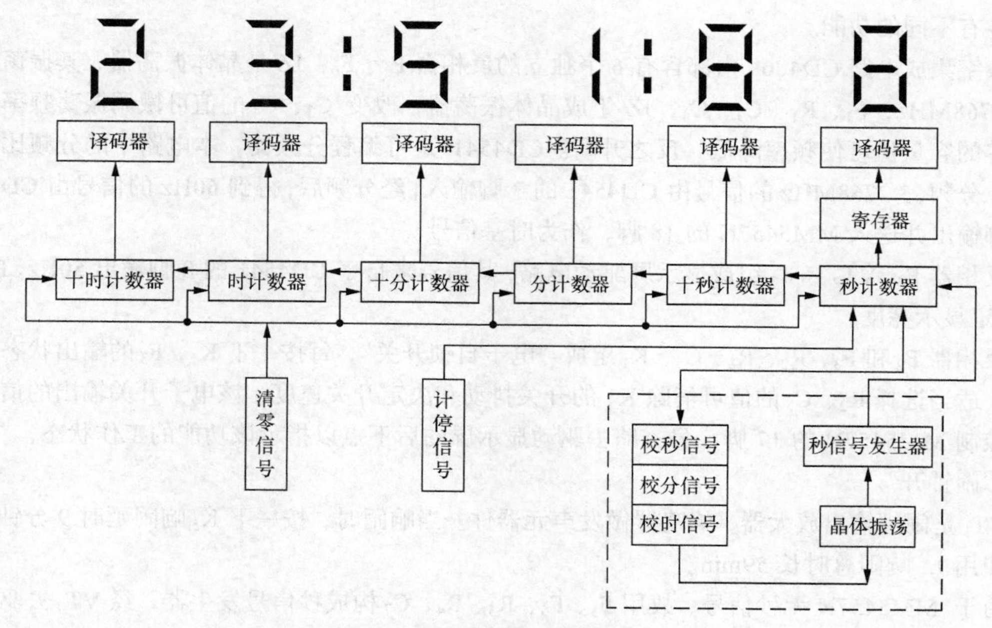

图 3-21　数字钟电路原理方框图

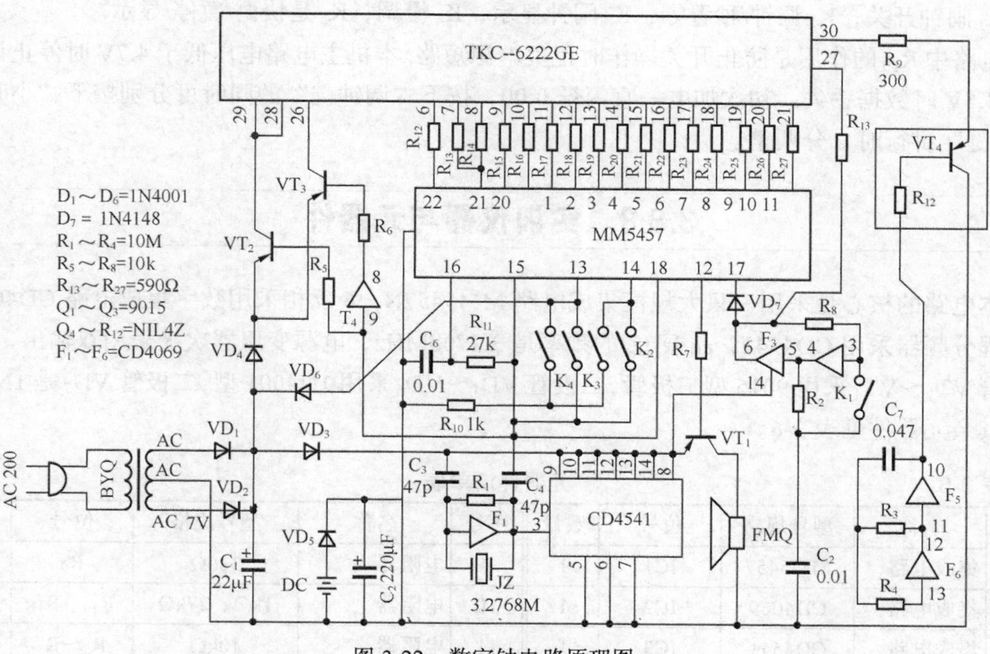

图 3-22　数字钟电路原理图

本电路的核心是采用一只大规模集成电路 MM5457N。MM5457N 是 50Hz 时基 24 小时专用，有 22 只管脚。1～3、5～11、20～22 是显示笔划输出，20 脚是 4 个笔划，其余每脚输出 2 个笔划。16 脚是内部振荡器 RC 输入端，该振荡信号既是作为备用的外部时基信号，又是 12 脚闹钟输出的信号源。19 脚睡眠输出的是直流信号，由 17 脚启动和关闭，由 13 脚调整至需要值，最大值是 59 分钟，以倒计时的形式进行控制，本电路没有使用该功能，印刷板没有 19 脚的孔，装配时该脚向内折弯。18 脚为时基信号输入。13、14、17 脚是操作控制端，接收高、低电平各有不同的功能。

数字集成电路 CD4069 内部含有 6 个独立的反相器 F_1～F_6，JZ 是晶体振荡器，其振荡频率是 3.2768MHz，F_1、R_1、C_3、C_4、JZ 组成晶体振荡器，改变 C_3、C_4 的值可微调振荡频率，加大电容的容量值可使频率降低，反之升高。CD4541 是可编程分频器，本电路中的分频比为十六级二分频，3.2768MHz 的信号由 CD4541 的 3 脚输入，经分频后，得到 60Hz 的信号由 CD4541 的 8 脚输出并送入 MM5457N 的 18 脚，作为时基信号。

反相器 F_4、VT_2、VT_3 组成显示屏驱动电路，其信号来自于 CD4541 的 8 脚输出 50Hz，R_{13}～R_{27} 决定显示亮度。

反相器 F_2 和 F_3、R_2、R_8、C_5、K_1 组成"电子自锁开关"，每按一下 K_1，F_3 的输出状态就会改变，适当选择 R_2、C_5 的值可消除 K1 的开关抖动和决定开关速度。该电子开关输出的信号一个去控制 MM5457N 的 17 脚，另一路去驱动显示屏的后下点以指示该功能的工作状态，"亮"表示"闹钟开"。

VT_1 是闹钟输出放大器，蜂鸣器做发声元器件。当响闹时，按一下 K_5 响闹延时 9 分钟（可多次使用），响闹总时长 59min。

由于 MM5457N 无秒信号，故用 F_5、F_6、R_3、R_4、C_7 构成秒信号发生器，经 VT_4 去驱动显示屏的中间冒号闪动。

K_1 闹钟开关，K_2 调钟/秒置零，K_3 闹钟显示，K_4 慢调，K_5 是快调/暂停/显示。

电路中 R_{10} 的作用是防止开关操作时正负电源短路。本机主电路电压低于 4.7V 时停止计时，低至 4.5V 时数据丢失。初次加电一直闪烁 0:00，按下"调钟键"的同时可分别按下"小时键""分钟键"进行时、分调整。

3.8.3 实训仪器与元器件

本电路的核心是采用一只大规模集成电路 MM5457N，6 反相采用数字集成电路 CD4069，可编程分频器采用 CD4541，晶振 JZ 的频率是 3.2768MHz，电源变压器次级采用双输出，晶体三极管 VT_1～VT_4 采用 9015 型三极管，二极管 VD_1～VD_6 采用 1N4001 型，二极管 VD_7 是 1N4148 型。其余元器件见表 3-6。

表 3-6　　元器件清单表

序号	名称	型号规格	位号	数量	序号	名称	型号规格	位号	数量
1	集成电路	MM5457	IC1	1	9	电阻器	330Ω	R_9	1
2	集成电路	CD4069	IC2	1	10	电阻器	1kΩ、27kΩ	R_{10}、R_{11}	各 1
3	集成电路	CD4541	IC3	1	11	电阻器	10kΩ	R_5～R_8	4
4	二极管	IN4001	VD_1～VD_6	6	12	电阻器	10MΩ	R_1～R_4	4
5	二极管	IN4148	VD_7	1	13	电阻器	590Ω	R_{12}～R_{28}	15
6	三极管	9015	VT_1–VT_3	4	14	电容器	0.047μF	C_7	1
7	带阻三极管	NIL4Z	R_{12}+VT_4	1	15	电容器	47pF	C_3、C_4	2
8	晶振	3.2768MHz	JZ	1	16	电容器	0.01μF	C_5、C_6	2

续表

序号	名称	型号规格	位号	数量	序号	名称	型号规格	位号	数量
17	电解电容	22μF	C_1	1	25	插头电源线	1.2cm		1
18	电解电容	220μFTKC-6222	C_2	1	26	印刷板			1
19	液晶显示屏			1	27	热缩套管			2
20	微动开关		K1～K5 130	5	28	自攻螺丝	3×6		6
21	蜂鸣器		FMQ	1	29	外壳			1
22	变压器	双 7V	BYQ	1	30	前面板、极片			各 1
23	排线	4cm		20	31	左右连体			3
24	排线	15cm		4	32	装配说明			1

3.8.4 实训内容与步骤

图 3-23 是石英数字钟的印制电路板图。在安装制作前，首先对照套材清单认真清点元器件及配件，然后用万用表检测电阻、电容、二极管、三极管等元器件的质量。

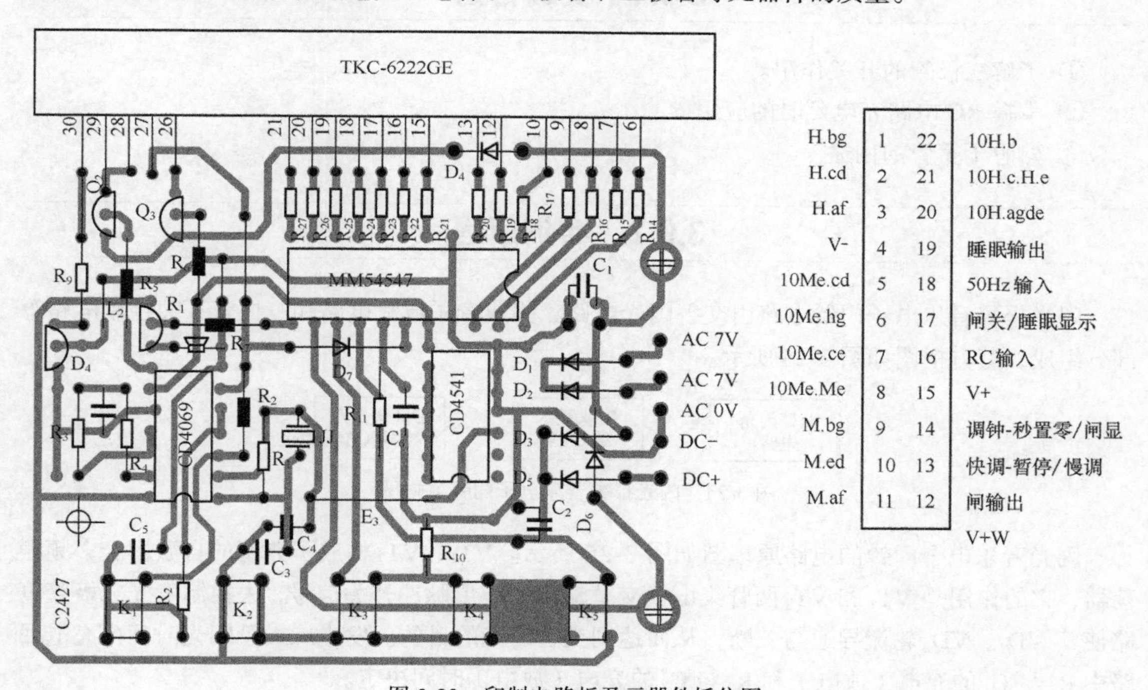

图 3-23 印制电路板及元器件插位图

焊接电阻 R_{14}～R_{27} 时采用立式插装，其余电阻采用卧式插装，并要求紧贴电路板，焊接 VT_1～VT_4 时注意极性，采用立式插装，二极管 VD_1～VD_7 采用卧式插装，焊接阻容元器件、二极管、三极管、晶振等器件后，再分别焊接 3 个集成电路 CD4069、CD4541、MM5457N，注意集成电路的插装方向，焊接时间尽量短些，不要短路。电路板与显示屏的连接共有 3 条排线，焊接时防止烫坏排线的塑料。K_1～K_5 是直接露出外壳的，焊接时要紧贴印制电路板，正面侧面都要垂直。

变压器装在外壳底板最高的两个支座上；蜂鸣器装在共振腔座孔上；电路板用 3 支螺钉固定；电路板与显示屏之间的排线折成 S 形；变压器初级与电源线的接点焊接后用热缩管套住（电吹风或电铬铁加热）；电源线要打个结引出壳外；电池弹簧依顺序安装好；外壳上下盖对好合扣，最后用螺钉固定，前面板粘好。

3.8.5 实训报告

如要改为 12 小时制，数字钟电路应如何改动？

3.9 闪光报警音乐门铃的制作与安装

3.9.1 实训目的

① 了解三极管的开关作用。
② 掌握 RC 电路充电延时的应用。
③ 熟悉干簧管的用途。

3.9.2 实训原理

闪光报警音乐电子门铃电路由交替闪光电路、集成音乐放大电路和三极管开关控制电路等部分组成，其方框图如图 3-24 所示。

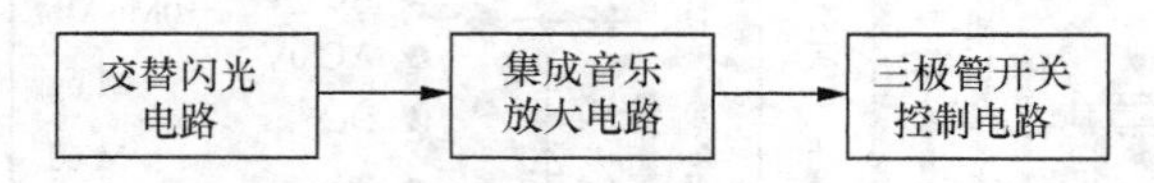

图 3-24 闪光报警音乐电子门铃方框图

闪光音乐电子门铃的电路原理图如图 3-25 所示。VT_1、VT_2 构成了典型的自激耦合多频振荡器，它的作用是 VT_1 和 VT_2 两管集电极交替输出的矩形脉冲开关信号，去控制发光二极管电路使其 VD_1、VD_2 轮流导通与关断，从而达到交替闪光的目的。发光二极管闪光时间由充电回路中 R_1 与 C_1 的充电（放电）和 R_2 与 C_2 的充电（放电）时间决定。

本集成电路 IC（K9561 或 CL9561）储存了 4 种声音：消防车声、警车声、机枪声和救护车声，通过改变两个控制端的高、低电平可获得不同的声音。

本电路由多谐振荡器、4 种声报警器和控制电路组成。VT_1、VT_2 主要构成多谐振荡器，通电后 VD_1、VD_2 交替闪光。同时 4 种声报警器得电后，输出的报警信号经 VT_3 放大，推动扬声器 BL 工作，从而产生响亮的报警声。

当小磁铁靠近“干簧管”时报警器不发声、光，而磁铁块一旦远离开干簧管即以声、光方式报警，这就可构成带闪光的防盗报警器。

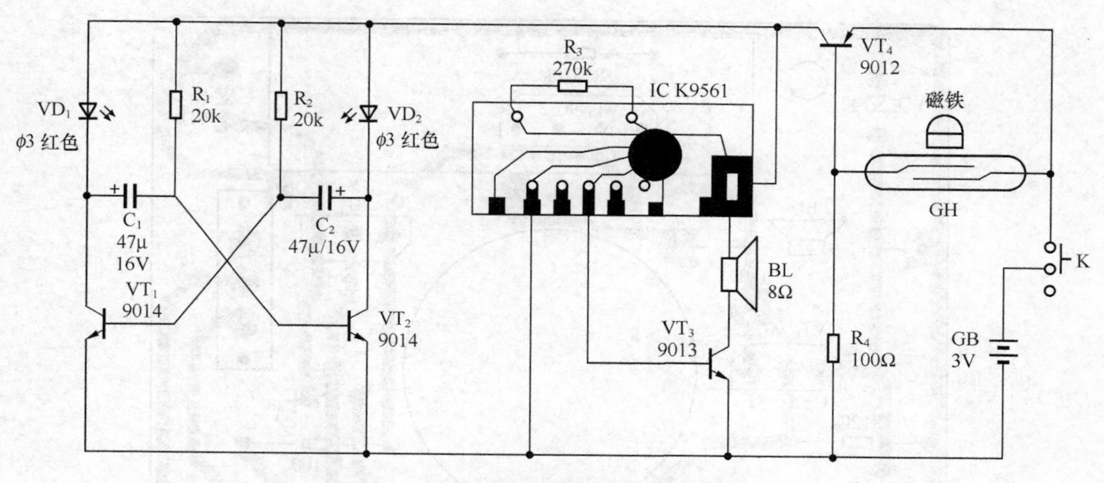

图 3-25　闪光双音电子门铃的电路原理图

3.9.3　实训仪器与元器件

实训仪器与元器件清单见表 3-7。

表 3-7　元器件清单表

序号	名　称	型号规格	位号	数量	序号	名　称	型号规格	位号	数量
1	音乐芯片	K5961	IC	1	11	弯角开关	单刀双掷	K	1
2	三极管	9014	VT_1、VT_2	2	12	扬声器	8Ω	BL	1
3	三极管	9013	VT_3	1	13	电路板			1
4	三极管	9012	VT_4	1	14	导线			5
5	发光二极管	Φ3、红色	VD_1、VD_2	2	15	正负极片			各 1
6	电阻	20kΩ	R_1、R_2	2	16	连体片			1
7	电阻	270kΩ	R_3	1	17	外壳			1
8	电阻	100Ω	R_4	1	18	自攻螺丝	Φ3×6mm		2
9	电解电容器	47μF/16V	C_1、C_2	2	19	安装说明书			1
10	干簧管	常开	GH	1	20	永久磁铁			1

3.9.4　实训内容与步骤

① 安装前清查元器件的数量、质量，并及时更换不合格的元器件。

② 图 3-26 所示是闪光音乐电子门铃印制板电路，按图进行制作。电阻采用卧式安装，其他采用立式安装。将音乐片与覆铜板相重叠，电阻 R_3 和三极管 VT_3 从覆铜板字符面插入至音乐片处，在音乐片上完成焊接。同时用锡将音乐片的负极和 VT_3 的集电极连接到覆铜板的相应处（下方），从而保证电气相连。注意所有电子元器件的安装高度均不应超过电容器 47μF 的元器件高度。电子门铃的发光二极管嵌装在机壳的面板上。

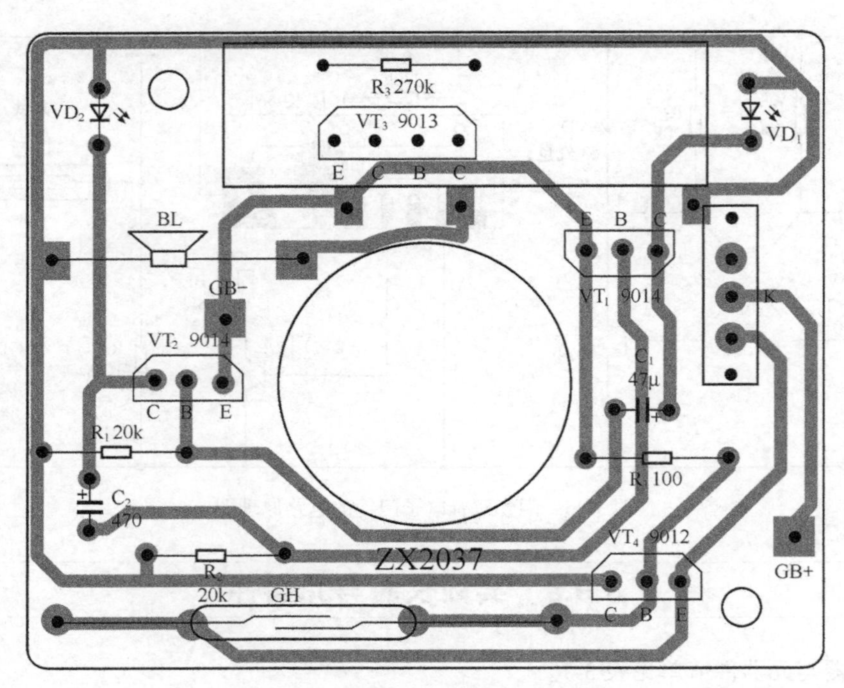

图 3-26 闪光电子门铃印制板电路图

最后必须指出：焊接音乐集成电路时，要注意烙铁需拔下，电源焊接速度要快，温度太高或焊接时间过长都可能损坏音乐集成电路。

3.9.5 实训报告

① 画出闪光电路原理图，简述其工作原理。

② 画出报警电路的工作原理图，分析其工作原理。

③ 简述门铃—报警组合电路的用法。

3.10 防盗和水位报警电路的制作

3.10.1 实训目的

① 学会用 555 时基电路组成报警电路。

② 熟悉 555 时基电路组成的自激多谐振荡器电路。

③ 了解 555 时基电路复位端的功能和应用。

3.10.2 实训原理

由 555 时基电路的工作原理图 3-27 可知，引脚 4 为复位端，该脚接地，或者使它的端电位降至 0.4V 以下时，输出端 3 脚立即被强制复位，输出低电平（即无输出），且复位端所受低电位产生的复位信号优先于其他各引脚所受的控制信号，使 555 时基电路停止工作。利用复位端功能组成的防盗报警电路如图 3-27 所示。

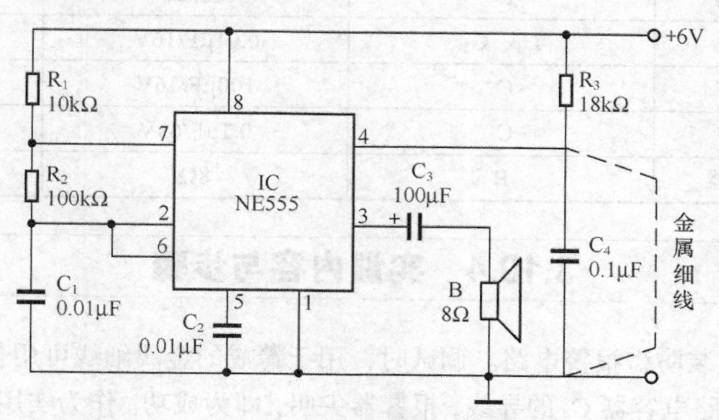

图 3-27 防盗报警电路原理图

在图 3-27 中，555 时基电路被接成自激多谐振荡器工作状态，但由于电容器 C_4 两端被金属细线所短接，所以复位端 4 接地，振荡器被迫停振，输出低电平，扬声器不发声。

金属细线置于盗窃者必经途径上，如门、窗、过道及需防盗的物品上，当盗窃者作案时，一旦触断金属细线，电容器 C_4 两端不再短路而被充电，当其电压高于复位电压时，555 自激多谐振荡器开始工作，扬声器发出报警尖叫。

图 3-28 所示的是一种利用 555 时基电路复位端组成的水位报警器电路。它可广泛应用于液体容器的水位告知，当水位达到警戒线时，两个金属探极被接通，报警器发出尖叫，以提醒人们及时控制注水阀门，以防止水的溢出或容器的涨爆。

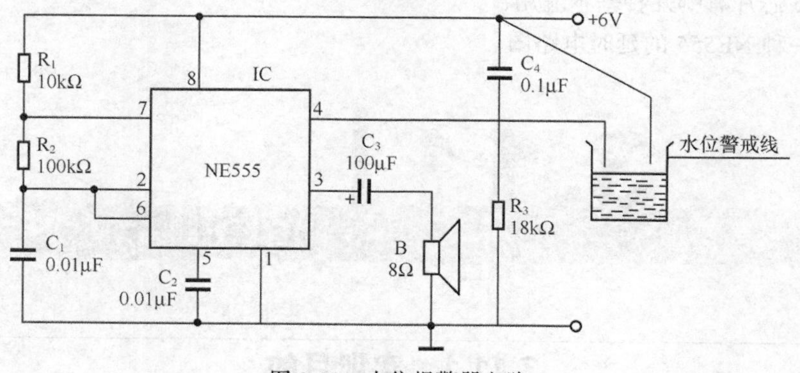

图 3-28 水位报警器电路

上述两个报警电路可以使用 6V 层叠电池，将整个电路装入小盒内，作为小巧、实用的报警器。

3.10.3 实训仪器与元器件

实训仪器与元器件清单见表 3-8。

表 3-8 元器件清单表

名　称	符号/位号	型　号	数　量
1/8W 金属膜电阻器	R_3	18kΩ	1
涤纶或瓷介电容器	C_1、C_2	0.01μF/16V	各 1 个
铝电解电容器	C_3	100μF/16V	1
涤纶或瓷介电容器	C_4	0.1μF/63V	1
小功率电动式扬声器	B	8Ω	1

3.10.4 实训内容与步骤

① 按图 3-27 组装防盗报警电路。调试时，用于警戒的金属细线可用普通导线代替，在面包板上进行，拔下短路电容器 C_4 的导线，报警器尖叫，即为成功。作为实用断线报警器使用时，可使用直径 0.07mm 或更细的漆包线来设置警戒线。

② 按图 3-28 电路进行水位报警的组装、调试时，可将电容器 C_4 两端的导线插入水中，扬声器报警，即为成功。实际应用时，探极材料应使用耐氧化、防腐蚀的金属材料。

③ 测量 555 时基电路复位电压的数值。让 555 时基电路工作在自激多谐振荡器状态，给复位端 4 加一可调直流电压，从 1V 开始缓缓下调，直至电路停止振荡，记下此时的电压值，即为复位电压。

3.10.5 实训报告

① NE555 芯片有哪几种基本应用?

② 画出一种 NE555 的延时电路图。

3.11 光控电路

3.11.1 实训目的

① 了解光敏电阻的特性。

② 熟悉电子电路的安装与调试。

3.11.2 实训原理

1. 光敏电阻的工作原理

光电器件是将光能转换为电能的一种传感器件，它是构成光电式传感器最主要的部件。光电器件响应快、结构简单、使用方便，而且有较高的可靠性，因此在自动检测、计算机和控制系统中应用非常广泛。

光电器件工作的物理基础是光电效应。在光线作用下，物体的导电性能改变的现象称为内光电效应，如光敏电阻等就属于这类光电器件。在光线作用下，电子逸出物体表面的现象称为外光电效应，如光电管、光电倍增管就属于这类光电器件。在光线作用下，能使物体产生一定方向的电动势的现象称为光生伏特效应，即阻挡层光电效应，如光电池、光敏晶体管等就属于这类光电器件。

光敏电阻的主要参数如下所述。

① 暗电阻。光敏电阻在不受光时的阻值称为暗电阻，此时流过的电流称为暗电流。

② 亮电阻。光敏电阻在受光照射时的电阻称为亮电阻，此时流过的电流称为亮电流。

③ 光电流。亮电流与暗电流之差称为光电流。

2. 光敏电阻 RG 的基本特性

① 伏安特性。在一定照度下，流过光敏电阻的电流与光敏电阻两端的电压的关系称为光敏电阻的伏安特性。电阻在一定的电压范围内，其 $I—U$ 曲线为直线，说明其阻值与入射光量有关，而与电压、电流无关。

② 光谱特性光敏电阻的相对光敏灵敏度与入射波长的关系称为光谱特性，亦称为光谱响应。图 3-29 所示为几种不同材料光敏电阻的光谱特性。对应于不同波长，光敏电阻的灵敏度是不同的。从图中可见硫化镉光敏电阻的光谱响应的峰值在可见光区域，常被用作光度量测量（照度计）的探头。而硫化铅光敏电阻响应于近红外和中红外区，常用作火焰探测器的探头。

③ 温度特性。温度变化影响光敏电阻的光谱响应，同时，光敏电阻的灵敏度和暗电阻都要改变，尤其是响应于红外区的硫化铅光敏电阻受温度影响更大。因此，硫化铅光敏电阻要在低温、恒温的条件下使用。对于光谱响应在可见光的光敏电阻，其受温度影响要小一些。

如图 3-30 所示，合上开关，当有光照射到光敏电阻 RG 时，其电阻值减小，NPN 型三极管 VT_1 基极电压被拉低而截止，NPN 型三极管 VT_1 基极电压升高 VT_1 截止，同时 PNP 型三极管 VT_2 基极与发射极偏压被拉低而截止，发光二极管 LED 灭；反之光敏电阻 RG 没有被光照到时，其阻值增大，VT_1 基极电压升高并使其饱和导通，VT_2 基极与发射极偏压升高，VT_2 饱和导通，发光二极管得电发光。

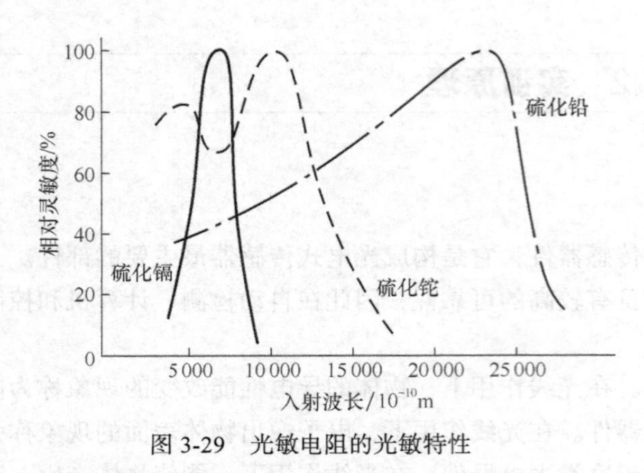

图 3-29　光敏电阻的光敏特性

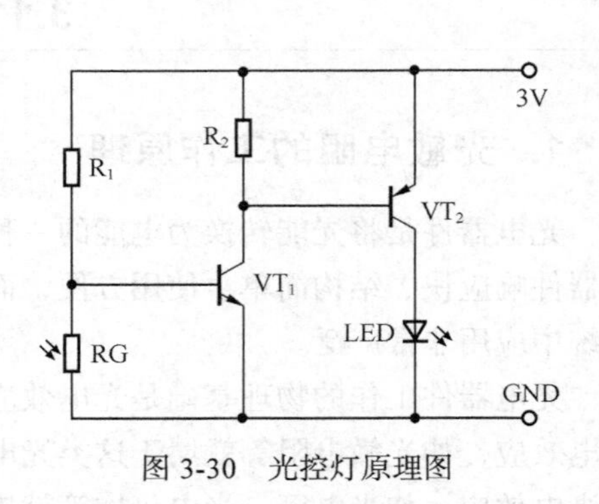

图 3-30　光控灯原理图

3.11.3　实训仪器与元器件

实训仪器与元器件见表 3-9。

表 3-9　实训元器件清单表

序　号	名　　称	位　　号	型号及规格	数　　量
1	电阻	R_1、R_2	100kΩ、10kΩ	各 1 个
2	三极管	VT_2	PNP8550	1
3	三极管	VT_1	NPN8050	1
4	电解电容	C	50V、1μF	1
5	光敏电阻	RG	625A	1
6	电池	E	1.5V	2

3.11.4　实训内容与步骤

电路制作同实训 3.1.4 的电路制作。

操作提示如下。

① 认真检查主电路与控制电路接线是否正确，特别注意 VT_1 和 VT_2 的管脚的连接。

② 电源用的是两节干电池，在与电路连接时注意极性。

③ 检查的方法是将光敏电阻遮盖起来，观察发光二极管是否发光即可。

3.11.5　实训报告

① 分析光敏电阻的工作特性。

② 分析当 VT_1、VT_2 位置放错时电路能否正常工作。

③ 试想该电路在实际中可运用于哪些方面。

3.12 AD590 温度传感器在温度测量中的应用

3.12.1 实训目的

① 理解 AD590 温度传感器的特性。

② 掌握 AD590 温度传感器的测温方法，掌握测温电路的原理。

③ 能正确使用 AD590 温度传感器，掌握测温电路的调试方法。通过 AD590 温度传感器测温电路的制作和调试，掌握 AD590 温度传感器的特性、电路原理和调试技能。

任务目标以 AD590 为传感器，制作一数字显示温度表，测温范围为 0℃～100℃，误差不大于 ± 1℃。

3.12.2 实训原理

AD590 是由美国模拟器件公司（ADI）生产的电流型集成温度传感器，它将温度转换成标准电流输出，后缀以 I、J、K、L、M 表示精度，一般用于高精度温度测量电路，其封装形式有 3 种，如图 3-31 所示，常用的为 T0—52 封装形式。其参数主要有工作电压：+4～+30V，工作温度：−55℃～150℃，保存温度：−65℃～175℃，正向电压：44V，反向电压：−20V，灵敏度：1μA/K。

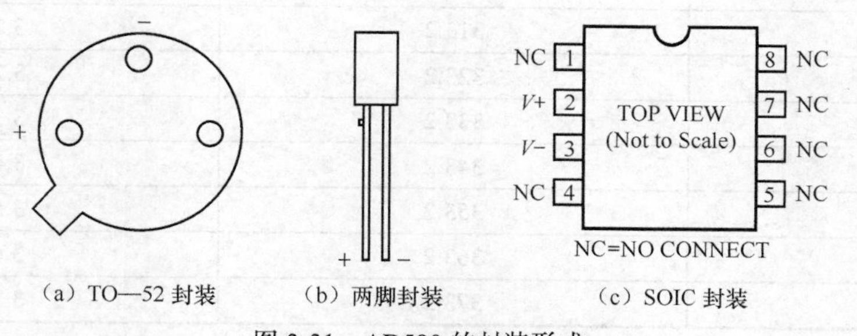

图 3-31　AD590 的封装形式

当温度为 25℃时，其输出电流为 298.2μA，若使用 AD590 测温并以摄氏度表示时，则要通过调零电路（最简单的为电桥）来实现，使 0℃时，送到放大电路的净输入电压为零。

以 AD590 为温度传感器的测温电路如图 3-32 所示。

电路原理如下所述。

电源正极经 AD590 后串接 10kΩ 的精密电阻（误差不大于 1%）R_1 后接地，以把 AD590 输出的随温度变化而变化的电流信号转化成电压信号，即 A 点的电压。温度与 A 点电压的关系见表 3-10。温度每变化 1℃，AD590 的输出电流变化 1μA，在电阻 R_1 上引起的电压变化就等于

10mV，于是灵敏度为 10mV/℃。为了增大后续放大器的输入阻抗，减小对 R_1 上电压信号的影响，转化后的电压信号经 IC_1 电压跟随器后到差动运算放大器 IC_2 的同相输入端，B 点的电压等于 A 点电压。由于 AD590 是按热力学温度分度的，0℃时的电流不等于 0，而是 273.2μA，经 10kΩ 电阻转换后的电压为 2.732V，因此需给 IC_2 的反相输入端 C 加上 2732V 的固定电压进行差动放大，以使 0℃时运算放大器的输出电压为 0。

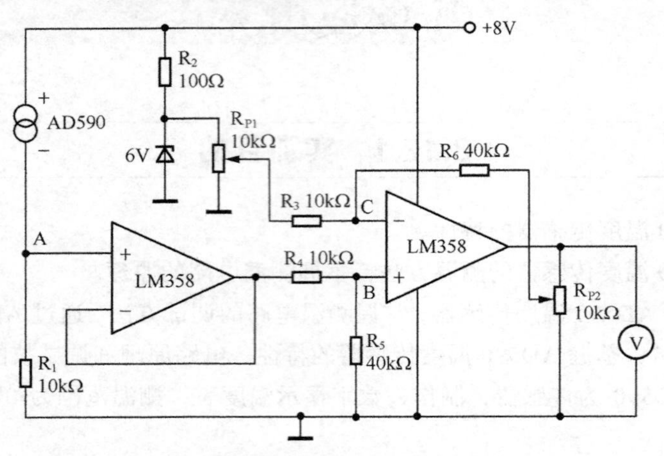

图 3-32　AD590 测温电路

表 3-10　　温度传感器 AD950 流过的电流或 A 点电压与温度关系

温度（℃）	AD950 电流（μA）	经 10kΩ 电阻后的转换电压（V）
0	273.2	2.732
10	283.2	2.832
20	293.2	2.932
30	303.2	3.032
40	313.2	3.132
50	323.2	3.232
60	333.2	3.332
70	343.2	3.432
80	353.2	3.532
90	363.2	3.632
100	373.2	3.732

温度在 0℃～100℃变化时放大器输入端电压信号的变化范围是:

$$\Delta U_i=3.732\text{V}-2.732\text{V}=1.0\text{V},$$

要求输出端电压变化为$\Delta U_0=5.0\text{V}-0\text{V} = 5.0\text{V}$,

所以运算放大器的放大倍数应为

$$A_V=\Delta U_0/\Delta V_i=5.0/1.0 = 5$$

输出端接 5V 的直流电压表头，用来显示温度值。有条件的也可以用数字电压表头实现温度的数字显示。R_{P1} 用于调“0”；R_{P2} 用于调节放大器的增益，即分度值。

3.12.3　实训仪器与元器件

温度传感器 AD590、集成运算放大器 LM358、10kΩ 微调电位器、5V 电压表头、万用表、6V 稳压电源、实验板、电阻、水银温度计、盛水容器（为了减缓温度的变化速度，盛水量应不少于 1L）、冰块、加热装置等。

3.12.4　实训内容与步骤

1）按图 3-32 将电路焊接在实验板上，认真检查电路，正确无误后，接好温度传感器（注意极性不要接错）和电压表头。注意：焊接温度为（10s）300℃。

2）调试。准备盛水容器、冰块、冷水、热水、水银温度计、搅棒等，调试步骤如下。

① 先不接电压表头，接通电路电源，用万用表 5V 电压挡测量稳压二极管端电压应约为 4.7V，然后测量 C 点电压，调节 RP_1 使该点电压约为 2.7V，断开电源，接好电压表头。

② 把传感器和水银温度计放入盛水容器中，接通电路电源。加入冷水和冰块（不断搅动），使水温保持 0℃，调节 RP_1 使表头指针指在 0V 刻度上。

③ 容器中加热水并加温，不断搅动，当水沸腾时（100℃），通过调节电路的 RP_2 使表头指针指在 5V 刻度上。

④ 重复①、②步骤 2～3 次，调试完成。电压表头指示的电压值乘以 20 就等于所测温度。

⑤ 检验在 0℃～100℃范围内的任一温度点，水银温度计的读数与指针式温度表的读数是否一致，误差应不大于 ±1℃。

注意：调试过程中要不断搅动，以使传感器与水银温度计感受同一温度，同时要等水银温度计的读数稳定后再调试电路。

3.12.5　实训报告

① 分析测温电路的工作特性。

② 试想该电路在实际中可运用于哪些方面？

3.13 MF47 型磁电式指针万用表的应用

3.13.1　实训目的

万用表是最常用的电工仪表之一，通过这次实训，我们应该在了解其基本工作原理的基础上学会安装、调试、使用，并学会排除一些常见故障。

锡焊技术是电工的基本操作技能之一，通过实训要求在初步掌握这一技术的同时，注意培养自己在工作中耐心细致，一丝不苟的工作作风。

万用表的作用：万用表是一种多功能多量程的便携式电工测量仪表，可以用来测量交流电流、直流电流、交流电压、直流电压、电阻、电容、电感等参数。

① 了解指针式万用表结构和工作原理，了解仪表的技术规范。

② 了解仪表的准确度、误差等基本概念，

③ 学会看指针式万用表刻度盘上的符号及刻度读数。

④ 学会识别常用电子元器件，以及判别其好坏的方法。

⑤ 学会指针式万用表的组装和校验。

3.13.2 实训原理

万用表是一种多用途、多量程仪表，一般以测量电流、电压和电阻为主，习惯叫作三用表，也有的万用表可以测量电感、电容、功率及晶体管的β值等，所以万用表是电工必备的常用仪表。

（1）万用表的结构

万用表由指示部分、测量电路和转换装置 3 部分组成。指示部分俗称表头，用以指示被测电量的数值，通常为磁电式微安表。表头是万用表的关键部分。万用表的很多重要性能，如灵敏度、准确度等级、阻尼及指针回零等大都决定于表头的性能。表头的灵敏度是以满刻度的测量电流来衡量的，满刻度偏转电流越小，灵敏度越高。一般万用表表头灵敏度在 10～100μA。

测量电路的作用是把被测的电量转化为适合于表头要求的微小直流电流，它通常包括分流电路、分压电路和整流电路。分流电路将被测大电流通过分流电阻变成表头所需要的微小电流；分压电路将被测高电压通过分压电阻变换成表头所需的低电压；整流电路将被测的交流通过整流转变成表头所需的直流电。

万用表的各种测量种类及量程的选择是靠转换装置来实现的。转换装置通常由转换开关、接线柱、插孔等组成。转换开关有固定触点和活动触点，它位于不同位置，接通相应的触点，构成相应的测量电路。

（2）万用表的工作原理

1）直流电流的测量。万用表的直流电流挡实质上是一个多量程的磁电式直流电流表。它应用分流电路与磁电式仪表的表头并联，达到扩大量程的目的。分流电阻值越小，所得的测量电流量程越大，通过配以不同值的分流电阻，就可以得到不同的测量量程。万用表的实际电路多用闭路分流电路，在电路中，各分流电阻彼此串联，然后与表头并联，形成一个闭合环路，当转换开关置于不同位置时，表头所用的分配电阻不同，构成不同量程的挡位。

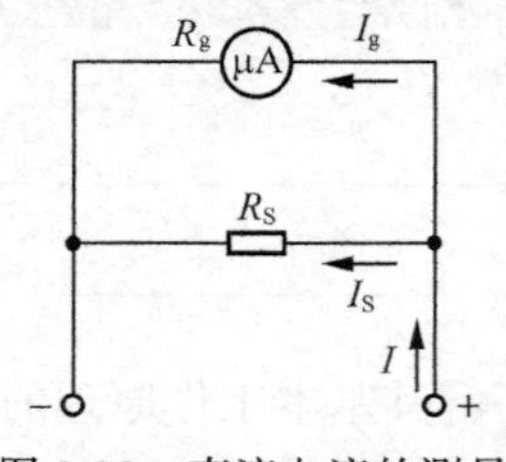

图 3-33 直流电流的测量

磁电式的表头就是一个电流表，满量程就是它的灵敏度。例如一个灵敏度为 50μA、内阻为 4Ω的表头，就是一个 50μA 的电流表，它的电路如图 3-33 所示。

该电路中电流表虽然灵敏度高达 50μA，但不能兼测较大的电流，为了使一个表头能测重各种不同数量级的电流，也可以用分流的办法来解决。

例如 R_g=100Ω；I_g=100μA 的表头要能测量电流为 1mA 的

电流值，就必须并联一个分流电阻 R_S，其分流电阻的计算方法如下。

从图 3-33 中可以看出：

$$I=I_S+I_g$$

$$R_gI_g=R_SI_S$$

所以

$$R_S=\frac{R_gI_g}{I_s}=\frac{R_gI_g}{I-I_g}=\frac{100\times100\times10^{-6}}{(1000-100)\times10^{-6}}=11.11\Omega$$

如果需要数个电流量程，则可采用闭路式分流电路（环形分流器），如图 3-34 所示。

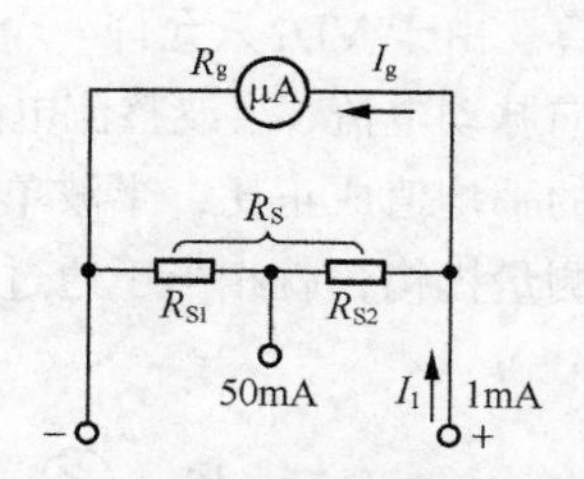

图 3-34 闭路式分流电路

2）直流电压的测量。万用表的直流电压挡实质上是一个多量程的直流电压表，分压电阻与表头串联，扩大测量电压的量程，分压电阻值越大，所得的测量量程越大，通过配以不同的分压电阻，构成相应的电压测量量程。

直流电压挡电路通常有 3 种形式，第一种是每一量程的分压电阻都是独立的；第二种是大量程利用小量程的分压电阻，第三种为以上两种电路的混合形式。

在万用表中，直流电压挡通常把电流挡的分流电阻作为表头内阻，并且不同量程的分压电阻 R_S 公用，以图 3-35 为例，将测量电压的电流从 1mA 点引入，而且将电路简化为如图 3-36 所示。

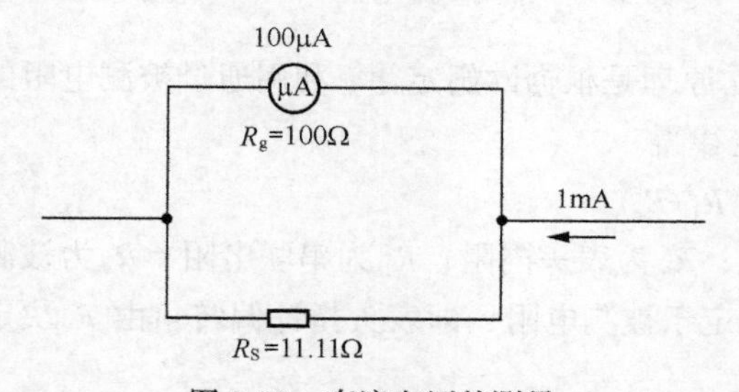

图 3-35 直流电压的测量

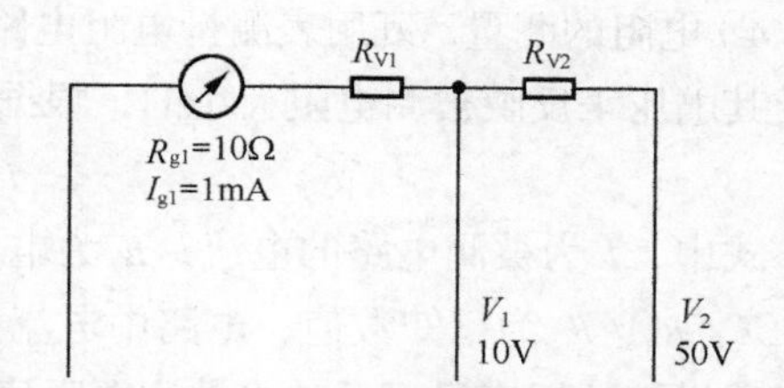

图 3-36 直流电压的测量（简化后）

它实际上是电压灵敏度为 I_{g_1}（即 $I_{g'}$）=1mA，内阻 R_{g_1}（即 $R_{g'}$）=10Ω，则电压降为 1mA×10Ω=10mV 的电压表。

测量电压绝大多数都是采用电阻降压的方法来限制通过仪表的电流，多挡电压表的基本电路如图 3-36 所示。分压电阻值可按下式计算：

$$R_{V_1}=\frac{V_1}{I'_g}-R'_g$$

代入数据后：

$$R_{V_1}=\frac{10}{1\times10^{-3}}-10=9990\Omega$$

$$R_{V_2}=\frac{V_2-V_1}{I'_g}=\frac{50-10}{1\times10^{-3}}=40000\Omega$$

3）交流电流、电压的测量。磁电式仪表本身只能测量直流电流和电压，万用表的交流电流、电压挡采用整流电路，将输入的交流变为直流，实现对交流的测量。测量量程的扩大与直流挡相同。万用表的整流电路有半波整流和全波整流两种，现在万用表都采用晶体二极管作为整流元器件。

图 3-37 所示是半波并串式整流电路，其中 VD_1 为串联，VD_2 为并联，在正半周时，交流通过 VD_1→表头成回路，负半周时，电流直接流过 VD_2，不通过表头。因此，在表头中每一个周期只有半个周期是通过电流的，因此称半波整流。在电路中，VD_2 是为了保护 VD_1 在反向电压作用下不被击穿而设置的，一般不可省去。

半波整流电路由于电路简单，应用很普遍，下面讨论如图 3-37 所示交流电压测量电路的计算。由于 VD_1 只允许一个方向的电流通过，反方向的电流不能通过，所以它能将交流转换为单向脉动电流，半波整流电路中的单向脉动电流如图 3-38 所示，表头指针的偏转与单向脉动电流的平均值成正比，半波单向脉动电流为交流有效值的 0.45 倍，因此，灵敏度为 1mA 平均值的测量机构，就相当于通过交流有效值 I_V=1/0.45=2.22mA 的交流电流。

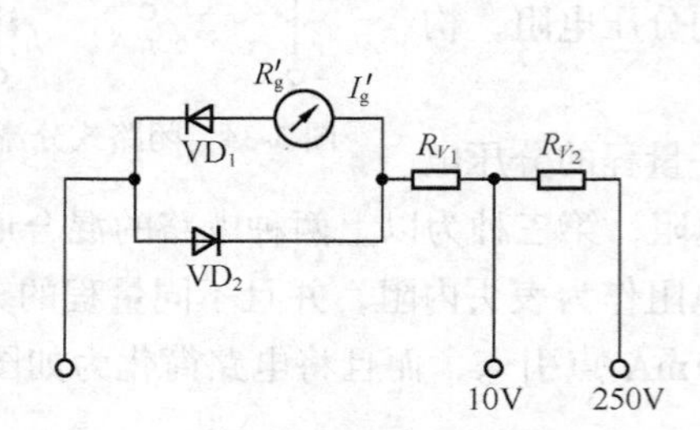

图 3-37　交流电压测量电路

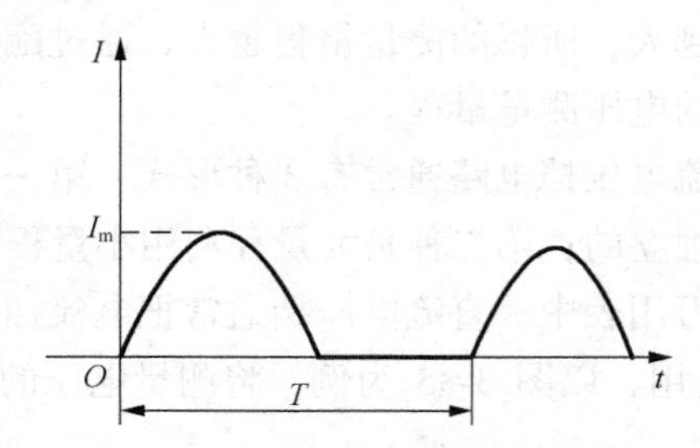

图 3-38　半波整流电路中的单向脉动电流

4）电阻的测量。万用表测量电阻电路的工作原理是根据欧姆定律，利用通过被测电阻的电流及其电压来反映被测电阻大小的，根据欧姆定律得

$$I=E/(R_x+R_1+R_a)$$

式中，I 为被测电路的电流；E 为电源电压；R_a 为表头内阻；R_1 为串联电阻；R_x 为被测电阻。E、R_a、R_1 为已知数值，电路中电流大小决定于被测电阻，即表头指针偏转角由 R_x 决定，通过欧姆挡的标度尺可反映出被测电阻值。

当 R_x=0 时，电路中电流最大，指针偏转角最大，定为满刻度值（欧姆挡零刻度值）。

当 R_x 为无穷大，电路处于开路状态，电流等于 0，指针无偏转，定为欧姆表无限大刻度。

当 R_x=R_1+R_a 时，电路中电流恰为最大电流的一半，指针的偏转角为满刻度值的一半，位于标度尺中间。这里的值称为欧姆挡中心值。

由于电流与被测电阻不成正比关系，因此欧姆挡标度尺刻度分布是不均匀的，它的设计以中间刻度为标准，然后分别求出其他各点的刻度值。

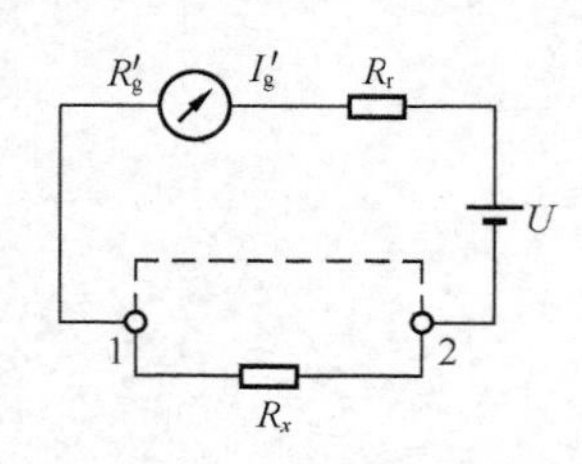

图 3-39　电阻的测量

在图 3-39 中，若将 1、2 点短路，这时仪表恰好为满刻度值：$I_{满}=U/(R_{g'}+R_r)$，然后断开 1、2 两点，串入被测电阻 R_x，此时回路中的电流

$$I=U/(R_{g'}+R_r+R_x)$$

若 $R_x=R_{g'}+R_r$，则回路中电流减小到 $I_{满}/2$，指针恰好指在标尺中间位置，我们称之为中值电阻，又叫中心值，用 $R_{中}$ 来表示。

当选定 $R_{中}$ 后，便可对标尺进行电阻值刻度，电阻值的刻度分布是不均匀的，右半部刻度稀疏，左半部刻度紧密。

另外，欧姆计通常是采用于电池作为电源的，干电池用久了两端电压就会下降，因此必须在欧姆计测量电路中加一个调零电阻，它的作用是在 R_x=0 时，指针应位于 0 欧姆值点。但因电池电压不稳定，就有可能达不到 0 欧姆值点，这时，可改变调零电阻的值使指针回到 0 位，以保证测量的准确度。

5）电平。所谓电平是指某一电路输出（P_2）、输入（P_1）功率的增益。电平定义为

$$S=\lg(P_2/P_1) \qquad （贝尔）$$

如果电路测量点的电阻相等，则电平也可用电压比值的对数表示

$$S=\lg(P_2/P_1)=2\lg(U_2/U_1) \qquad （贝尔）$$

习惯上采用分贝（dB）表示，（10 分贝=1 贝尔），上述电平实际上是相对电平，为了能测出电路某一处的绝对功率或电压，常常规定一个零电平，使绝对电平与功率或电压对应，一般万用表中定义负载电阻为 600Ω，其消耗功率为 1mW 的电平为零电平。电平的测量方法同交流电压基本相似。也就是说实质上是用交流电压挡测电压，而刻度以电平进行刻度。

（3）指针式万用表的技术规范与部件

万用表的组成及工作原理已在上面做了介绍，现以 MF47 型万用表为例，介绍其参数与部件。

1）MF47 型万用表技术规范。表 3-11 为 MF47 型万用表技术规范。

表 3-11　MF47 型万用表技术规范

测量范围		灵敏度及电压降	精度	误差表示方法
直流电流	0～0.05mA～0.5mA～5mA～50mA～500mA～5A	0.3V	2.5	以上量限的百分数计算
直流电压	0～0.25V～1V～2.5V～10V～50V～250V～500V～1000V～2500V	20000Ω/V	2.5 5	以上量限的百分数计算
交流电压	0～10V～50V～250V（45～65～5000Hz）～500V1000V～2500V（45～65Hz）	40000Ω/V	5	以上量限的百分数计算
直流电阻	R×1　R×10　R×100　R×1k、R×10k	R×1 中心刻度为 16.5Ω	2.5	以上量限的百分数计算 以标度尺弧长
			10	以指示的百分数计算
音频电平	−10～+22dB	0dB=1mW 600Ω		
晶体管直流放大倍数	0～300h_{FE}			
电感	20～1000H			
电容	0.001～0.3μF			

2）刻度盘。刻度盘也叫标度尺，通常用铝板经过一系列的表面处理，喷白漆，然后再刻分度线制成，如图 3-40 所示。为了减小视觉误差，在刻度盘上方沿刻度线开一适当宽度的缝，下方放置一长条平面镜，只有使指针、刻度线及指针值三线对齐，读数产生的误差最小。

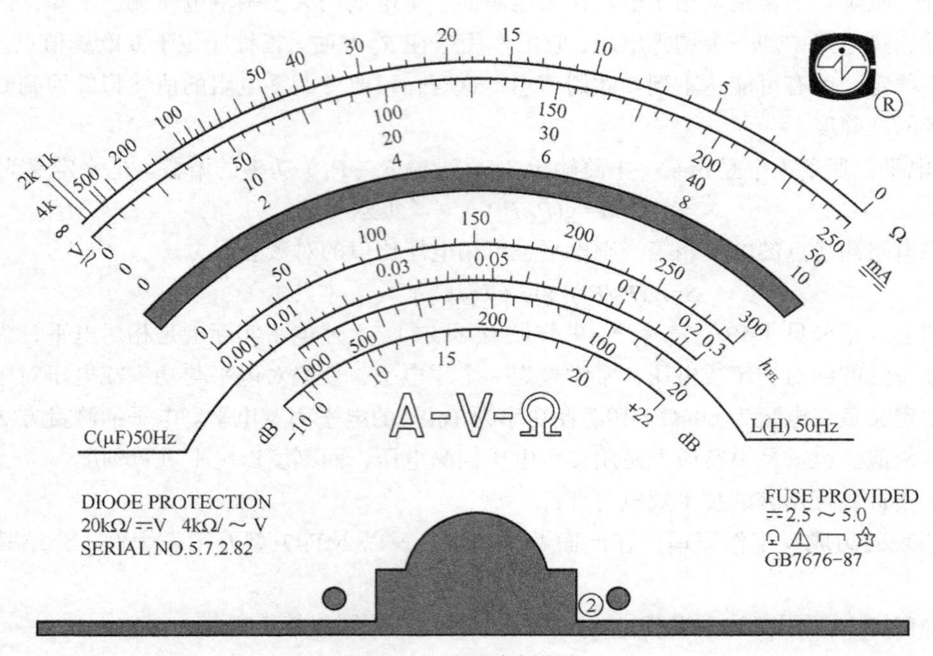

图 3-40 万用表刻度盘

表上符号及刻度数说明如下：

～ 表示交直流

Ⅲ 表示磁屏蔽 3 级

☆ 表示耐压 7kV

┌┐ 表示水平放置

-2.5 表示直流表 2.5 级

～5.0 表示交流表 5.0 级

20kΩ/V 表示直流挡内阻 20kΩ/V

4kΩ/V 表示交流挡内阻 4kΩ/V

2.5Ω 表示欧姆表 2.5 级

刻度盘上一般有欧姆指示值，交、直流电流电压指示值，电平指示值刻度线，在表盘下方标注仪表准确度等级、仪表特性符号、零电平参数及不同交流电压量限下电平的修正值。

第一条刻度线表示欧姆挡读数，用于测量电阻值，其测量范围为 0Ω～40MΩ。第二条刻度线表示交、直流电流和电压读数，其测量范围分 0～250，0～50，0～10 三个量程范围。第三条刻度线为晶体管直流参数读数，其测量范围 h_{FE} 为 0～300（三极管 β 值）。第四条刻度线表示电容值，其测量范围为 0.001～0.3μF。第五条刻度线表示电感值，其测量范围为 20～1000H。第六条刻度线表示音频电平值，其测量范围为-10～+22dB。

3）转换开关。转换开关是由一组固定触点和可动触点组成的多掷开关，触头由铜片制成。它用于万用表量程和测量项目选择。MF47 型万用表选择测量项目有电阻、交流电压、直流电压、直流电流、三极管的 h_{FE} 等。选择量程见表 3-11。万用表对转换开关的要求是触点接触可靠，旋转定位准确，且不左右晃动。图 3-41 所示为 MF47 万用表的原理图。

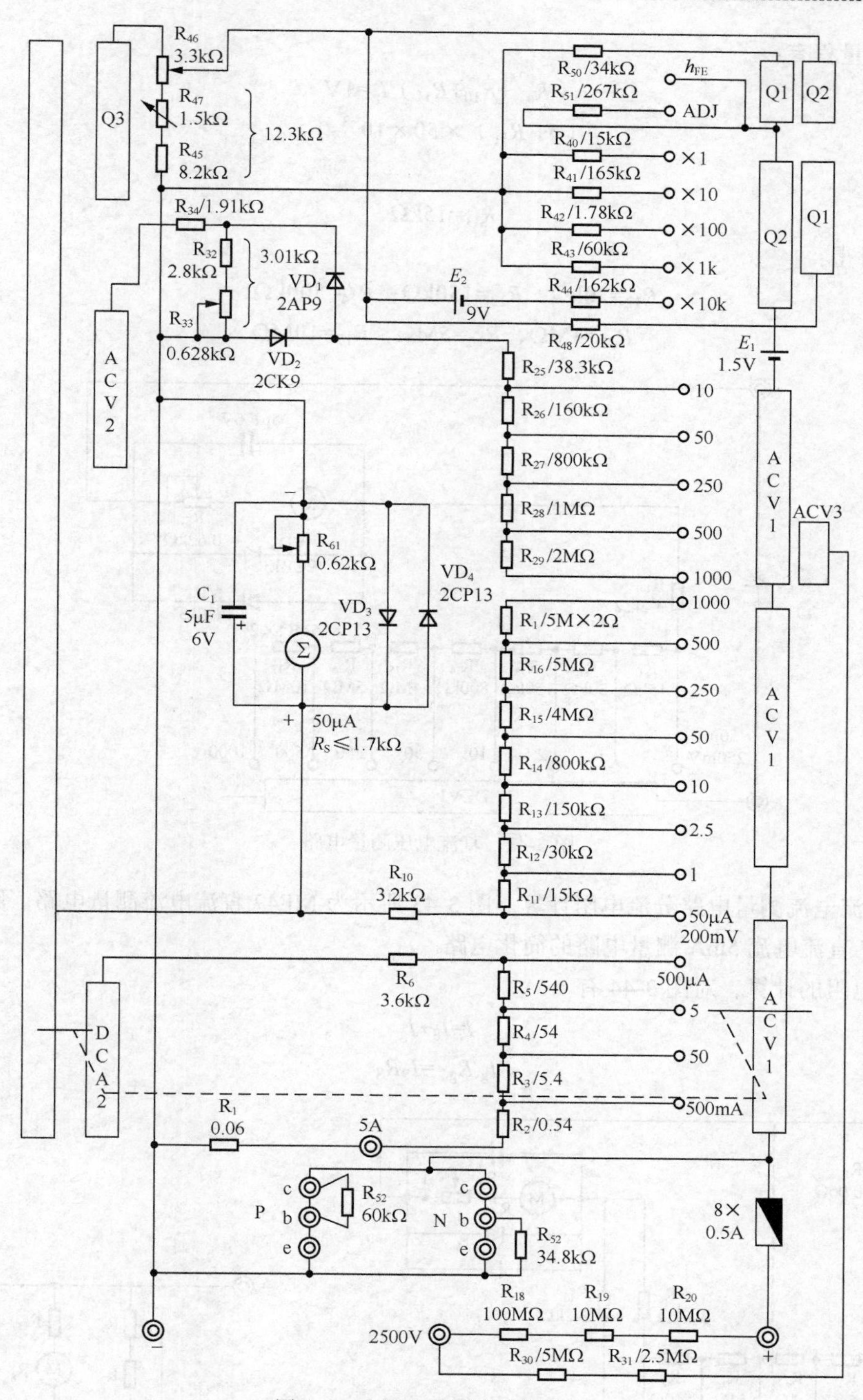

图 3-41　MF47 万用表的原理图

（4）主要参数设计

1）直流电压测量电路串联电阻计算。图 3-42 给出了 MF47 直流电压测量电路的实际电路。已知：$I_g \approx 50\mu A$（满量程），$R_{g'} = R_{61} + R_g \approx 1.8k\Omega$（调节微调电阻器 R_{61} 可得），$R_{10} = 3.2k\Omega$。

对 1V 量程有：

$$(R_{g'}+R_{10}+R_{11})\ I_g=1\text{V}$$
$$(5+R_{11})\times 50\times 10^{-3}=1$$

得

$$R_{11}=15\text{k}\Omega$$

同理可得：

$$R_{12}=30\text{k}\Omega,\ R_{13}=150\text{k}\Omega,\ R_{14}=800\text{k}\Omega,$$
$$R_{15}=4\text{M}\Omega,\ R_{16}=5\text{M}\Omega,\ R_{17}=10\text{M}\Omega$$

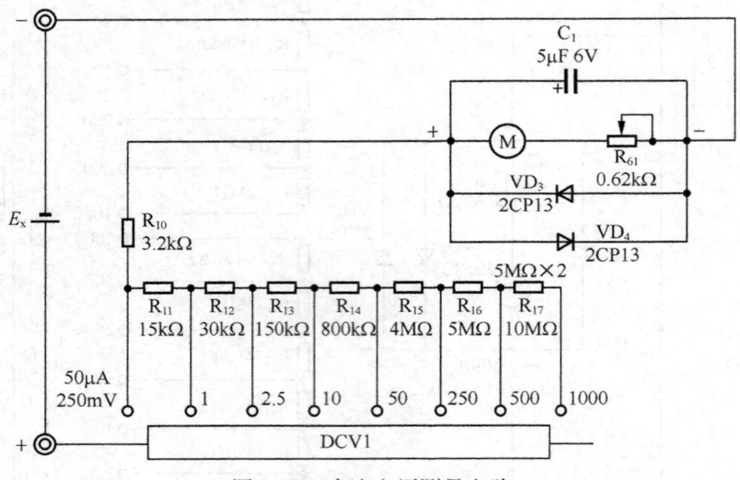

图 3-42　直流电压测量电路

2）直流电流测量电路分流电阻计算。图 3-43 所示为 MF47 直流电流测量电路。图 3-44 所示为 MF47 直流电流 5mA 测量电路的简化电路。

分流电阻的计算，对图 3-44 有

$$I=I_S+I_g$$
$$I_g\ R_{g'}=I_S R_S$$

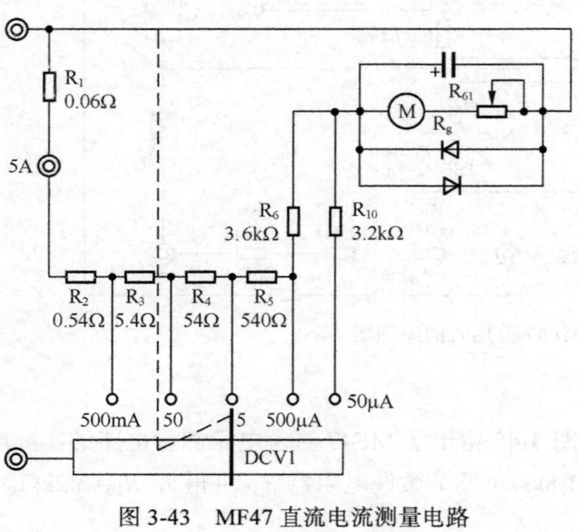

图 3-43　MF47 直流电流测量电路

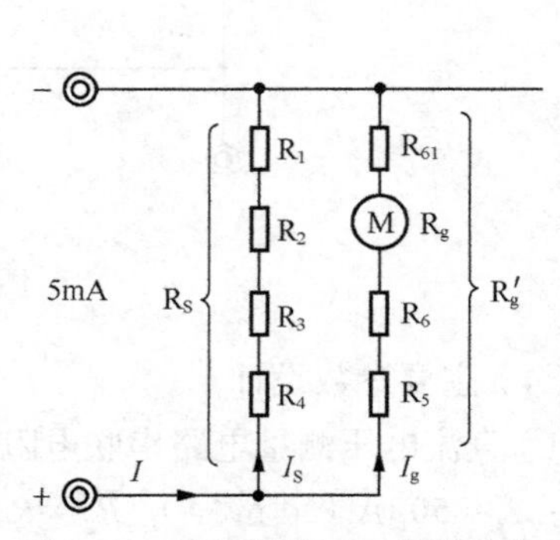

图 3-44　直流电流 5mA 简化电路

已知：$R_{g'}=R_{61}+R_g+R_6+R_5=(1.8+3.6+0.54)\text{k}\Omega=5.94\text{k}\Omega$，且 $I=5\text{mA}$，$I_g=50\mu\text{A}$，$I_S=(5000-50)\mu\text{A}=4950\mu\text{A}$。解得：

$$R_S=I_g R_{g'}/I_S=50\times5.94/4.95$$

即

$$R_1+R_2+R_3+R_4=60\Omega$$

根据分流电阻的连接关系，对于电流量程 500mA，50mA，5mA，500μA，50μA，可解得：$R_1=0.06\Omega$，$R_2=0.054\Omega$，$R_3=5.4\Omega$，$R_4=5.4\Omega$，$R_5=54\Omega$，等等。

3）交流电压测量参数计算。

图 3-45 给出了 MF47 万用表交流电压测量的实际电路。

图 3-46 所示为 MF47 万用表交流电压 250V 测量电路的简化电路。

对于 MF47 万用表电流满刻度直流 $I_g=50\mu\text{A}$，对应交流电流有效值为 250μA，等效电阻 $R_{g'}=1.7\text{k}\Omega$。

则

$$(R_{27}+R_{26}+R_{25}+R_{g'})\times250\mu\text{A}=250\text{V}$$

即

$$R_{27}+R_{26}+R_{25}+R_{g'}=1\text{M}\Omega$$

同理可以解得：$R_{25}=38.3\text{k}\Omega$，　$R_{26}=160\text{k}\Omega$，　$R_{27}=800\text{k}\Omega$。

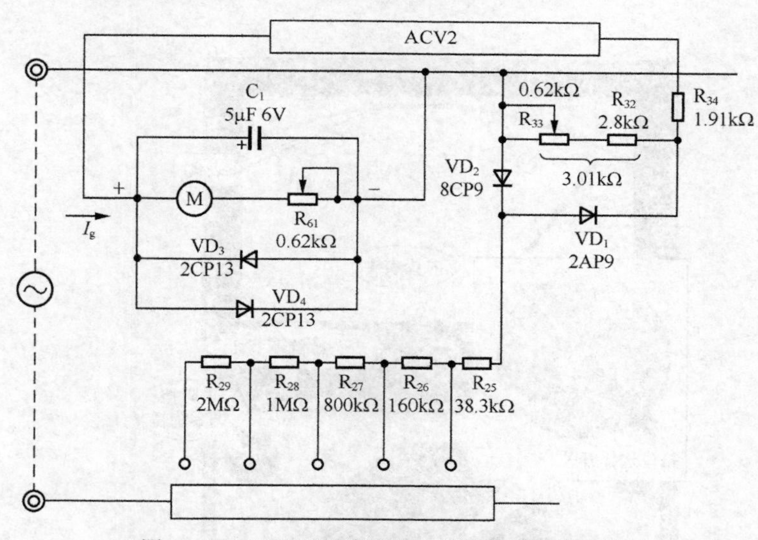

图 3-45　MF47 万用表交流电压测量的实际电路

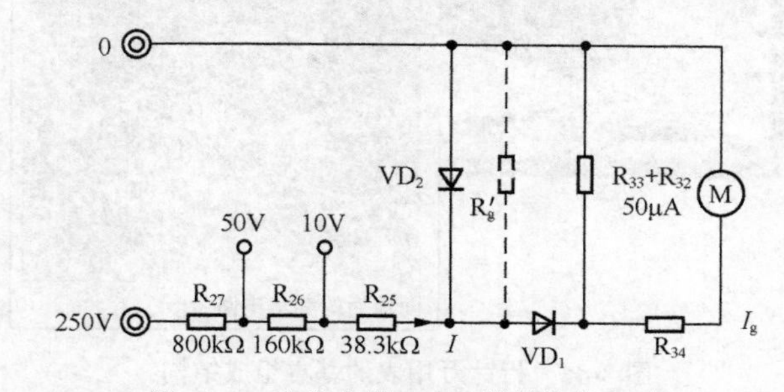

图 3-46　交流电压 250V 测量简化电路

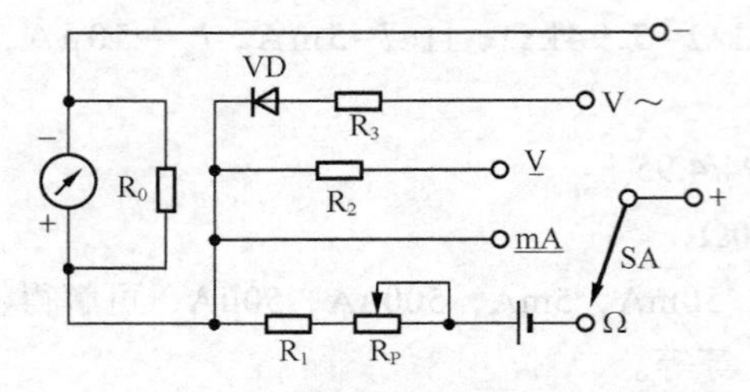

图 3-47 实用指针万用表的基本工作原理

（5）指针万用表简化的基本工作原理（图 3-47）

1）测电阻原理。将转换开关 SA 拨至欧姆挡。在表头并联适当的电阻，同时串联一个适宜的电阻和一个滑动变阻器，并且串接一节电池，使电流通过被测电阻，根据电流的大小，两表笔就可测量出电阻值。

2）测直流电流原理。将转换开关 SA 拨至电流直流挡。在表头并联一个适当的电阻（叫分流电阻）进行分流，就可以扩展电流量程。“+”和“−”两表笔可测量直流电流值。

3）测直流电压原理。将转换开关 SA 拨至电压 V 直流挡。在表头上并联一个适当的电阻，并且串联一个适当的电阻（叫倍增电阻）进行降压，就可以扩展电压量程。改变倍增电阻的阻值，就能改变电压的测量范围。“+”和“−”两表笔可测量直流电压值。

4）测交流电压原理。将转换开关 SA 拨至交流电压挡。因为表头是直流表，所以测交流时，需加装一个二极管，串联一个电阻，组成半波整流电路，将交流进行整流变成直流后再通过表头，这样就可以根据直流电的大小来测量交流电压。

5）指针万用表的基本组成结构如图 3-48 所示。

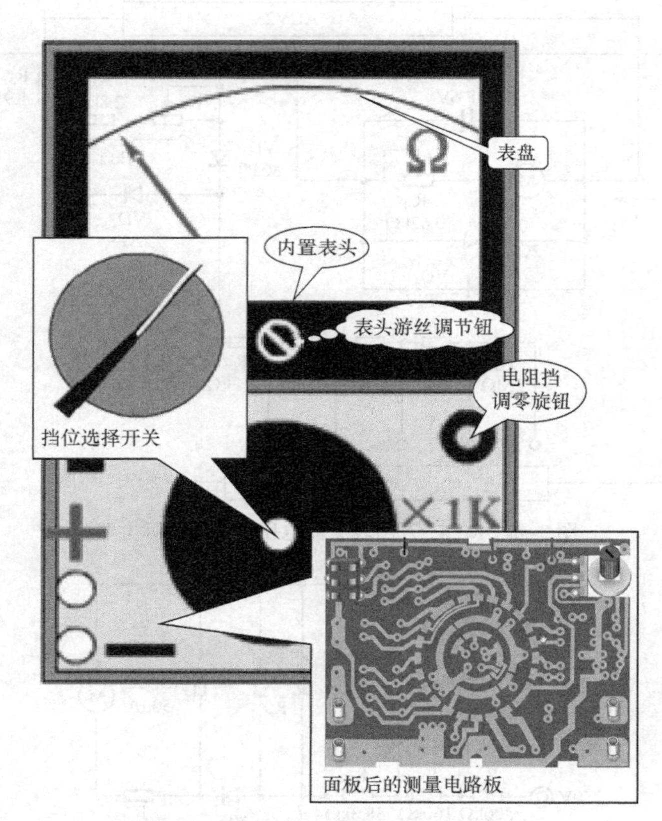

图 3-48 指针万用表的基本组成结构

3.13.3 实训仪器与元器件

电工工具 1 套、电烙铁、小刀、锥子、针头等；数字万用表 1 块；松香和焊锡丝等，元器件清单见表 3-12。

表 3-12 元器件清单

序号	名　称	位　号	图型及规格	数　量
1	表头及面板		MF47（实习专用）	
2	万用表印制电路板	圆	MF47A	
3	二极管	VD_1～VD_4	1N4001	
4	电解电容	C_1		
5	涤沦电容	C_2	2A103J 0.01μF/160V	
6	电位器	WH1（R_{P1}）	10kΩ	
7	可调电阻	WH2（R_{P2}）	500Ω	
8	压敏电阻		YM1-27V	
9	电阻	R_1	黑黄紫黑银	
10	电阻	R_2	绿黑黑银	
11	电阻	R_3	绿黑绿金	
12	电阻	R_4	绿绿绿黑	
13	电阻	R_5	棕绿黑红	
14	电阻	R_6	橙黑黑红	
15	电阻	R_7	棕绿黑橙	
16	电阻	R_8	灰黑黑橙	
17	电阻	R_9	灰黄黑红	
18	电阻	R_{10}	橙蓝黑橙	
19	电阻	R_{11}	棕灰黑黄	
20	电阻	R_{12}	红红绿黄	
21	电阻	R_{13}	黄绿黑黄	
22	电阻	R_{14}	棕紫橙红	
23	电阻	R_{15}	绿绿黄红	
24	电阻	R_{16}	棕紫灰棕	
25	电阻	R_{17}	棕蓝绿黑	
26	电阻	R_{18}	棕绿橙金	
27	电阻	R_{19}	蓝绿黑银	

续表

序号	名　称	位　号	图型及规格	数　量
28	电阻	R_{20}	黄棕绿棕	
29	电阻	R_{21}、R_{24}、R_{25}	红黑黑红	
30	电阻	R_{22}	红蓝白棕	
31	电阻	R_{23}	棕黄棕橙	
32	电阻	R_{26}、R_{27}	蓝紫绿黄	
33	分流器电阻	R_{28}	粗铜丝	1
34	保险丝座			1只
35	保险丝	FU	0.5A	1
36	挡位开关旋钮		钮　正面　反面	
37	V形电刷			1
38	电池极片		+ —	3
39	输入插管			4
40	晶体管脚插座		正面　立体	
41	晶体管脚插座簧片		正面　侧	6
42	连接线			4
43	短接线	J1		

3.13.4　实训内容与步骤

① 清点材料。二极管、电容、电阻等的认识见表3-12，电阻色环标志认识的小窍门见表3-13，普通电阻（四环）金色和银色只能是乘数或允许误差，一定放在右边。表示允许误差的色环比别的色环稍宽，离别的色环稍远。

表 3-13　　　　电阻色环标志识别表

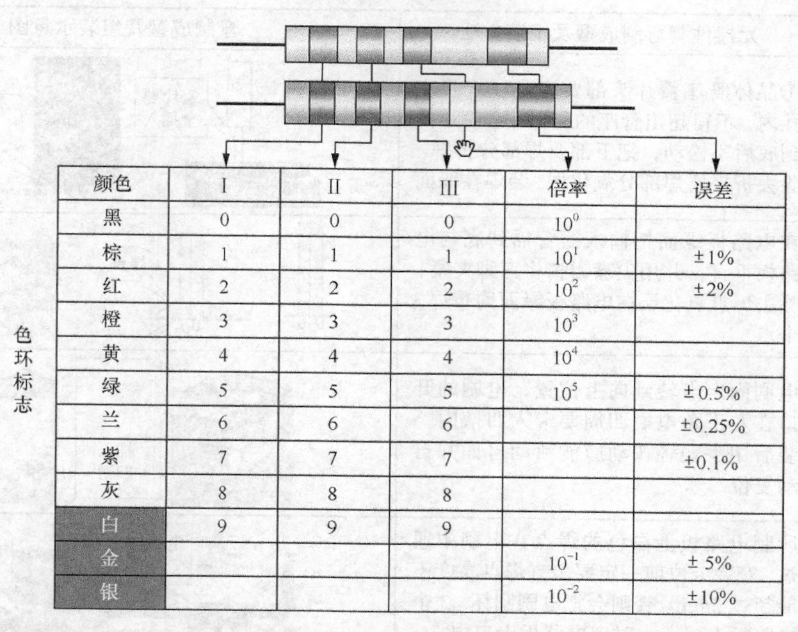

色环标志 颜色	Ⅰ	Ⅱ	Ⅲ	倍率	误差
黑	0	0	0	10^0	
棕	1	1	1	10^1	±1%
红	2	2	2	10^2	±2%
橙	3	3	3	10^3	
黄	4	4	4	10^4	
绿	5	5	5	10^5	± 0.5%
兰	6	6	6		±0.25%
紫	7	7	7		±0.1%
灰	8	8	8		
白	9	9	9		
金				10^{-1}	± 5%
银				10^{-2}	±10%

万用表用的电阻大都是精密电阻（五环），允许误差是±1%的，用棕色色环表示，因此棕色稍宽色环一般都在最右边稍远离其他的色环。

② 元器件脚的弯制成型及组装焊接操作要求见表 3-14。

表 3-14　　　　元器件脚弯制成型及组装

元器件装法	元器件脚弯制成型及组装方法	弯制成型及组装示意图
平式装焊（电阻、二极管）	根据电路板元器件孔距用镊子夹住元器件根部（1～2mm 处），将元器件外脚弯制成直角形	8mm
立式装焊（电解电容、二极管、可调电阻）	用手捏住螺丝刀与引脚的交点，将引脚沿螺丝刀弯成圆形	电容　二极管　可调电阻
卧式装焊	用镊子夹住元器件根部（1～2mm 处），将元器件脚弯制成直角形，高度约 8mm	高 8mm
分流器装焊	安装方向不能影响其他电阻的安装	
可调电阻	万用表测量精度校对调节，校对核准后固定不再调动	校对调节旋钮
表头	表头游丝松紧调节旋钮不是电阻挡调零旋钮，出厂前已校检合格，不可随意调节	不可随意调节

续表

元器件装法	元器件脚弯制成型及组装方法	弯制成型及组装示意图
晶体管座组件	①晶体管座簧片头部要完全浸入管座孔内，不得超出管座的侧面。②簧片插到底后不松动，把下部要焊部分折平。除去折平要焊部分氧化层，装焊在绿面	簧片要全插入　簧片侧面成型图
输入插管组件	在电路板绿面把输入插管插到底与电路板垂直，并用尖嘴钳稍将三脚夹紧，除去焊点氧化层在电路板绿面均布焊3个点	焊点　2500V　黄面
挡位开关旋钮的电刷组装	电刷固定卡转到向上位置，电刷的开口在左下角电刷四周要卡入凹槽内，装后用手轻轻按动应能活动自如并自动复位	插入凹槽　装后
印制电路板安装	印制电路板上白色的焊点在电刷中通过，安装卡位前一定要检查焊点高度不能超过2mm，否则会把电刷刮坏。3个电路板卡要卡入对应电路板卡口内	电路板卡　电路板卡口
电池极片安装	极片焊接时不能把极片插到底，清除焊点氧化层，烙铁沾松香点在焊点上，并加焊锡，再把极片插到底，如果极片插不进去，可用尖嘴钳将极片稍微夹平，使其插入，且不松动	插一半　焊

注意：不能直接从元器件根部将元器件脚直接弯制成直角形。

提示：一旦元器件焊错要小心地用烙铁加热后取下重焊。拨下的动作要轻，如果安装孔堵塞，要边加热，边用针捅开。

③ 元器件布置插放位置如图3-49所示，MF47万用表印制电路板如图3-50所示。焊接前电阻要看清阻值大小，并用万用表校核阻值。电解电容、二极管要看清极性。电阻的色环读数方向要放一致，色环不清楚时要用万用表测定阻值后再装。上螺丝时用力要合适，不可用力太大。

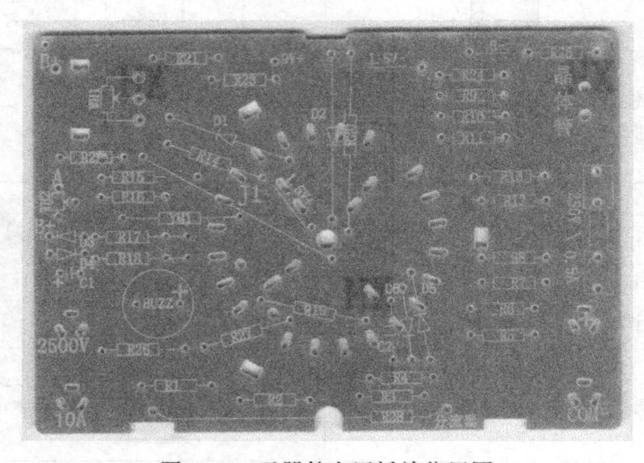

图3-49　元器件布置插放位置图

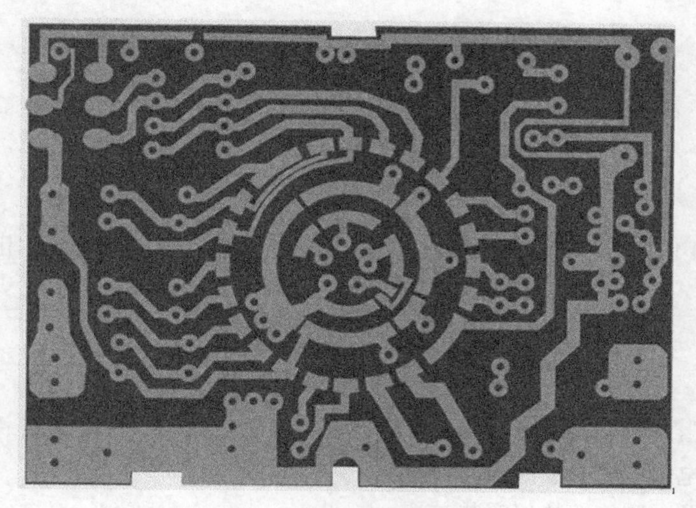

图 3-50　MF47 万用表印制电路板

注意：电路板圆缺口向下，电阻的排列方向为竖排装粗环在上端，横排装粗环在右端。

元器件焊接与安装要求：不仅要位置正确，还要焊接可靠，形状美观平直。

④ 元器件的焊接如图 3-51 所示。

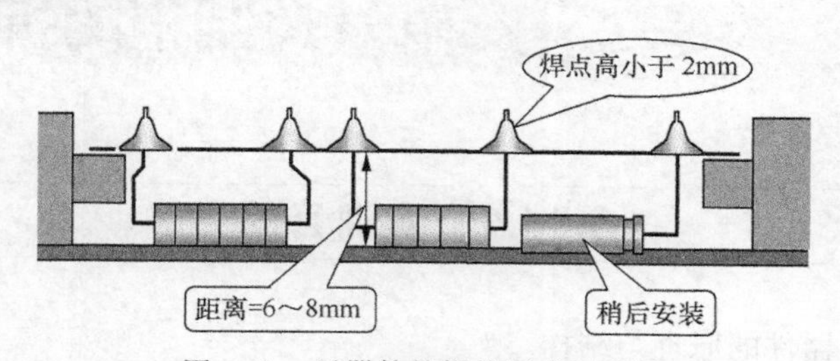

图 3-51　元器件的焊接要求示意图

⑤ 万用表故障排除如下。

a. 表头没有任何反应？

处理方法：表笔损坏，元器件假焊，接线错误，保险丝没装，电池极片装错，电刷装错。

b. 测电压指针反偏→表头引线接反

c. 测电压示值不准→元器件焊接错误

d. 测量示值不稳定→焊接有问题

⑥ 万用表的使用如下。

a. 使用时一定不能用错挡位，否则会损坏万用表。假如电流挡测电流是很危险的事！

b. 测量电流表和电压时，如果不知它们的大约值，一定要先把挡位放在最高挡，然后再逐步调整，直到测量的读数在满度的 2/3 左右。注意不能带电调整挡位。测完后将挡位置于交流电压最高挡。

c. 电阻挡的使用：不能测带电的电阻，否则会烧坏表头；用电阻挡时，每次换挡要两表笔短接进行调零；手不要接触电阻和表笔的金属部分，否则会因人体电阻而引起测量误差；万用表长期不用时请将电池取出。

例如，电位器（可调电阻）阻值测量时表笔连线如图 3-52 所示。

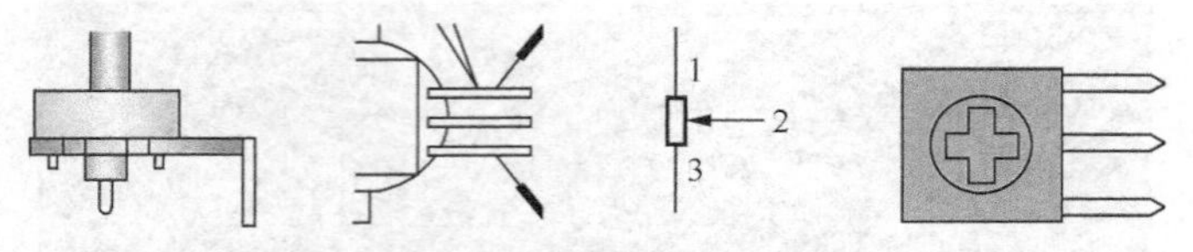

图 3-52 电位器、可调电阻测试时表笔连线图

转动旋钮，测 1 与 2，2 与 3 间的阻值应随之改变，测 1 与 3 间为额定阻值 10kΩ。

3.13.5 实训报告

① 为什么电阻用色环表示阻值，黑、棕、红、绿分别代表的阻值的数字是几？

② 二极管、电解电容的极性如何判断？

③ 挡位开关及电刷旋钮如何安装？

3.14 电气控制柜的拆装

3.14.1 实训目的

① 了解电气控制器件的原理与结构。

② 掌握电气控制线路的安装工艺和连接方法。

3.14.2 实训原理

依据电气安装工艺要求进行装配，按照设计的电气原理图及布置接线图进行连线。

① 布线颜色：交流主回路——黑色，直流回路——蓝色，交流控制回路——红色。

② 从上端子排及空气开关 QF 接线端子开始，先做主电路（由上而下），后做辅助电路的连接线（按线号一排一排顺序接线）。主电路使用导线的横截面积应按电动机的工作电流适当选取。将导线先校直，剥好两端的绝缘皮后成型，套上编写好的线号管并接到端子上。做线时要注意水平走线，尽量靠近底板（两只接触器主触点端子之间的连线可以直接在主触点高度的平面内用单股走线，不必向下贴近安装底板，以减少导线的弯折）。中间一相线路的各段导线成一直线，左右两相导线应对称。三相电源直接接入 QF 的上接线端子排，电动机接线盒与安装底板上的接线端子之间应使用护套线连接。注意做好电动机外壳的接地保护。

辅助电路（对小容量电动机控制线路而言，短路保护可与电动机共用）一般可以使用截面积为 1.5mm^2 左右的导线连接。将同一走向的相邻导线并成一束。接入螺丝端子的导线两端均应先套好相同的线号管，将芯线按顺时针方向弯成圆环或插入接线端子，压接入端子，避免旋紧螺丝时将导线挤出，造成虚接。接线时，可先做各接触器线圈与PLC的连接线，然后做按钮联锁线，最后做辅助触头联锁线。应随时做线随时核查。可以采用每做一条线，就在接线图上标一个记号的方法，这样可以避免漏接、错接和重复接线。

（1）电器安装工艺要求

对于定型产品一般必须按电气元器件布置图、接线图和工艺的技术要求去安装电器，要符合国家或企业的标准化要求。各元器件均装在安装底板上；按钮、光电传感器和电动机在底板外，通过接线端子板XT与安装底板上的电器连接，应仔细标注各线号。尤其注意区分触点和线圈的上下端。

对于只有电气原理图的安装项目或现场安装工程项目，决定电器的安装、布局的过程，其实也就是电气工艺设计和施工作业同时进行的过程，因而布局安排是否合理，在很大程度上影响着整个电路的工艺水平及安全性和可靠性。当然，允许有不同的布局安排方案。电器的安装、布局应注意以下几点。

1）仔细检查所用器件是否良好，规格型号等是否合乎图纸要求。

2）空气开关和刀开关应垂直安装。合闸后，应手柄向上指，分闸后应手柄向下指，不允许平装或倒装；受电端应在开关的上方，负荷侧应在开关的下方，保证分闸后闸刀下端不带电。自动开关也应垂直安装，受电端应在开关的上方，负荷侧应在开关的下方。组合开关安装应使手柄旋转在水平位置为分断状态。

3）RC系列熔断器的受电端应为其底座的中心端。RT、RM等系列熔断器应垂直安装，其上端为受电端。

4）带电磁吸引线圈的继电器、接触器应垂直安装。保证使继电器断电后，动铁芯释放后的运动方向符合重力垂直向下的方向。

5）各器件安装位置要合理，间距适当，便于维修查线和更换器件；要整齐、匀称、平正，使整体布局科学、美观、合理，为配线工艺提供良好的基础条件。

6）器件的安装紧固要松紧适度，保证既不松动，也不因过紧而损坏器件。

7）安装器件要使用适应的工具，禁止用不适当的工具安装或敲打式的安装。

（2）板前配线工艺要求

板前配线是指在电器板正面明线敷设，完成整个电路连接的一种配线方法，便于维护维修和查找故障，要求讲究整齐美观，一般应注意以下几点。

1）要把导线抻直拉平，去除小弯。

2）配线尽可能短，用线要少，要以最简单的形式完成电路连接。符合同一个电气原理图，在具备同样控制功能条件下是“以简为优”，应杜绝繁琐配线接法。

3）排线要求横平竖直，整齐美观。变换走向应垂直变向，杜绝行线歪斜。

4）主、控线路在空间的平面层次不宜多于3层。同一类导线，要尽量同层密排或间隔均匀。除过短的行线外，一般要紧贴敷设面走线。

5）同一平面层次的导线应高、低一致，前后一致，避免交叉。

6）对于较复杂的线路，宜先配控制回路，后配主回路。

7）线端剥皮的长短要适当，并且保证不伤芯线。

8）压线必需可靠，不松动，既不因压线过长而压到绝缘皮上，又不裸露导体过多。

9）器件的接线端子应该直压线的必须用直压法；该做圈压线的必须围圈压线，并要避免反圈压线。一个接（压）线端子上要避免“一点压三线”。

（3）槽板配线的工艺要求

槽板配线是采用塑料线槽板做行线通道，除器件接线端子处一段引线暴露外，其余行线隐藏于槽板内的一种配线方法。它的特点是配线工艺相对简单，配线速度较快，适合于某些定型产品批量生产的配线，但线材和槽板消耗较多。

在剥线、压线、端子使用等方面与板前配线有相同的工艺要求外，还应注意以下几点要求。

1）根据行线多少和导线截面，估算和确定槽板的规格型号。配线后，宜使导线占有槽板内空间容积约 70%。

2）规划槽板的走向，并按一定合理尺寸裁割槽板。

3）槽板换向应拐直角弯，衔接方式宜用横、竖各 45° 角对插方式。

4）槽板与器件之间的间隔要适当，以方便压线和换件。

5）槽板安装要紧固可靠，避免敲打而引起破裂。

6）所有行线的两端应无一遗漏地、正确地套装与原理图一致编号的线头码，这点比板前配线方式要求得更为严格。

7）应避免槽板内的行线过短而拉紧，应留有少量裕度。槽板内的行线应尽量减少交叉。

8）穿出槽板的行线要尽量保持横平竖直，间隔均匀，高低一致，避免交叉。

9）同一平面层次的导线应高低一致，前后一致，避免交叉。

10）线端剥皮的长短要适当（12mm 左右），并且保证不伤芯线。套接线端子压紧。接线端子压紧以钢丝钳的剪口压紧，压紧要适度（紧而不断），端子转动 90° 偏移 2mm 再次压紧。

11）压线必须可靠，不松动，既不因压线过长而压到绝缘皮上，又不裸露导体过多。

12）器件的接线端子，应该直压线的必须用直压法；该做圈压线的必须围圈压线，并要避免反圈压线。一个接（压）线端子上要避免“一点压三线”。

13）盘外电器与盘内电器的连接导线必须经过接线端子板连线。

3.14.3 实训仪器与元器件

1. 材料

CJ-2 电器控制实验实训装置一套（图 3-53），DZ47-63 空气开关一只，CJ10-20 交流接触器 3 只（线圈电压～380V），RT18-32A 熔断器 5 只，LA10 系列按钮 4 只；JR16-20/3 热继电器 2 只，ST3P　A-B 时间继电器 1 个（控制电压～380V），接线端子与插座、各色导线及线号管等耗材若干。

2. 工具

电工基本工具一套，万用表 1 块，MΩ/500V 摇表公用。

图 3-53　电气控制实验实训装置

3.14.4　实训内容与步骤

1. 熟悉各电气件接线图

各电气件原理如下图：漏电保护空气开关如图 3-54 所示，熔断器如图 3-55 所示，接触器如图 3-56 所示，热继电器如图 3-57 所示，时间继电器底座如图 3-58 所示，时间继电器如图 3-59 所示，行程开关如图 3-60 所示，按钮如图 3-61 所示。

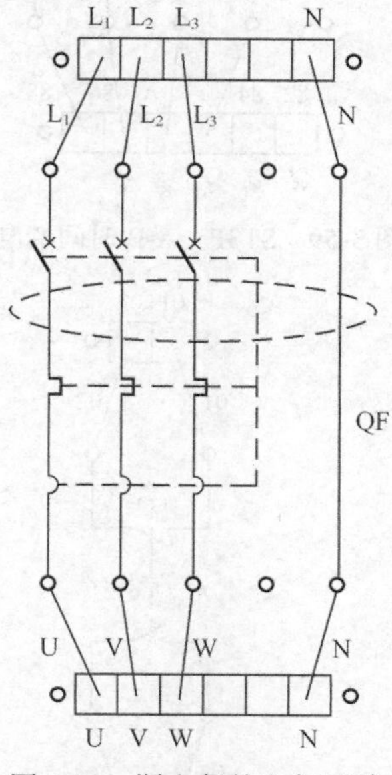

图 3-54　漏电保护空气开关

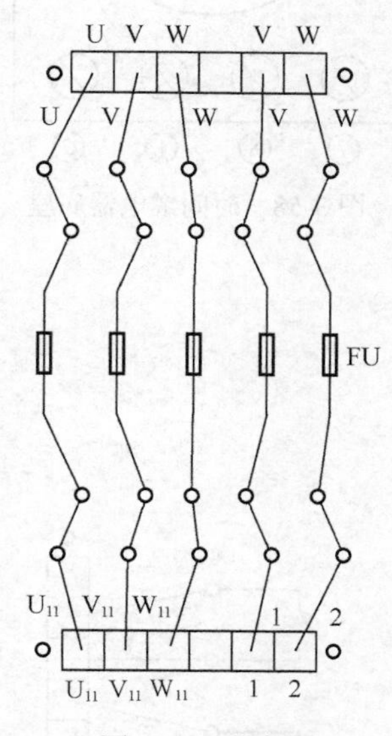

图 3-55　熔断器

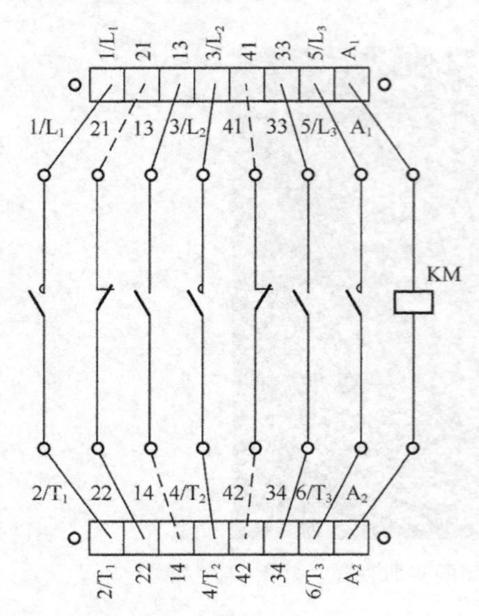

图 3-56　接触器

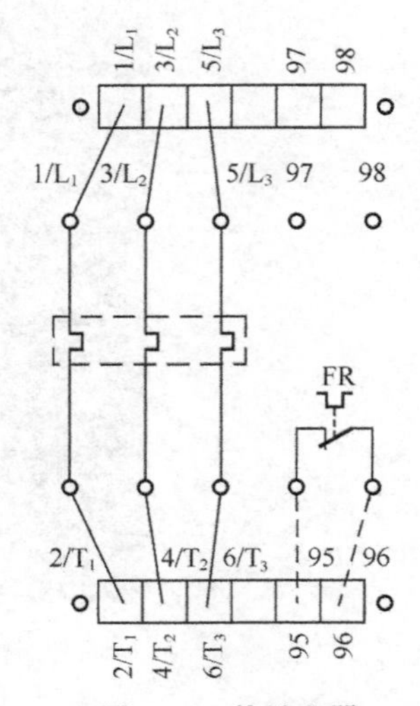

图 3-57　热继电器

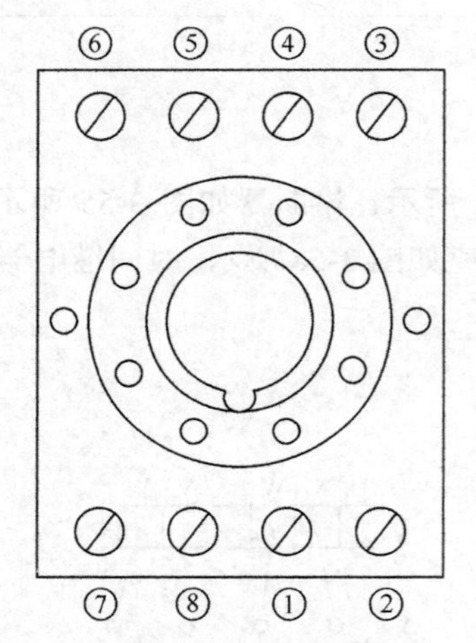

图 3-58　时间继电器底座

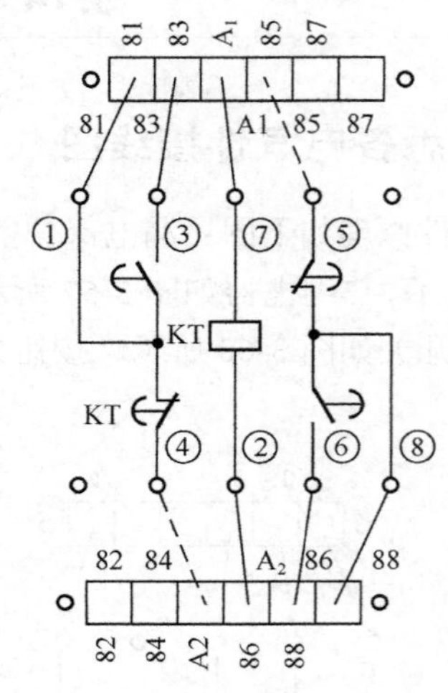

图 3-59　ST3P　A-B 时间继电器

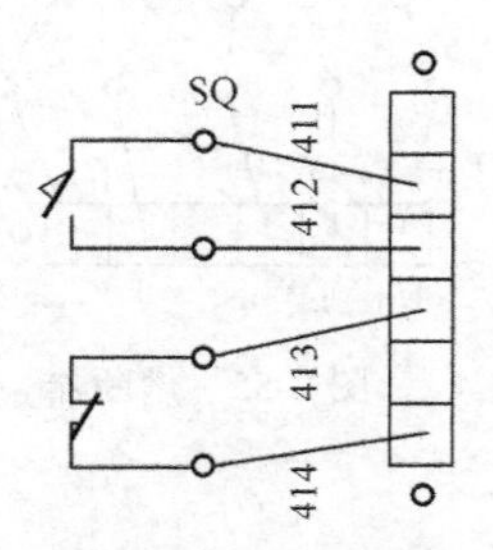

图 3-60　行程开关

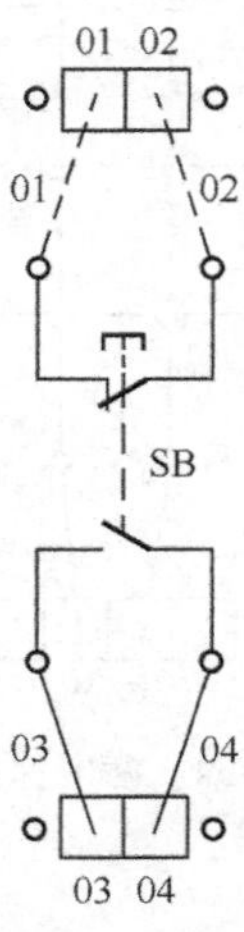

图 3-61　按钮

2. 按安装工艺要求进行装配接线

① 参照电气控制实验实训装置图 3-53 安装电气件，注意实验用插座颜色的区别和对地绝缘的要求。

② 按各电器件接线图 3-54～图 3-63 进行接线；注意电线颜色的区分。

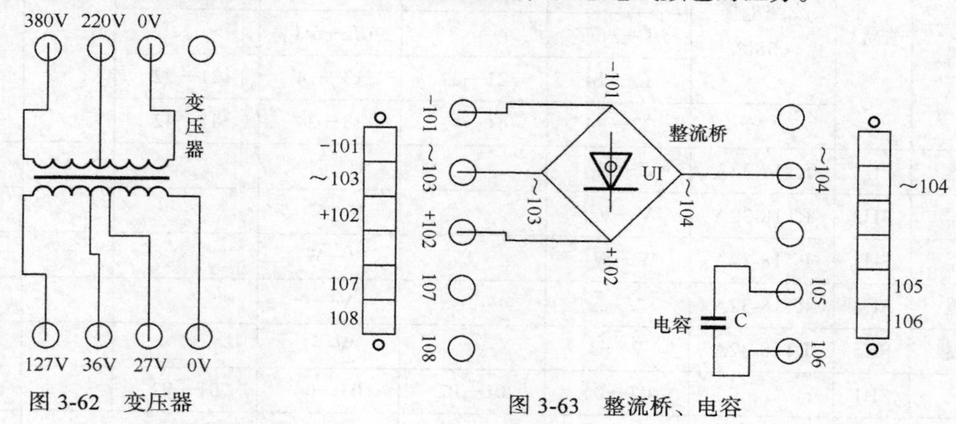

图 3-62 变压器

图 3-63 整流桥、电容

3. 电气元器件可靠性测试

① 用万用表欧姆挡检测各电气件可靠性与接线可靠性，并将检测读数填入元器件可靠性测试表 3-15 中。检测方法是将万用表表笔分别接到触点或线圈两端进行测试。

② 用摇表检测各电气件的绝缘电阻，并将检测读数填入元器件可靠性测试表 3-15 中。检测方法是将摇表的接地表笔接到实验实训装置外壳上，注意是无油漆处；另一表笔分别在各个触点或线圈端进行测试。摇表的使用方法见 1.2.3 摇表的使用。

表 3-15 元器件可靠性测试

元器件名称	代号	型号、规格	操作机构原位		操作机构执行		线圈电阻	绝缘电阻
			常开	常闭	常开	常闭		
空气开关	QF	DZ47-63 C6	L_1—U		L_1—U			MΩ/500V
			L_2—V		L_2—V			
			L_3—W		L_3—W			
				N—N		N—N		
交流接触器	KM1	CJ10-10 线圈电压～380V	$1/L_1$—$2/T_1$		$1/L_1$—$2/T_1$		A1—A2	
			$3/L_2$—$4/T_2$		$3/L_2$—$4/T_2$			
			$5/L_3$—$6/T_3$		$5/L_3$—$6/T_3$			
			13—14	21—22	13—14	21—22		
			33—34	41—42	33—34	41—42		
交流接触器	KM2	CJ10-10 线圈电压～380V	$1/L_1$—$2/T_1$		$1/L_1$—$2/T_1$		A1—A2	
			$3/L_2$—$4/T_2$		$3/L_2$—$4/T_2$			
			$5/L_3$—$6/T_3$		$5/L_3$—$6/T_3$			
			13—14	21—22	13—14	21—22		
			33—34	41—42	33—34	41—42		

续表

元器件名称	代号	型号、规格	操作机构原位		操作机构执行		线圈电阻	绝缘电阻
			常　开	常　闭	常　开	常　闭		
交流接触器	KM3	CJ10-10 线圈电压 ～380V	$1/L_1$—$2/T_1$		$1/L_1$—$2/T_1$		A_1—A_2	
			$3/L_2$—$4/T_2$		$3/L_3$—$4/T_2$			
			$5/L_3$—$6/T_3$		$5/L$—$6/T_3$			
			13—14	21—22	13—14	21—22		
			33—34	41—42	33—34	41—42		
熔断器	FU1	RT18-32A	U—U_{11}		U—U_{11}			
熔断器	FU2	RT18-32A	V—V_{11}		V—V_{11}			
熔断器	FU3	RT18-32A	W—W_{11}		W—W_{11}			
熔断器	FU4	RT18-32A	V—1		V—1			
熔断器	FU5	RT18-32A	W—2		W—2			
按钮	SB1		03—04	01—02	03—04	01—02		
按钮	SB2		03—04	01—02	03—04	01—02		
按钮	SB3		03—04	01—02	03—04	01—02		
按钮	SB4		03—04	01—02	03—04	01—02		
热继电器	FR1	JR16-20/3 电流 0.3～0.68A	97—98	95—96	97—98	95—96		
				$1/L_1$—$2/T_1$		$1/L_1$—$2/T_1$		
				$3/L_2$—$4/T_2$		$3/L_2$—$4/T_2$		
				$5/L_3$—$6/T_3$		$5/L_3$—$6/T_3$		
热继电器	FR2	JR16-20/3 电流 0.3～0.68A	97—98	95—96	97—98	95—96		
				$1/L_1$—$2/T_1$		$1/L_1$—$2/T_1$		
				$3/L_2$—$4/T_2$		$3/L_2$—$4/T_2$		
				$5/L_3$—$6/T_3$		$5/L_3$—$6/T_3$		
行程开关	SQ1	LX18—001	411—412	413—414	411—412	413—414		
行程开关	SQ2		411—412	413—414	411—412	413—414		
时间继电器	KT	ST3P A-B 线圈～380V	81①—83③ 88⑧—86⑥	81①—84④ 85⑤—88⑧	81①—83③ 88⑧—86⑥	81①—84④ 85⑤—88⑧		
整流桥	VC	101—102	万用表×10k 挡位		正向电阻		反向电阻	
		103—104	万用表×100k 挡位		正向电阻		反向电阻	
变压器	TK	0—380				0—220		
		0—36				0—27（12）		

注：电气件可靠性测试时数字式万用表打至 2k 挡，检测表格中对应点间的阻值，导通打√，阻断打×。

3.14.5 实训报告

① 画出实训电气件安装接线图。
② 记录实训元器件的型号参数。
③ 将电气件测试数据写入元器件可靠性测试表。
④ 实训中发现哪些不正常现象？说明是怎样解决的。

3.15 三相电动机正反转控制电路安装

3.15.1 实训目的

① 理解电动机正反转控制线路的控制原理。
② 了解机械与电气联锁的特点。
③ 掌握电动机正反转控制线路的连接方法与电控柜制作工艺。

3.15.2 实训原理

线路中的负荷开关 QF 与电源隔离短路保护；两组熔断器 FU2 控制部分短路保护；交流接触器 KM_1、KM_2 辅助触点常闭为电器互锁，辅助常开为失压保护和自锁功能；控制按钮 SB_1 总停止，按钮 SB_2、SB_3 正、反转控制及机械互锁保护；热继电器 FR 为电动机过载保护。各元器件均装在电气控制柜底板上，电动机在底板外，通过接线端子板 XT 与安装底板上的电器连接。由于这种线路自锁、联锁线号多，应仔细标注端子号，尤其注意区分触点和线圈的上下端。

工作原理分析：电气原理如图 3-64 所示。

合上开关 QF 线路得电，按下正向启动按钮 SB_2（触点 3，11 先断开，3，5 点后闭合），接触器 KM_1 线圈得电吸合，使 KM_1 常开主触点闭合，电动机 M 得电正向运行。KM_1 常开辅触点（5，3）闭合并自锁。KM_1 常闭辅触点（13，15）断开，反向互锁 KM_2。

按下停止按钮 SB_1 底，SB_1 常闭触点（1，3）断开，KM_1 线圈断电，其主触点断开，电动机断电自由停，其常闭辅触点（15，13）复位。

按下反向启动按钮 SB_3（触点 5，7 先断开，接触 KM_1 线圈断电常闭触点 13，15 复位；11，13 点后闭合），接触器 KM_2 线圈得电吸合，使 KM_2 常开主触点闭合（三相电源相序已换），电动机 M 得电反向运行。KM_2 常开辅触点（11，13）闭合并自锁。KM_2 常闭辅触点（7，9）断开，反向互锁 KM_1。

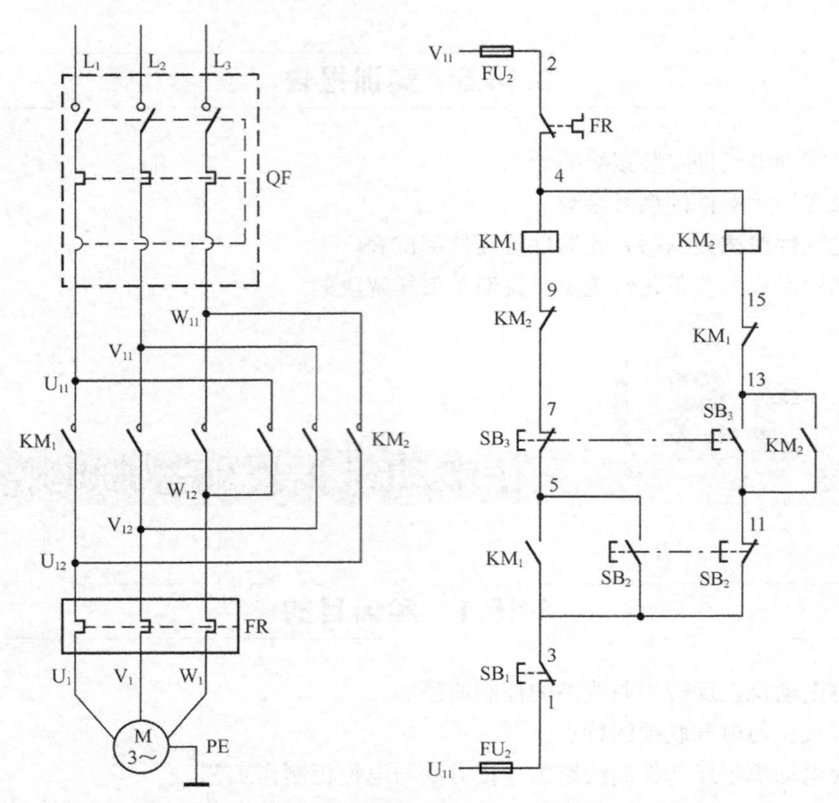

图 3-64　双重联锁正反转控制线路电气原理图（接触器线圈电压 380V）

3.15.3　实训仪器与元器件

CJ-2 电气控制实训装置一套，DZ47L-63/3 漏电保护空气开关 1 只，CJ10-10 交流接触器 2 只，RT14-32A 熔断器 5 只，LA18 系列三联按钮 3 个，JR16-20/3 热继电器 1 只，0.18kW 三相电动机 1 台，各色导线若干，电工基本工具一套，万用表 1 块。

3.15.4　实训内容与步骤

1. 检查电气元器件

检查空气开关的三极触头与静插座的接触情况；检查接触器相间隔板；各主触点表面情况；按压其触头架观察动触点（包括电磁机构的衔铁、复位弹簧）的动作是否灵活；测量电动机每相绕组的直流电阻值，并做检查记录。认真检查热继电器，检查热元器件是否完好，用螺丝刀轻轻拨动导板辅助触点（在后盖板处），观察常闭触点的分断动作。检查其他电气元器件动作情况并进行必要测量、记录，排除发现的电气元器件故障。检查中发现异常应查找其原因或更换电气元器件。

2. 照图接线

电气布置安装接线如图 3-65 所示，具体工艺参考电气安装工艺见 3.14.2 中线槽布线工艺要求。从开关 QF 接线端子开始，先做主电路（由上而下），后做辅助电路的连接线（按线号一排一排顺序接线）。主电路使用导线的横截面积应按电动机的工作电流适当选取。套上编写好的线号管并接到端子上。三相电源直接接入开关 QF 的上接线端子，电动机接线盒与安装底板上的接线端子板之间应使用护套线连接。注意做好电动机外壳的接地保护线。

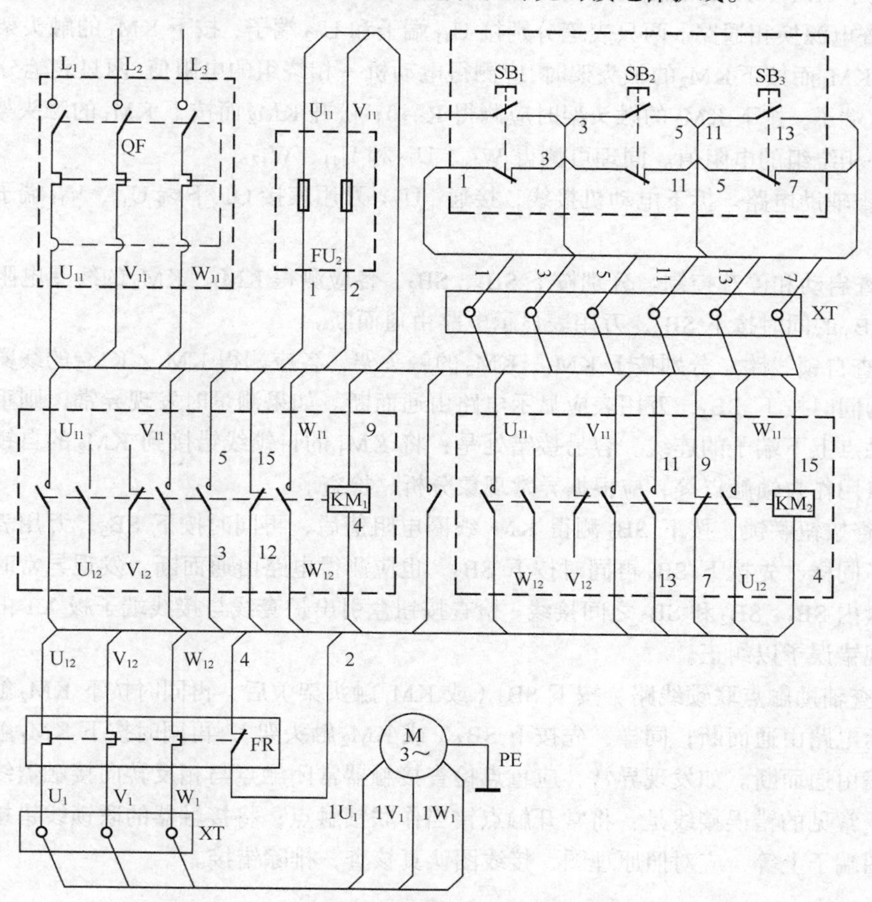

图 3-65　双重联锁正反转电气布置安装接线图

辅助电路（对小容量电动机控制线路而言，短路保护可与电动机共用）。一般可以使用截面积为 1.5mm² 左右的导线连接。将同一走向的相邻导线并成一束。接入螺丝端子的导线先套好线号管，压接入端子，避免旋紧螺丝时将导线挤出，造成虚接。接线时，可先做各接触器的自锁线，然后做按钮联锁线，最后做辅助触头联锁线。由于辅助触头电路线号多，应随时做线随时核查。可以采用每做一条线，就在接线图上标一个记号的方法，这样可以避免漏接、错接和重复接线。

3. 检查线路和试车

1）对照原理图、接线图认真逐线核对接线，重点检查主电路 KM_1 和 KM_2 之间换相线及辅助电路中按钮、接触器辅助触点之间的连接线。特别要注意每一对触点的上下端子接线不可颠倒，同一导线两端不可错号。

2）检查各端子处接线的坚固情况，排除接触不良的隐患。

3）断开 QF，摘下 KM_1 和 KM_2 的灭弧罩，用万用表的 R×1 挡做以下几项检查。

① 检查主电路。断开 FU_2，切除辅助电路。

a. 检查各相通路。两只表笔分别接 $U_{11}-V_{11}$、$V_{11}-W_{11}$ 和 $U_{11}-W_{11}$ 端子，测量相间电阻值。分别按下 KM_1、KM_2 的触头架，均应测得电动机一相绕组的直流电阻值。

b. 检查电源换相通路。两只表笔分别接 U_{11} 端子和 U_{12} 端子，按下 KM_1 的触头架时应测得 $R\to0$；松开 KM_1 而按下 KM_2 的触头架时，应测得电动机一相绕组的电阻值。两只表笔分别接 W_{11} 端子和 W_{12} 端子，按下 KM_2 的触头架时应测得 $R\to0$；松开 KM_2 而按下 KM_1 的触头架时，应测得电动机一相绕组的电阻值。同理可测得 W_{11}、U_{12} 和 U_{11}、W_{12}。

② 检查辅助电路。拆下电动机接线，接通 FU_2。万用表接 QF 下端 U_{11}、V_{11} 端子，做以下几项检查。

a. 检查启动和停车控制。分别按下 SB_2、SB_3，各应测得 KM_1、KM_2 的线圈电阻值；在操作 SB_2 和 SB_3 的同时按下 SB_1，万用表显示电路由通而断。

b. 检查自锁线路。分别按下 KM_1、KM_2 的触头架，各应测得 KM_1、KM_2 的线圈电阻值；如果操作的同时按下 SB_1，万用表应显示电路由通而断。如果测量时发现异常，则重点检查接触器自锁触点上下端子的连线。容易接错处是：将 KM_1 的自锁线错接到 KM_2 的自锁触点上；将常闭触点用作自锁触点等，应根据异常现象分析、检查。

c. 检查按钮联锁。按下 SB_2 测得 KM_1 线圈电阻值后，再同时按下 SB_3，万用表显示电路由通而断；同样，先按下 SB_3 再同时按下 SB_2，也应测得电路由通而断。发现异常时，应重点检查按钮盒内 SB_1、SB_2 和 SB_3 之间接线；检查按钮盒引出护套线与接线端子板 XT 的连接是否正确，发现错误予以纠正。

d. 检查辅助触点联锁线路。按下 SB_2（或 KM_1 触头架）后，再同时按下 KM_2 触头架，万用表应显示电路由通而断；同样，先按下 SB_3（或 KM_2 触头架），再同时按下 KM_1 触头架，也应测得电路由通而断。如发现异常，应重点检查接触器常闭触点与相反转向接触器线圈端子之间的连线。常见的错误接线是：将常开触点错当作联锁触点；将接触器的联锁线错接到同一接触器的线圈端子上等，应对照原理图、接线图认真核查，排除错接。

4. 通电试车

检查好电源，做好准备，在指导教师的指导下通电试车。

（1）空操作试验

合上 QF 做以下试验。

① 检查正反向启动、自锁线路和按钮联锁线路，交替按下 SB_2、SB_3，观察 KM_1 和 KM_2 受其控制的动作情况，细听它们运行的声音，观察按钮联锁作用是否可靠。

② 检查辅助触点联锁动作。用绝缘棒按下 KM_1 触头架，当其自锁触点闭合时，KM_1 线圈立即得电，触头保持闭合；再用绝缘棒轻轻按下 KM_2 触头架，使其联锁触点分断，则 KM_1 应立即释放；继续将 KM_2 触头架按到底则 KM_2 得电动作。再用同样的方法检查 KM_1 对 KM_2 的联锁作用。反复操作几次，以观察线路联锁作用的可靠性。

（2）带负荷试车

断开 QF，接好电动机接线，再合上 QF，先操作 SB_2 启动电动机，待电动机达到额定转速后，再操作 SB_3，注意观察电动机转向是否改变。交替操作 SB_2 和 SB_3 的次数不可太多，动作应慢，防止电动机过载。

5. 故障分析举例

① 试车时按下 SB_2 后 KM_1 不动作，检查接线无错处；检查电源，三相电压均正常，线路无接触不良处。

分析：故障现象表明，问题出在电器元器件上，怀疑按钮的触头、接触器线圈、热继电器触头有断路点。

检查：分别用万用表 R×1 挡测量上述元器件。表笔跨接于 SB_2 的常开触点两端子，按下 SB_2 时测得 $R \to 0$，证明按钮完好；测量 KM_1 线圈阻值正常；测量热继电器常闭触点，测得结果为断路。说明在检查 FR 过载保护动作时，曾拨动 FR 热元器件使其触点分断，切断了辅助电路，忘记使触点复位，因此 KM_1 不能启动。

处理：按下 FR 复位按钮，重新试车，故障排除。

② 按下 SB_2 或 SB_3 时，KM_1、KM_2 均能正常动作，但松开按钮时接触器释放。

分析：故障是由于两只接触器的自锁线路失效引起的，怀疑 KM_1、KM_2 自锁线路接线错误。

检查：核对接线，发现将 KM_1 的自锁线错接到 KM_2 的常开辅助触点上，KM_2 的自锁线错接到 KM_1 的常开辅助触点，使两只接触器均不能自锁。

处理：改正接线重新试车，故障排除。

③ 按下 SB_2 接触器，KM_1 剧烈振动，主触点严重起弧，电动机时转时停；松开 SB_2 则 KM_1 释放。按下 SB_3 时，KM_2 的现象与 KM_1 相同。

分析：由于 SB_2、SB_3 分别可以控制 KM_1 及 KM_2，KM_1、KM_2 都可以启动电动机，表明主电路正常，故障是辅助电路引起的。从接触器振动现象看，怀疑是自锁、联锁线路有问题。

检查：核对接线，按钮接线及两只接触器自锁线均正确。查到联锁线时，发现将 KM_1 线圈端子引出的 9 号线错接到 KM_1 联锁触点的 15 号端子，而将 KM_2 线圈端子引出的 15 号双重联锁正反转线错接到 KM_2 联锁触点的 9 号端子，即常闭互锁触头错接到自身线圈中。当操作任一按钮时，接触器得电动作后，联锁触点分断，则切断自身线圈通路，造成线圈失电而触点复位，又使线圈得电而动作，接触器将振动。

处理：改正接线，检查后重新通电试车，接触器动作正常且有自锁作用，故障排除。

④ 试车中如发现接触器振动，发出噪声，主触点燃弧严重，以及电动机嗡嗡响，不能启动等现象。

处理：应立即停车断电（故障可能是缺相），重新检查接线和电源电压。必要时拆开接触器检查电磁机构，三组主触头触桥是否平衡，触桥弹簧压力要适中。排除故障后重新试车。

3.15.5 实训报告

① 画电气控制原理图、电器件安装接线图。

② 记录三相电动机的型号参数。

③ 电路具有哪些保护功能？对应哪些元器件？

④ 实训中发现哪些不正常现象？说明是怎样解决的。

3.16 电动机启动运行能耗制动控制线路

3.16.1 实训目的

① 理解电动机能耗制动控制线路的控制原理。

② 加深对各低压电器特别是时间继电器的通电延时与断电延时触头的理解。

③ 掌握电动机能耗制动控制线路的连接方法。

④ 了解制动力与制动电流的关系。

3.16.2 实训原理

负荷开关 QF 电源隔离及短路保护；熔断器 FU_2 短路保护；交流接触器 KM_1 启动运行，KM_2 引入能耗制动的直流电，KM_1、KM_2 辅助触点常闭为电器互锁，辅助常开为失压保护和自锁功能；控制按钮 SB_1 总停止及制动；热继电器 FR 为电动机过载保护。三相电机能耗控制电气原理如图 3-66 所示。电器布置接线图如图 3-67 所示。

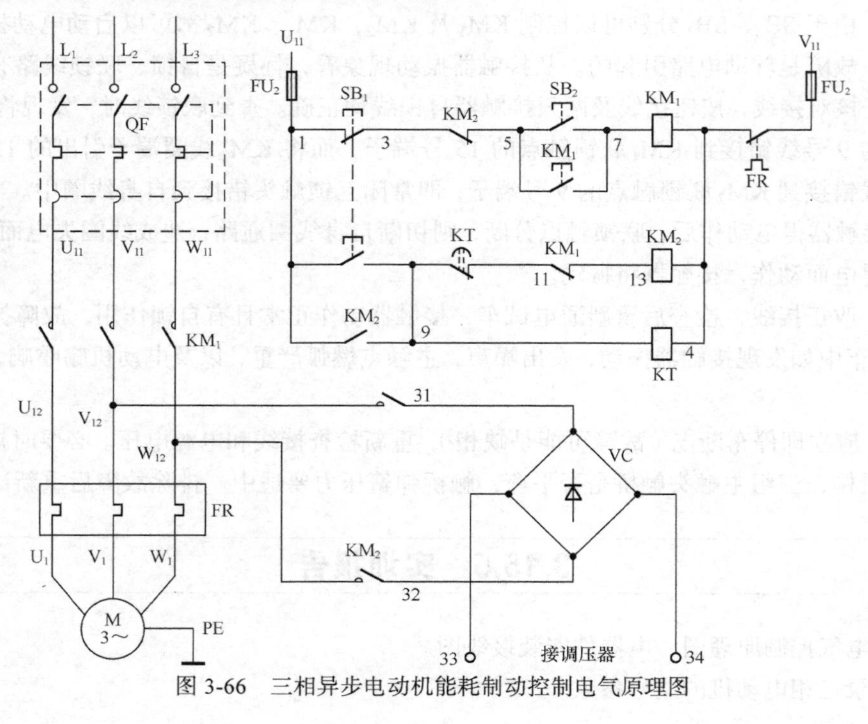

图 3-66　三相异步电动机能耗制动控制电气原理图

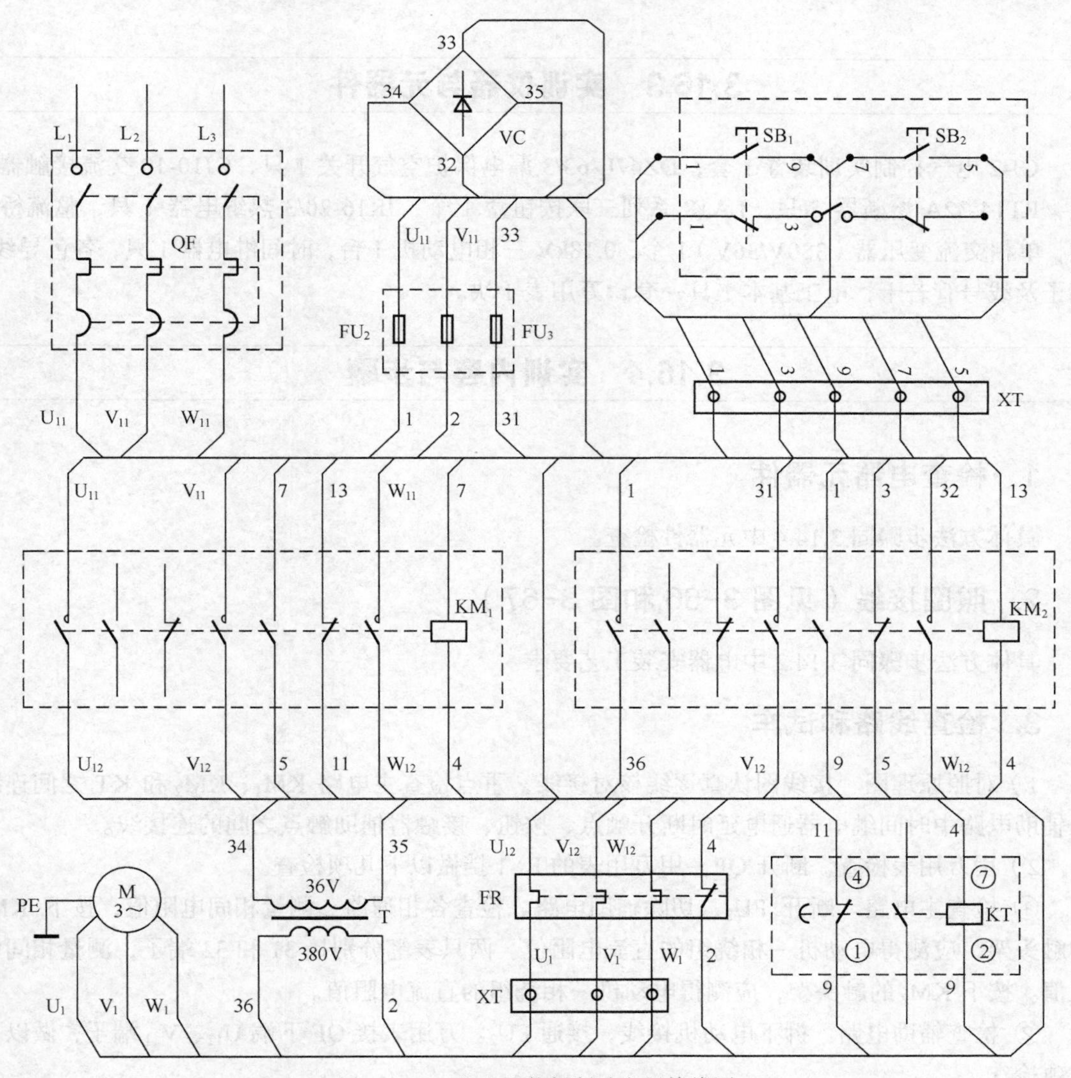

图 3-67　三相电机能耗制动布置接线图

三相电动机能耗制动控制原理分析如下。

合上开关 QF 线路得电，按下启动按钮 SB2（7，5 点闭合），接触器 KM1 线圈得电吸合，使 KM1 常开主触点闭合，电动机 M 得电运行。KM1 常开辅触点（5，7）闭合并自锁。KM1 常闭辅触点（13，11）断开，反向互锁 KM2。

按下制动按钮 SB1 至底，SB1 常闭触点（1，3）先断开，KM1 线圈断电，其主触点断开，电动机断电其常闭辅触点（11，13）复位，SB1 常开触点（1，9）后闭合，使接触器 KM2 和延时继电器 KT 线圈得电吸合，KM2 主触点闭合，给电动机接入直流电，其转速迅速制动降为零。KM2 的辅助常开触点（1，9）闭合并自锁，KM2 辅助常闭触点（3，5）断开，互锁 KM1。

同时，延时继电器 KT 线圈得电，并开始延时计时，其延时时间（即制动时间）到其延时断开触点（9，11）延时后断开，使 KM2、KT 线圈断电，断开直流电，KM2 辅助常闭点（3，5）复位。

3.16.3 实训仪器与元器件

CJ-2 电气控制实训装置 1 套，DZ47L-63/3 漏电保护空气开关 1 只，CJ10-10 交流接触器 2 只，RT14-32A 熔断器 5 只，LA18 系列三联按钮盒 1 个，JR16-20/3 热继电器 1 只，整流桥 1 只，单相交流变压器（380V/36V）1 个，0.18kV 三相电动机 1 台，时间继电器 1 只，各色导线、端子及线号管若干，电工基本工具一套，万用表 1 块。

3.16.4 实训内容与步骤

1. 检查电器元器件

具体方法步骤同 3.14.4 中元器件检查。

2. 照图接线（见图 3-66 和图 3-67）

具体方法步骤同 3.14.2 中电器安装工艺要求。

3. 检查线路和试车

1）对照原理图、接线图认真逐线核对接线，重点检查主电路 KM_1、KM_2 和 KT 之间连线及辅助电路中时间继电器通电延时断开触点、按钮、接触器辅助触点之间的连接线。

2）用万用表检查。断开 QF，用万用表的 R×1 挡做以下几项检查。

① 检查主电路。断开 FU_2，切除辅助电路。检查各相通路。测量相间电阻值，按下 KM_1 的触头架，应测得电动机一相绕组的直流电阻值。两只表笔分别接 31 和 32 端子，测量相间电阻值。按下 KM_2 的触头架，应测得电动机一相绕组的直流电阻值。

② 检查辅助电路。拆下电动机接线，接通 FU_2。万用表接 QF 下端 U_{11}、V_{11} 端子，做以下几项检查。

a. 检查启动和停车控制。按下 SB_1 至底，应测得 KT 并联 KM_2 的线圈电阻值；按下 SB_2（或 KM_1 触头架），应测得 KM_1 的线圈电阻值。

b. 检查自锁与联锁线路。先按下 KM_1 或 SB_2，再按下 KM_2 的触头架，万用表应显示电路由通（包含线圈电阻）而断。

按下 SB_1 至底，同时按下 KM_2 的触头架，再按下 KM_1 的触头架，万用表应显示电路由通（KM_2 和 KT 的并联）变很能大（时间继电器 A1—A2）。发现异常，检查接触器自锁触点上下端子的连线。注意时间继电器是常闭触点通电延时断开触点。

4. 通电试车

（1）空操作试验

合上 QF 做以下试验。

检查启动、自锁线路、能耗制动线路，交替按下 SB_2、SB_1，观察 KM_1、KM_2 和时间继电器 KT 受其控制的动作情况，细听它们运行的声音，观察时间继电延时动作情况。接入交流调压器并加以调节，测量其直流电压变化情况。注意测试后交流调压器的电压调至最低。

（2）带负荷试车

断开 QF，接好电动机接线，再合上 QF，先操作 SB_2 启动电动机，待电动机达到额定转速后，再操作 SB_1，观察电动机制动情况，适当增加直流制动的电压值（不可过高），再次注意观察电动机制动变化情况。交替操作 SB_2 和 SB_1 的次数不可太多，动作应慢，防止电动机过载。分段调高交流调压器电压，重复以上操作，观察电机各段制动情况。

5. 故障分析举例

试车时按下 SB_1 后 KM_2 不动作，KT 动作，并且没有自锁，检查接线无错处。

分析：故障现象表明问题出在时间电器元器件上，仔细检查发现是错将时间继电器的断电延时闭合触头当通电延时触头使用。

处理：改正接线重新试车，故障排除。

3.16.5 实训报告

① 画出实训电路原理图和布置接线图。

② 实验中发现哪些不正常现象？说明是怎样解决的。

③ 当制动电压提高时，制动效果如何变化？

④ 能否实现正反转能耗制动？画出电路原理图。

3.17 电动机自动往返控制线路

3.17.1 实训目的

① 理解电动机自动往返控制线路的控制原理及双重联锁的特点。

② 加深对行程开关联锁的理解。

③ 掌握电动机自动往返控制线路的连接方法及安装工艺。

3.17.2 实训原理

负荷开关 QF 为电源隔离及短路保护；熔断器 FU_2 短路保护；交流接触器 KM_1、KM_2 辅助触点常闭为电器互锁，辅助常开为失压保护和自锁功能；按钮 SB_1 总停止，按钮 SB_2、SB_3 分别控制正反向启动；行程开关 SQ_1、SQ_2 分别控制自动往返，行程开关 SQ_3、SQ_4 左右极限限位；热继电器 FR 为电动机过载保护；按钮和行程开关要经过接线端子板 XT 与控制屏连接。

自动往返工作原理分析：电气原理如图 3-68 所示。

合上开关 QF 线路得电，按下正向启动按钮 SB2（3，5 点闭合），接触器 KM_1 线圈得电吸合，使 KM_1 常开主触点闭合，电动机 M 得电正向运行。KM_1 常开辅触点（5，3）闭合并自锁。KM_1 常闭辅触点（17，19）断开，反向互锁 KM_2。正向运行至压下行程开关 SQ_1。其常闭触点 5、7 先断开；接触 KM_1 线圈断电，17、19 复位闭合；行程开关 SQ_1 常开触点 3、13 后闭合，接触器 KM_2 线圈得电吸合，使 KM_2 常开主触点闭合（三相电源相序已换），电动机 M 得电反向运行。KM_2 常开辅触点（3，13）闭合并自锁。KM_2 常闭辅触点（11，9）断开，反向互锁 KM_1。反向运行后行程开关 SQ_1 复位。

反向运行至压下行程开关 SQ_2，请同学自行分析。

3.17.3 实训仪器与元器件

CJ-2 电气控制实训装置一套，DZ47L-63/3 漏电保护空气开关 1 只，CJ10-10 交流接触器 2 只，RT14-32A 熔断器 5 只，LA18 系列三联按钮盒 1 个，JR16-20/3 热继电器 1 只，LX18-001 行程开关 4 只，0.18kV 三相电动机 1 台，各色导线、端子及线号管若干，电工基本工具一套，万用表 1 块。

3.17.4 实训内容与步骤

1. 检查电气元器件

具体方法、步骤同 3.14.4 中电气元器件检查。

2. 照图接线（电器布置接线图请同学自行完成）

具体方法、步骤同 3.14.4，按图 3-68 及布置接线图进行制作，接线及安装工艺同 3.14.2 中线槽布线工艺要求。

3. 检查线路和试车

具体方法、步骤同 3.15.4 中的检查线路和试车。

4. 断开 QF

用万用表的 R×1（或 200）挡做以下几项检查。

（1）检查主电路

具体方法、步骤同 3.15.4 中的检查主电路。

（2）检查辅助电路

1）检查启动和停车控制。分别按下 SQ_1、SQ_2，各应测得 KM_1、KM_2 的线圈电阻值；在操作 SQ_1 和 SQ_2 的同时按下 SB_1，万用表显示电路由通而断。

2）检查自锁线路。具体方法、步骤同 3.15.4 中的检查自锁线路。

3）检查行程开关联锁。按下 SQ_1 测得 KM_1 线圈电阻值后，再同时按下 SQ_2，万用表显示电路由通而断；同样，先按下 SQ_2 再同时按下 SQ_1，也应测得电路由通而断。发现异常时，应

重点检查按钮盒内 SB_1、SQ_1 和 SQ_2 之间接线；检查按钮盒引出护套线与接线端子板 XT 的连接是否正确，发现错误予以纠正。

4）检查辅助触点联锁线路。具体方法步骤同 3.15.4 中的检查辅助触点联锁线路。

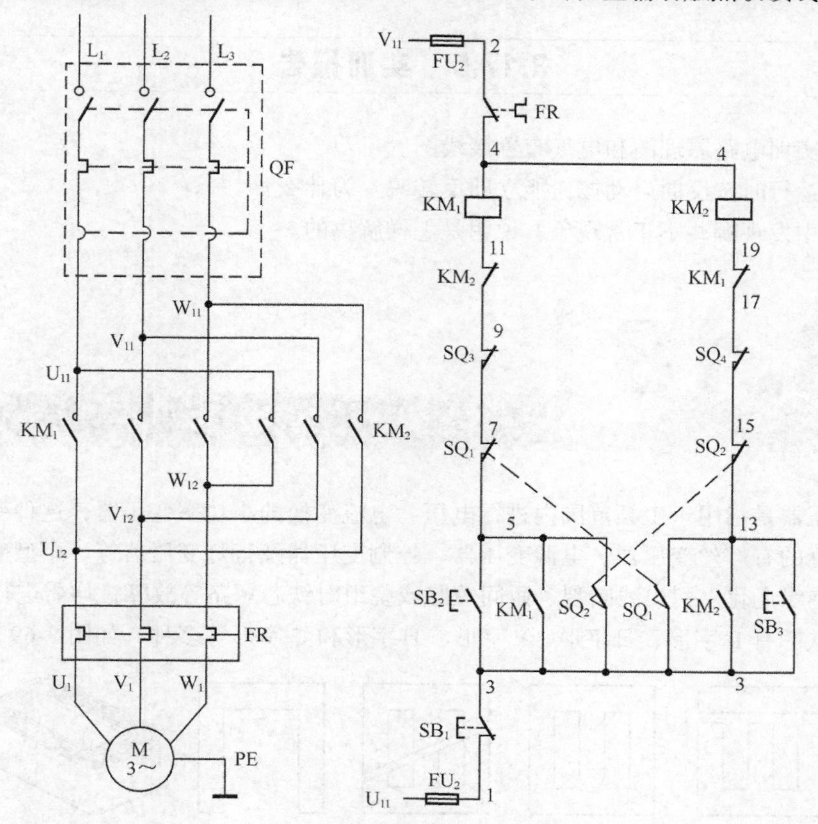

图 3-68　电机自动往返电气控制原理图

5. 通电试车

检查好电源，做好准备，在指导教师的指导下试车。

（1）空操作试验

合上 QF 做以下试验。

① 检查正反向启动、自锁线路和按钮联锁线路，交替按下 SQ_2、SQ_1，观察 KM_1 和 KM_2 受其控制的动作情况，细听它们运行的声音，观察按钮联锁作用是否可靠。

② 检查辅助触点联锁动作。具体方法、步骤同 3.15.4 中检查辅助触点联锁动作。

（2）带负荷试车

断开 QF，接好电动机接线，再合上 QF，先操作 SB_2 启动电动机，待电动机达到额定转速后，再操作 SQ_1，注意观察电动机转向是否转变。交替操作 SQ_1 和 SQ_2 的次数不可太多，动作应慢，防止电动机过载。

6. 故障分析举例

试车中如发现电动机嗡嗡响，不能启动等现象。

处理：应立即停车断电（故障可能是缺相），重新检查接线和电源电压。检查至热继电器时上端三相电压正常、下端缺相，发现热继电器的发热丝烧断，更换热继电器后，排除故障后重新试车。

3.17.5 实训报告

① 画出实训电路原理图和电气布置接线图。
② 正向运行时按反向启动按钮能立即反转吗？为什么？
③ 实验中发现哪些不正常现象？说明是怎样解决的。

3.18 小型变压器的设计与绕制

小型变压器是指用于工频范围内进行电压、电流变换的小功率变压器，这种变压器应用十分广泛。常见的有灯丝变压器、电源变压器、控制变压器及行灯变压器等。小型变压器如发生绕组烧毁、绝缘老化、引出线断裂、匝间短路或绕组对铁芯短路等故障，均需进行重绕修理。

常用的铁芯有 E 字形、日字形、F 字形、Π字形和 C 字形等多种，如图 3-69 所示。

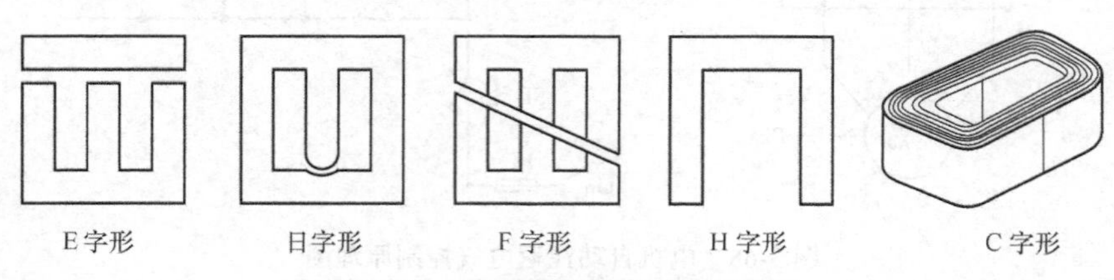

图 3-69　小型变压器常用铁芯形状

大多数小型变压器都采用互感双线圈结构，即原边和副边侧由两个线圈构成。小型变压器常见结构形式如图 3-70 所示。

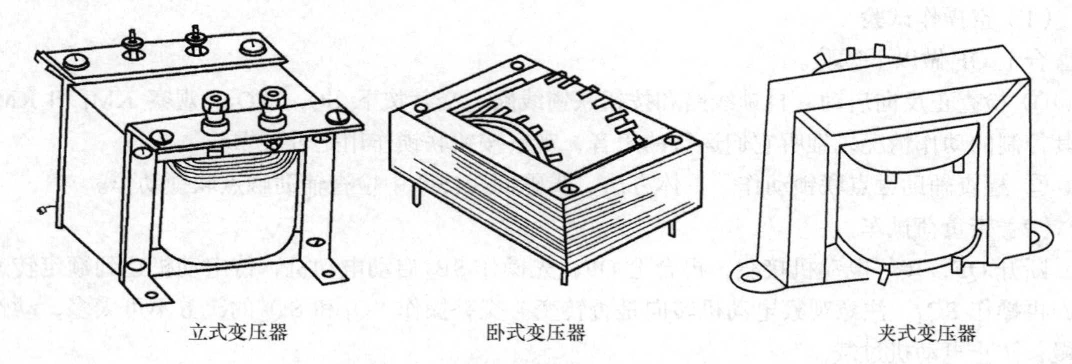

图 3-70　小型变压器常见的几种结构形式

3.18.1 实训目的

① 了解小型变压器的结构。

② 知悉小型变压器的简单设计及计算。

③ 熟悉小型变压器的绕制方法及绕制工艺要求。

3.18.2 实训原理

制作小型变压器的计算方法如下所述。

变压器输出容量 P_2，输出电流 I_2 的计算；变压器输入容量 P_1，输入电流 I_1 的计算；确定变压器铁芯截面积 S 及选择铁芯硅钢片尺寸；计算各绕组匝数 W；并计算各绕组线径及选择铜线线径，进而选择绕组用漆包线线径；选择绕组间绝缘材料，进而计算绕组总尺寸，核算铁芯窗口面积等。

1）变压器的副边绕组可能是多个绕组，每个绕组需供给负载的电压、电流分别为 U_2、I_2、U_3、I_3、U_4、I_4……；副边输出的总功率为

$$P_2=U_2I_2+U_3I_3+U_4I_4+\cdots$$

输入容量 P_1 与输入电流 I_1

$$P_2=P_1/\eta(\text{V·A})$$

η 为变压器效率（小于 1kVA，$\eta=0.8\sim0.9$）

$$I_1=(1.1\sim1.2)P_1/U_1$$

2）铁芯中柱截面积 S 的计算及硅钢片尺寸的选择。

① 小容量变压器铁芯中柱截面积 S 的计算可采用经验公式：

$$S=K_0\sqrt{P_2}\ (\text{cm}^2)$$

式中：

K_0 为经验系数。K_0 大小与 P_2 的关系可参考表 3-16。

表 3-16　　系数 K_0 参考值

P_2（V·A）	0～10	10～50	50～500	500～1000	1000 以上
K_0	2	2～1.75	1.5～1.4	1.4～1.2	1.2～1

根据计算的 S 值，并结合实际情况参考硅钢片尺寸规格表 3-18，选择确定铁芯宽度 a，再计算叠片厚 b 的大小，一般选择叠片厚 $b\leqslant 2a$。小型变压器铁芯硅钢片尺寸如图 3-71 所示。

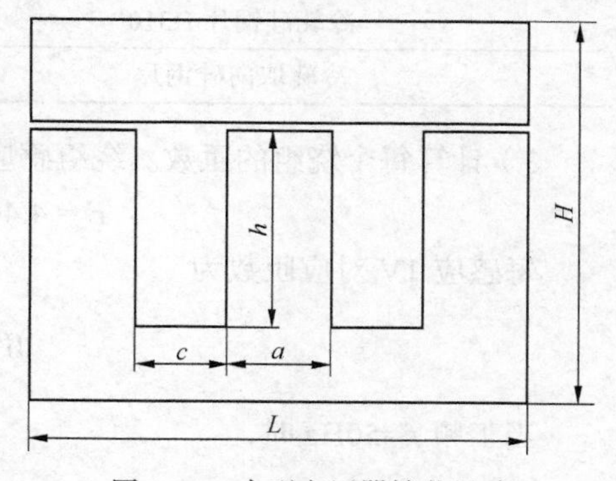

图 3-71　小型变压器铁芯尺寸

② 变压器铁芯尺寸选择。

由图 3-71 知中柱载面积

$$S=a\times b\quad(\text{cm}^2)$$

a 为铁芯中柱宽度（cm），b 为铁芯净叠片厚度（cm）。

考虑漆膜与硅钢片间隙的厚度，铁芯实际叠片厚

$$b' = b / k_0 = 1.1b(\text{cm})$$

k_0 为叠片系数，其取值参见表 3-17。

表 3-17　叠片系数 k_0 参考值

名　称	硅钢片厚度（mm）	绝缘情况	k_0
热轧硅钢片	0.5	两面涂漆	0.93
	0.35		0.91
冷轧硅钢片	0.35	两面涂漆	0.92
	0.35	不涂漆	0.95

常用硅钢片尺寸规格见表 3-18，各尺寸间关系为 c=0.5a，H=2.5a，h=1.5a，L=3a。

表 3-18　硅钢片尺寸规格

a（mm）	c（mm）	h（mm）	L（mm）	H（mm）
13	7.5	22	40	34
16	9	24	50	50
19	10.5	30	60	60
22	11	33	66	66
25	12.5	37.5	75	62.5
28	14	42	84	70
32	16	48	96	80
38	19	57	114	95

硅钢片材料的选取，小型变压器常用单片 0.35mm 厚的硅钢片作为铁芯材料。除 C 字形铁芯外，铁芯每平方厘米截面的磁通密度为 12～14kGS（按冷轧硅钢片计算，热轧硅钢片因损耗大已停止生产，其磁通密度为 8～12kGS）。C 字形铁芯一般采用取向冷轧硅钢片制成，取向硅钢片的磁路有方向性，顺向时磁阻小，并有较高的磁通密度，一般为 15～16kGS。重绕修理时，一般取磁通密度 B_M 下限值进行计算。硅钢片磁通密度 B_M 见表 3-19。

表 3-19　硅钢片磁通密度 B_M 取值范围

硅钢片种类与型号	磁通密度 B_M 选取值（GS）
热轧硅钢片 D41、D42	10000～12000
热轧硅钢片 D43	11000～12000
冷轧硅钢片 D310	12000～14000
冷轧取向硅钢片	15000～16000

3）计算每个绕组的匝数。绕组感应电势有效值 E

$$E = 4.44\,f\,WB_M S \times 10^{-8} \quad (\text{V})$$

每感应 1V 对应匝数为

$$W_0 = \frac{W}{E} = \frac{10^8}{4.44\,fSB_M}$$

当工频 f=50Hz 时，

$$W_0=\frac{W}{E}=\frac{4.5\times10^5}{SB_M}$$

每个绕组对应匝数为

一次绕组 $W_1=W_0\times U_1$，

二次绕组 $W_2=W_0\times U_2\times1.05$，$W_3=W_0\times U_3\times1.05$，……

注意：二次侧的绕组匝数应增加 5%（1.05 倍），补偿负载时线路中的电压降。

4）计算绕组导线直径 d。选取导线电流密度 j，电流密度一般 2～3A/mm²，短时工作制电流密度 4～5A/ mm²。

计算各绕组导线截面积：

$$S_t=\frac{I}{j}(\text{mm}^2)$$

由计算的截面积 S_t 查表 3-20 选择相近截面积的导线线径 d，或 Q 型漆包线带漆膜的线径 d'。

表 3-20 常用 Q 型漆包圆线规格

铜线直径（mm）	带漆膜直径（mm）	铜线截面（mm²）	铜线直径（mm）	带漆膜直径（mm）	铜线截面（mm²）	铜线直径（mm）	带漆膜直径（mm）	铜线截面（mm²）
0.05	—	0.00196	0.31	0.36	0.0755	0.83	0.92	0.541
0.06	0.09	0.00283	0.33	0.38	0.0855	0.86	0.95	0.581
0.07	0.10	0.00385	0.35	0.41	0.0962	0.90	0.99	0.636
0.08	0.11	0.00502	0.38	0.44	0.1134	0.93	1.02	0.679
0.09	0.12	0.00637	0.41	0.47	0.1320	0.96	1.05	0.724
0.10	0.13	0.00785	0.44	0.50	0.1521	1.00	1.11	0.785
0.11	0.14	0.00950	0.47	0.53	0.1735	1.04	1.15	0.849
0.12	0.15	0.01131	0.49	0.55	0.1886	1.08	1.19	0.916
0.13	0.16	0.01325	0.51	0.58	0.204	1.12	1.23	0.985
0.14	0.17	0.01537	0.53	0.60	0.211	1.16	1.27	1.057
0.15	0.19	0.01767	0.55	0.62	0.238	1.20	1.31	1.131
0.16	0.20	0.0201	0.57	0.64	0.255	1.25	1.36	1.227
0.17	0.21	0.0227	0.059	0.66	0.273	1.30	1.41	1.327
0.18	0.22	0.0255	0.62	0.069	0.302	1.35	1.46	1.431
0.19	0.23	0.0284	0.64	0.72	0.322	1.40	1.51	1.539
0.20	0.24	0.0314	0.67	0.75	0.353	1.45	1.56	1.651
0.21	0.25	0.0346	0.069	0.77	0.374	1.50	1.61	1.767
0.23	0.28	0.0415	0.72	0.80	0.407	1.56	1.67	1.911
0.25	0.30	0.0491	0.74	0.83	0.430	1.62	1.73	2.06
0.27	0.32	0.057	0.77	0.86	0.466	1.68	1.79	2.22
0.29	0.34	0.0661	0.80	0.89	0.503	1.74	1.85	2.38

注：“漆膜直径”是指 QQ 及 QZ 漆包线。其中 QQ 系列为 E 级绝缘、耐热 120℃；QZ 系列为 B 级绝缘、耐热 130℃；QZY 系列为 F 级绝缘、耐热 155℃等。

5）核算铁芯窗口面积。根据已知绕组匝数、线径、绝缘材料厚度等核算变压器绕组所需铁芯窗口面积。由图 3-71 知铁芯实际窗口的面积为（$h \times c$），如若窗口放不下绕组，则需重选导线规格，或者重选铁芯，核算方法如下。

① 根据选定的铁芯窗高 h 计算各绕组每层可绕的匝数 n_i：

$$n_i = \frac{0.9[h-(2\sim4)]}{d'}$$

式中：d' 为包括绝缘层漆膜的漆包线外径；0.9 为考虑绕组框架两端各约空出 5%位置不绕线；（2～4）为考虑绕组框架厚度留出的空间。

② 计算各绕组需绕的层数 m_i：

$$m_i = \frac{W_i}{n_i}$$

③ 计算层间绝缘及各个绕组的厚度，以变压器一次侧绕组为例，其层间绝缘的选用及绕组厚度的计算方法如下。在变压器铁芯柱外面套上由弹性纸或青壳纸做的绕组框架，包上两层电缆纸或黄蜡布，厚度为 B_0。在框架外面每绕一层导线后就得包上层间绝缘，其厚度为 δ。电工常用绝缘薄膜材料型号、规格及用途见表 3-21。对于较细的导线如 0.2mm 以下的导线，一般采用厚度为 0.02～0.04mm 的透明纸（白玻璃纸）；对于较粗的导线如 0.2mm 以上的导线，则采用厚度为 0.05～0.07mm 的电缆纸（或牛皮纸）；对再粗的导线则用厚度为 0.12mm 的青壳纸（或牛皮纸）。当整个一次侧绕组绕完后，还需在它的最外面裹上厚度为 γ 的绕组之间的绝缘纸，当电压不超过 500V 时，可用厚度为 0.12mm 的青壳纸或 2～3 层电缆纸夹 2 层黄蜡布等。因此一次侧绕组厚度为

$$B_1 = m_1(d' + \delta) + \gamma(\text{mm})$$

式中：d' 为漆包线的外径（mm）；δ 为绕组层间绝缘的厚度（mm）；γ 为绕组间绝缘的厚度（mm）。

同样可求出套在一次侧绕组外面的各个二次侧绕组厚度 B_2，B_3，B_4，……

所有绕组的总厚度 B 为

$$B=(B_0+B_1+B_2+\cdots)\times(1.1\sim1.2)\text{mm}$$

式中：B_0 为绕组框架的厚度（mm）；（1.1～1.2）为尺寸裕量系数。

显然如果计算得到的绕组厚度 B 小于铁芯窗口宽度 C 的话，这个设计是可行的。但是在设计时，经常遇到 $B>C$ 的情况。这时有两种方法，一是加大铁芯叠厚，增大铁芯柱截面积，以减小绕组匝数。但是一般叠厚 $b'=(1\sim2)a$ 比较合适，不能任意加厚。另一种办法就是重选硅钢片的尺寸，按原法计算直到合适为止。

例：要求利用热轧硅钢片 D41、E 字形铁芯设计变压器，其中：输入～220V、50Hz，负载为～36V 和～6V 双绕组；64W。选取电流密度：$j = 3\text{A/mm}^2$。

求：① 选取漆包线型号规格；

② 选择铁芯尺寸；

③ 计算变压器各绕组匝数；

④ 选用绝缘材料参数见表 3-21 和表 3-22；

⑤ 核算变压器铁芯窗口。

表 3-21　绝缘薄膜材料的型号、规格及用途

名　称	型　号	规格（mm）	耐热等级	击穿电压（有效值）kV	主要特点及用途
青壳纸		0.12	E	4.5	抗张强度好
黄腊布		0.14	B	5	
涤纶薄膜		0.04	H	8	
聚酯薄膜（玻璃纸）	6020	0.04，0.05 0.075，0.10	E～B 120～130℃	130	有高力学强度、弹性和介电性能，耐电晕性。适用于低压电机槽绝缘及相间绝缘或包扎绝缘
聚酰亚胺薄膜	6050	0.03～0.15	H 180℃	110	有良好的耐酸、耐溶剂、耐高温、耐寒、抗辐射、抗燃及介电性能。供牵引、船舶、航空耐高温电机的槽衬及绕组的包扎绝缘
芳香聚酰胺薄膜	—	0.4～0.5	F 155℃	88	有良好的耐高温、耐寒、耐辐射、耐腐蚀、抗氧化、抗燃和介电性能。供耐热、耐化学腐蚀及航空等特殊电机作槽衬及线圈绝缘
聚四氟乙烯薄	BBF-4-1	定向： 0.02～0.04	C ＞180℃	20	有良好的耐热、介电和耐电弧性能，耐潮、耐化学腐蚀
	BBF-4-2	定向：0.02～0.10 半定向：0.05～0.10 不定向：0.08～0.20	C ＞180℃	100 60 40	在浓酸、浓碱和强氧化剂中都不起作用，耐寒性好（在−170℃下仍保持柔性）。供特种电机作绝缘
	BBF-4-3	定向：0.02～0.10 半定向：0.05～0.10 不定向：0.08～0.20	C	60 40 30	
	BBF-4-4	不定向：0.03～0.5	C	20	

表 3-22　绝缘套管的型号、规格及用途

名称	型号	规　格		耐热等级	击穿电压（有效值）（kV）	特性及用途
		内径（mm）	壁厚（mm）			
醇酸玻璃漆管	2730	0.5～12	0.3～0.7	B	5	耐油、耐热比 2710 高，能防霉，但柔软性及弹性较差，用于电机导线连接时的保护和绝缘
有机硅玻璃漆管	2750	0.5～12	0.5～1.2	H	4	耐热高，防霉性好，耐油、耐腐蚀，作 H 级电机导线连接时的保护和绝缘用
聚氯乙烯玻璃漆管	2731	1,1.5,2,2.5 3～8	0.2 0.25～0.45	B	5	供工作温度为 130℃以上的交、直流电机线圈的引线、连接线作外套绝缘

解：① 输入 $P_1=P_2/\eta$　　η 为变压器效率（选取 $\eta=0.9$）

输入电流 $I_1=$（1.1～1.2）P_1/U_1　　电流损耗经验系数选取 1.1

$$I_1=(1.1)64/(0.9\times220)=0.356(\mathrm{A})$$

$$S_{t1}=I_1/j=0.356/3=0.118(\mathrm{mm}^2)$$

根据 S_{t1}（0.12）查表 3-20 选取线径相近的带漆膜 Q 型漆包线线径 d_1' = 0.44mm。

输出电流 $I_2=P_2/U_2=64/42=1.523$（A）

$$S_{t2}=I_2/j=1.523/3=0·508(\text{mm}^2)$$

根据 S_{t2}（0.508）查表 3-20 选取线径相近的带漆膜 Q 型漆包线线径 d_2' =0.89mm。

② 小容量单相变压器铁芯中柱截面积的计算可采用经验公式：

$$S = K_0\sqrt{P_2}$$

查表 3-16 适当选取 K_0 为 1.5

$$S=1.5\sqrt{64}=12(\text{cm}^2)$$

根据变压器铁芯中柱尺寸选取原则 $b\leqslant 2a$（一般 b=1～2a），查硅钢片尺寸规格表 3-18 可选取 a 为 32mm，h 为 48mm，C 为 16mm

$$b=S/a=12/3·2=3·75(\text{cm})$$

考虑漆膜与硅钢片间隙的厚度，铁芯实际叠厚 $b_s=1.1b=1.1(3.75)=4.125(\text{cm})$。

③ 因为题目给定的硅钢片的类型是热轧硅钢片 D41、D42，所以查表 3-19 可得磁通密度 B_M 为 10000～12000GS，选取 B_M=10000GS

$$W_0=450000/(B_M\times S)=450000/(10000\times 12)=3.75\text{（匝/V）}$$

每个绕组对应匝数

$$W_1=W_0\times U_1=3.75\times 220=825\text{（匝）}$$

$$W_2=W_0\times U_2\text{（1.05）}=3.75\times 36\times 1.05=142\text{（匝）}$$

$$W_3=W_0\times U_3\text{（1.05）}=3.75\times 6\times 1.05=24\text{（匝）}$$

④ 选择绝缘材料可查电工用绝缘材料表 3-21。

⑤ 根据绕组尺寸核算窗口面积。由表 3-18 知 h 为 48mm，求得各绕组每层匝数

$$n_1=\frac{0.9[h-(2\sim 4)]}{d_1'}=\frac{0.9[48-4]}{0.44}=90\text{（匝/层）}$$

$$n_2=\frac{0.9[h-(2\sim 4)]}{d_2'}=\frac{0.9[48-4]}{0.89}=45\text{（匝/层）}$$

各绕组需绕制的层数

$$m_1=\frac{W_1}{n_1}=\frac{825}{90}=917\approx 9\text{（层）}$$

$$m_2=\frac{W_2}{n_2}=\frac{142}{45}=3.16\approx 3\text{（层）}$$

$$m_3=\frac{W_3}{n_3}=\frac{24}{45}=0.53\approx 1\text{（层）}$$

其中绝缘衬垫选用如下（或从绝缘薄膜材料的型号、规格表 3-21 中选取）。

对地绝缘或各绕组间绝缘用青壳纸（厚 0.12mm）和黄蜡布（厚 0.14mm）各一层，厚度 γ 为 γ=0.12+0.14=0.26（mm）。

绕组层间绝缘：一次侧绕组较细，用黄蜡布一层，δ_1=0.14mm；二次侧绕组较粗，用白玻璃纸一层，$\delta_2=\delta_3$=0.04mm。

绕组框架用弹性纸厚 1mm，外包对地绝缘共厚 B_0=1.26mm，因此总的厚度 B 可由下式求得：

$B=(B_0+B_1+B_2+B_3)\times(1.1\sim1.2)$

$=\{B_0+[m_1(d_1'+\delta_1)+\gamma]+[m_2(d_2'+\delta_2)+\gamma]+m_3(d_3'+\delta_3)+\gamma\}\times1.1$

$=\{1.26+[9(0.44+0.14)+0.26]+[3(0.89+0.04)+0.26]+[1(0.89+0.04)+0.26]\}\times1.1$

$=14.94$(mm)

此厚度小于铁芯窗口宽度 C=16，方案可行。

3.18.3 实训仪器与元器件

50～100VA 旧变压器 1 台，绝缘材料：弹性纸或红钢纸（厚 1mm）、青壳纸、玻璃纸、聚氯乙烯玻璃漆管（内径 1mm），漆包线：$d_1'=0.41$，$d_2'=0.8$ 手摇绕线机 1 台，电工工具 1 套等。

3.18.4 实训内容与步骤

1. 小型单相变压器的绕制（重绕）方法

根据上面设计计算参数，进行小型单相变压器的绕制。如果是反修还要有铁芯的拆卸与绕组参数测定等前期工序。绕制分为选择导线和绝缘材料；木芯和框架的制作；线圈的绕线；绝缘处理；铁芯镶片；成品测试等工序。

2. 记录铁芯数据

①铁芯尺寸；②硅钢片厚度及片数；③铁芯叠压顺序和方法。

小型变压器通常采用 0.35mm 厚的硅钢片作铁芯，除 C 字形铁芯外，铁芯每平方厘米截面的磁通密度冷轧硅钢片为 12kGS，热轧硅钢片为 10kGS。C 字形铁芯一般采用单取向冷轧硅钢片制成，为 15kGS。

3. 变压器铁芯的拆卸方法与绕组参数测定

（1）拆 E 字形片

如图 3-72 所示，边用电工刀或一字螺丝刀拨开 E 形铁芯片边抽出一字形铁芯；再在变压器下方垫一木板，铁芯外边边缘伸出几片如图 3-73 所示；用螺丝刀或断锯条顶住中柱（边柱）硅钢片的舌端，再用小锤轻轻敲击，使舌片后推，待推出 3～4mm 后，即可用钢丝钳或台钳钳住中柱部位抽出 E 字形片如图 3-74 所示。当拆出 5～6 片后，即可用钢丝钳或手逐片抽出。

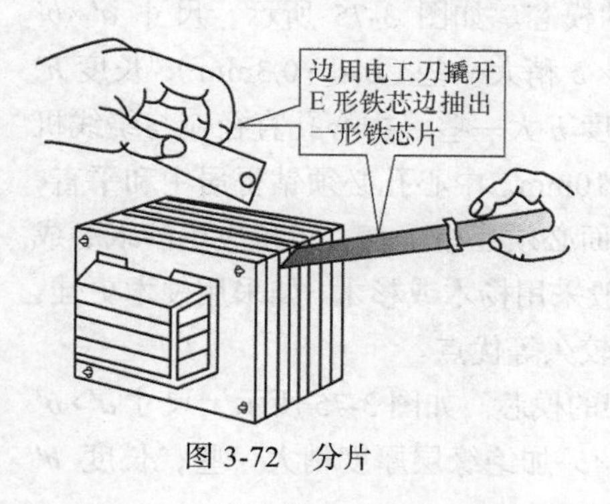

图 3-72 分片

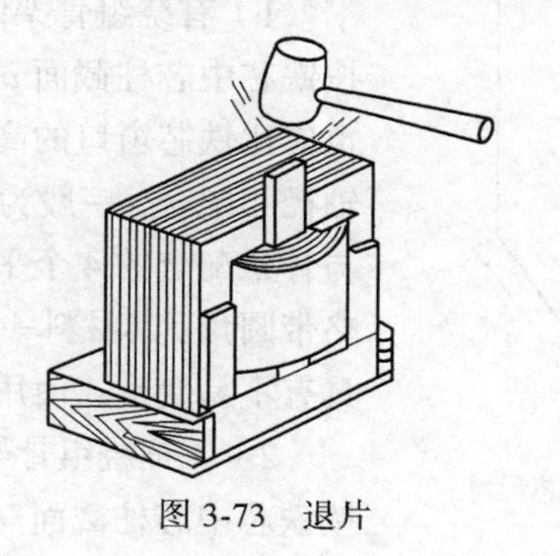

图 3-73 退片

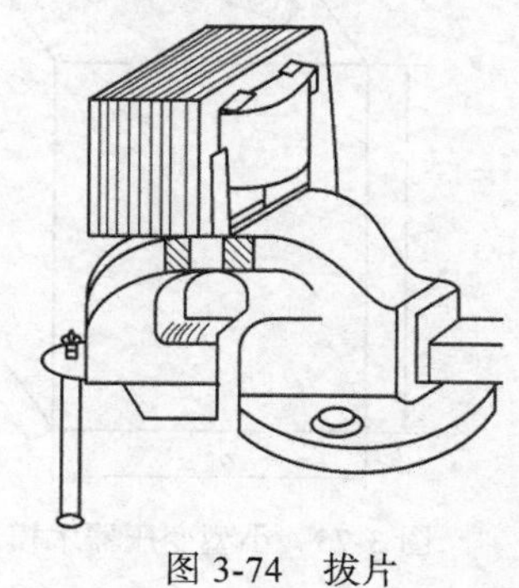

图 3-74 拔片

（2）F 字形硅钢片

① 用螺丝刀在两侧已插松的硅钢片接口处分阶段别顶开，使被顶硅钢片推出。

② 用钢丝钳钳住推出硅钢片的中柱部位，向外抽出硅钢片。当每侧拆出 5～6 片后，即可用钢丝钳或手逐片抽出。

（3）C 字形硅钢片

① 拆除夹紧箍后，把一端横头夹住在台钳上，用小锤左右轻敲另一端横头，使整个铁芯松动，注意保持骨架和铁芯接口平面的完好。

② 逐一抽出硅钢片。

（4）Π字形硅钢片

① 把一端横头夹紧在台钳上，用小锤左右轻敲另一端横头，使整个铁芯松动。

② 用钢丝钳钳住另一端横头，并向外抽拉硅钢片，即可拆卸。

拆卸铁芯注意事项如下。

① 有绕组骨架的铁芯，拆卸铁芯时应细心轻拆，以使骨架保持完整、良好，可供继续使用或作为重绕时的依据。

② 拆卸铁芯过程中，必须用螺丝刀插松每片硅钢片，以便于抽拉硅钢片。

③ 用钢丝钳抽拉硅钢片时，不能硬抽。若抽不动时，应先用螺丝刀插松硅钢片。对于稍紧难抽的硅钢片，可将其钳住后左右摆动几下，使硅钢片松动，就能方便地抽出。

④ 拆下的硅钢片应按只叠放，妥善保管，不可散失。如果少了几片，就会影响修理后变压器的质量。

⑤ 拆卸 C 字形铁芯时，严防跌碰，切不可损伤两半铁芯接口处的平面。否则，就会严重影响修理后变压器的质量。

4. 制作模芯及弹性纸骨架

在绕制变压器绕组前，应根据旧绕组和旧骨架的尺寸制作模芯和骨架。也可根据铁芯尺寸、绕组数据和绝缘结构设计和制作模芯和骨架。小型变压器一般都把导线直接绕制在绝缘骨架上，骨架成为绕组与铁芯之间的绝缘结构。为此，模芯及骨架的尺寸必须合适、正确，以保证绕组的原设计要求及绕组与铁芯的装配。

这里介绍模芯及骨架的计算、制作及其技术要求。模芯是用来套在绕线机转轴上支撑绕组骨架进行绕线，或不用骨架直接进行绕线的。

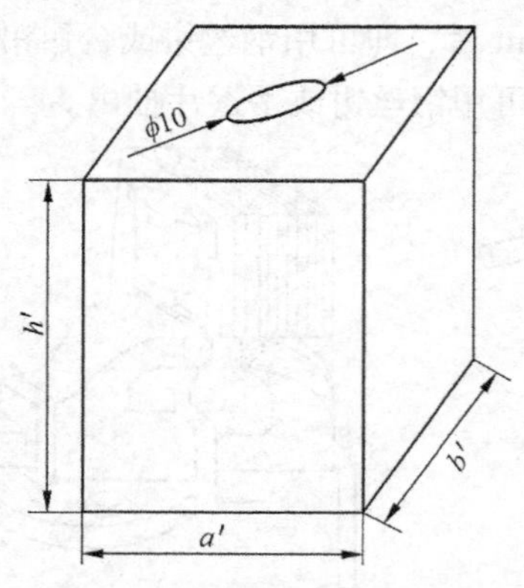

图 3-75　小型变压器木模芯尺寸

（1）模芯

1）有绕组骨架的模芯。如图 3-75 所示，尺寸 $a' \times b'$ 按铁芯中芯柱截面 $a \times b$ 稍大一些（0.2～0.3mm），长度 h' 也应比铁芯窗口的高度 h 大一些，中心孔直径应与绕线机轴径相配合，一般为 10mm。中心孔必须钻得居中和平直，与骨架配合的 4 个平面必须互相垂直，边角应用砂纸磨成略带圆角。其材料一般采用杨木或杉木，如采用硬木更佳，具有不易变形，使用较久等优点。

2）无框绕组骨架的模芯。如图 3-75 所示，尺寸 $a' \times b'$ 按铁芯中芯柱截面 $a \times b$ 加绝缘层厚度稍大一些，长度 h'

应比铁芯窗口的高度 h 稍大一些。中心孔、4 个平面和边角的要求与绕组骨架的模芯相同。其材料一般采用干爆硬木或铝合金，修理时采用干燥硬木为宜。

为了使绕制绕组后脱模方便，应在模芯长度 h' 的中间沿 45° 方向斜锯，使其成为对半的两块。

（2）骨架

骨架除起支撑绕组作用外，还起对地绝缘作用，要求具有一定的机械强度与绝缘强度。

小型变压器的骨架可分为无框骨架（图 3-77）和有框骨架（图 3-76）两种。容量小、电压低的小型变压器采用无框骨架，又叫绕线芯子；大多数小型变压器及电压较高的变压器都采用有框骨架。

框架可用红钢纸或弹性纸板制成，如经常修理时，也可采用塑料、酚醛压塑料、尼龙或其他绝缘材料压制而成。

1）活络框架的结构如图 3-76 所示，框架的两端用两块边框板支柱，四侧采用两种形状的夹板，拼合成一个完整的框架。框架的尺应考虑框架材料的厚度，t 为纸板的厚度。其中 h' 应比 h 稍小些，a' 应为实际窗口宽度，比 $a+2t$ 稍大一些，b' 应比实际叠片厚 $b+2t$ 稍大一些。要求框架尺寸与铁芯、绕组配合相符。木芯在骨架中能插入与抽出，硅钢片以刚好能插入为宜。

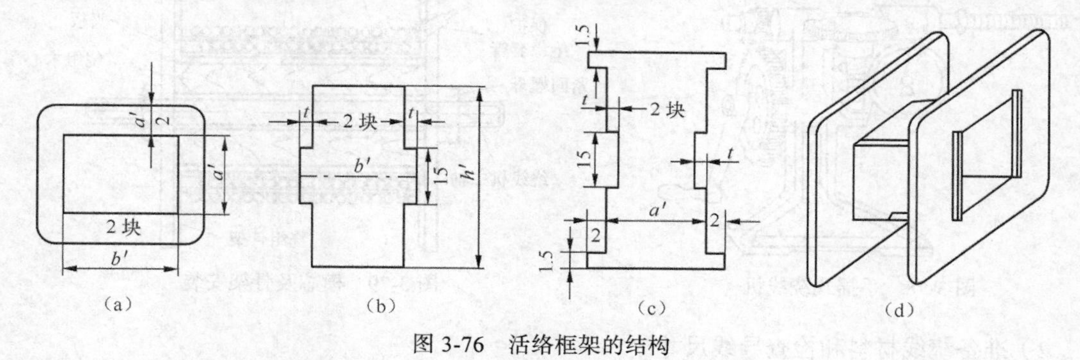

图 3-76　活络框架的结构

2）无框绕组骨架（也称简易骨架），用弹性纸在木芯上绕一圈多，如图 3-77 所示（或青壳纸绕 2～3 圈），用胶水粘牢，高度略低于铁芯窗口，骨架干燥后，木芯和铁芯能插入与抽出。

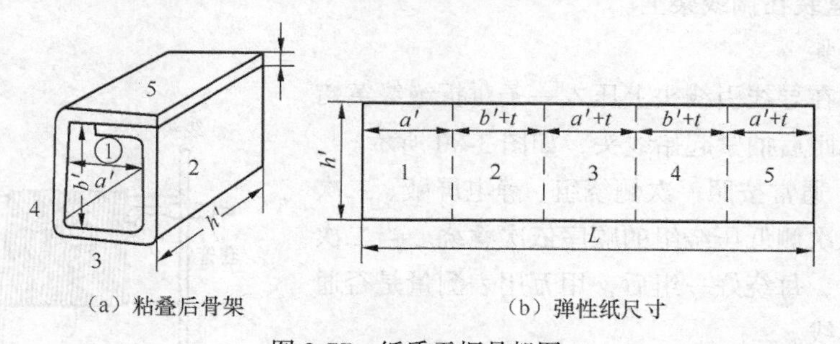

图 3-77　纸质无框骨架图

5. 选择导线和绝缘材料

根据计算选用相应规格和数量的漆包线。绝缘材料需考虑耐压、耐热要求和允许厚度，表 3-21 和表 3-22 列出了常用绝缘材料的型号、规格、性能和用途。层间绝缘厚度按两倍层间电压的绝缘强度选用。对于 1000V 以内、要求不高的变压器也有用电压峰值，即 1.414 倍层间电压为选用标准的。层间绝缘一般采用电话纸、电缆纸、电容器纸、涤纶薄膜等，要求较高的则采用聚酯薄膜、聚四氟乙烯薄膜或玻璃漆布。绕组对铁芯绝缘及绕组间绝缘一般采用绝缘纸板、玻璃漆布等。对铁芯绝缘及绕组间绝缘，按对地电压的两倍来选用。

6. 绕制绕组

绕组绕制的工艺是决定变压器质量的关键。小型变压器绕组的绕制，一般在手摇绕线机如图 3-78 所示或自动排线机上进行，要求配有计数器，以便正确地绕制计数与抽头。绕组的绕制质量要求是：导线尺寸符合要求；绕组尺寸与匝数正确；导线排列整齐、紧密和绝缘良好。

（1）准备工作

1）检查模芯及骨架尺寸，并将其安装在绕线机主轴上如图 3-79 所示：1 为绕线机主轴，2 为紧固螺母，3 为保护绝缘套管，4 为漆包线，5 为层间绝缘，6 为夹板，7 为绕组木芯，8 为绕线骨架。

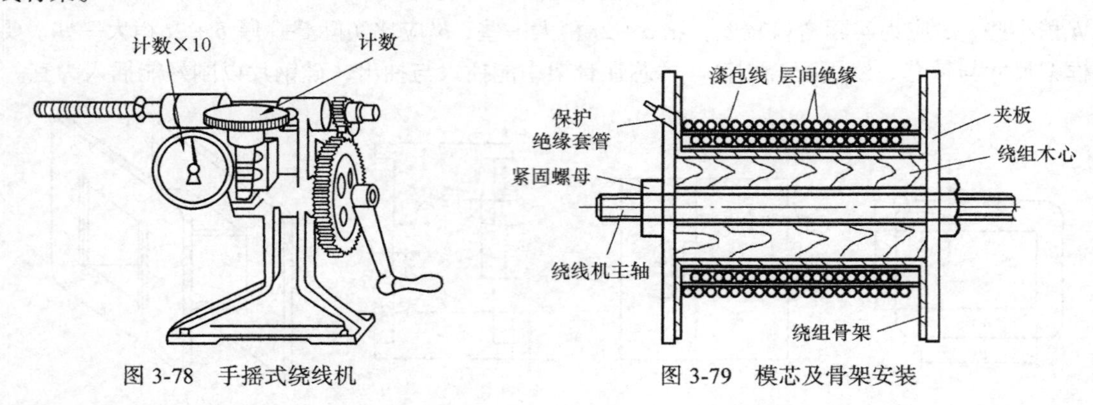

图 3-78　手摇式绕线机　　图 3-79　模芯及骨架安装

2）准备绕线材料和检查导线尺寸。

3）在骨架上垫好绝缘。

4）校对绕线机计数器，并调至零位。

5）将导线盘装在搁线架上。

（2）绕制步骤

1）起绕时，在导线引线头上压入一条对折绝缘黄蜡带折条，待绕几匝后抽紧起始线头，如图 3-80 所示。

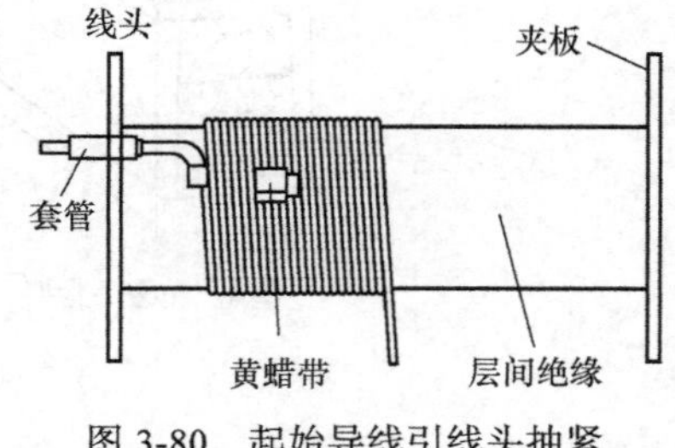

图 3-80　起始导线引线头抽紧

2）绕线时，通常按照一次侧绕组、静电屏蔽、二次侧高压绕组、二次侧低压绕组的顺序依次叠绕。当二次侧绕组数较多时，每绕好一组后，用万用表测量是否通路，检查有否断线。

3）每绕完一层导线，应安放一层层间绝缘。根据变压器绕组要求，做好中间抽头。导线自左向右排列整齐、紧密，不得有交叉或叠线现象，待绕到规定匝数为止。

4）当绕组绕至近末端时，先垫入固定出线用的绝缘带折条，待绕至末端时，把线头穿入折条内，然后抽紧末端线头，如图 3-81 所示：9 为层间绝缘，10 为黄蜡布条，11 为骨架，12 为套管，13 为引出线，14 为夹板。

5）拆下模芯，取出绕组，包扎绝缘，并用胶水或绝缘胶粘牢。

（3）绕制工艺要点

1）绕组的引出线。当线径等于或大于 0.35mm 时，绕组的引出可利用原线绞合后套以绝缘套管。当线径小于 0.35mm 时，应另用多股软线或紫铜皮剪成的焊片作引出线，与导线焊接后套以绝缘套管或用绝缘材料包扎。引出线头从骨架端而预先打好的孔中穿出，以备连接外电路。

绕组线头和引出线的连接采用锡焊，其两侧应垫以绝缘材料，以保证线头连接处绝缘可靠。绕线时用后一层的导线将引出线压紧，当绕至最后一层时，可事先将引出线放好，把最后一层导线绕在上面。

2）绕线的方法。导线起绕点不可过于靠近无框骨架边沿，应留出一定空间，以免绕线时导线滑出，并防止插硅钢片时碰伤导线绝缘；若用有框架，导线要靠紧边框板，不必留出空间。

绕线时，一手摇动绕线机，另一手把握导线并左右移动。应使导线的移动速度与绕线机的转速相适应，并使导线稍微拉向绕线前进的相反方向约 5°，如图 3-82 所示。拉力的大小视导线粗细而定，务必使导线排齐、排紧。

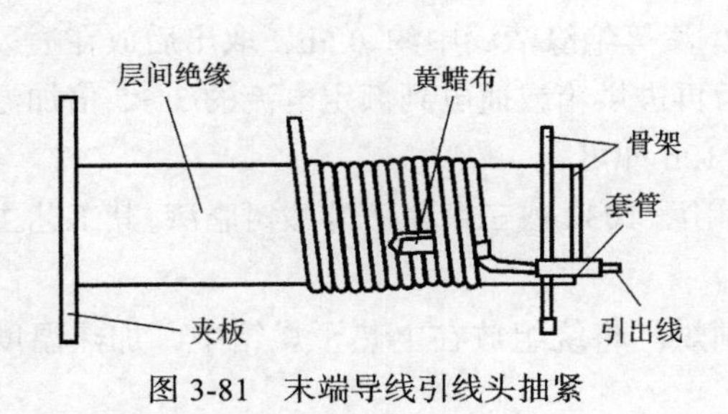

图 3-81　末端导线引线头抽紧

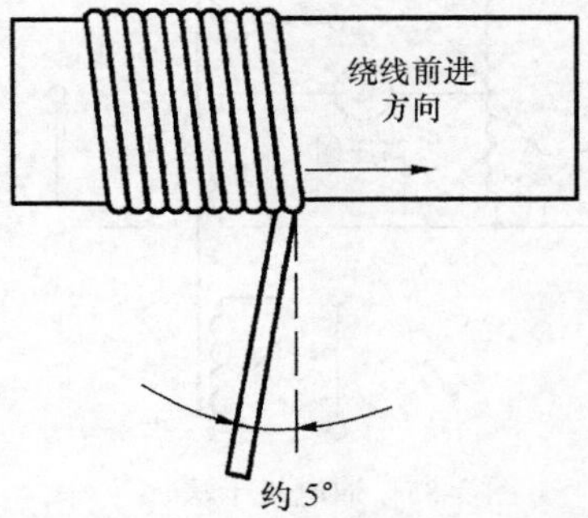

绕线前进方向

约 5°

图 3-82　绕线方法

3）层间绝缘的安放。安放层间绝缘时，必须从骨架所对应的铁芯舌宽面开始安放，如绕组层数较多，还应在两个舌宽面分别均匀安放，这样可以控制绕组厚度，少占铁芯窗口位置。层间绝缘的宽度应稍长于骨架或模芯的长度，而长度应稍大于骨架或模芯的周长，要求放平、放正和拉紧，两边正好与骨架端面内侧对齐，再围绕绕组。

4）静电屏蔽层的安放方法。电子设备的电源变压器在一、二次侧绕组之间，置有一层金属材料的静电屏蔽层，以减弱外来电磁场对电路的干扰。

静电屏蔽层的材料为紫铜皮，其宽度应略窄于骨架宽度，长度应略小于绕组一周。屏蔽层上下的绝缘，要求有足够的耐压强度。屏蔽层的两侧均不可贴住骨架框板，两端口处应无毛刺，既要互相叉叠（形成封闭的屏蔽层），又不可直接触及，以免形成短路致使过热烧毁。屏蔽层的接地引出线必须置于绕组的另一侧，不可与绕组的引出线混在一起。

静电屏蔽层也可采用较粗的导线排绕一层，一端开路、一端接地，同样能屏蔽外界电磁场的作用。

5）绕组的抽头。绕组的抽头分中间抽头和中心抽头两种。当变压器有两个或两个以上有电气连接的绕组时，需制作中间抽头。中间抽头的制作方法有3种。

① 在绕组抽头处焊上引出线，作为抽头。

② 在绕组抽头处将导线拖长，两股绞在一起作为引出线。

③ 在绕组抽头处将两根导线平行对折作引出线。由于导线弹性较大，弯头处不易靠近，需另加一根玻璃丝带将其固定。此不适用于较粗导线的绕组，以免导线绞在一起致使中间隆起，影响绕线和绕组的平整。

整流电源变压器和输入、输出变压器绕组的中间抽头应将绕组分成完全对称的两部分，即为中心抽头。若用单股导线绕制，由于其内外层长度不一而引起传输失真，故应采用双股并绕，绕完后将一个绕组的头和另一个绕组的尾并接，再做出中心抽头线即可。

6）绕组的质量检查。绕组绕制完成后，应进行下列项目检查。

① 匝数检查：可用匝数试验器检查其匝数，或用电桥测量其直流电阻。

② 尺寸检查：测量绕组各部分的尺寸，要求与设计相符，并保证铁芯装配。

③ 外观检查：检查绕组引出线有无断线或脱焊，绝缘是否良好及有无机械损伤等。

7）绝缘处理。为了提高线圈的防潮能力和增加绝缘强度，线圈绕好后，一般均应做绝缘处理。处理的方法是将绕好的线圈放在电烘箱内加温（或给绕组通电到额定电流的3～5倍加温。注意其他绕组必须短路，接线如图3-83所示）到70℃～80℃，预热3～5h，取出后立即浸入1260漆等绝缘清漆中约0.5h，取出后放在通风处滴干，然后再进烘箱或通电到额定电流的3～5倍加温到80℃，烘12h即可。

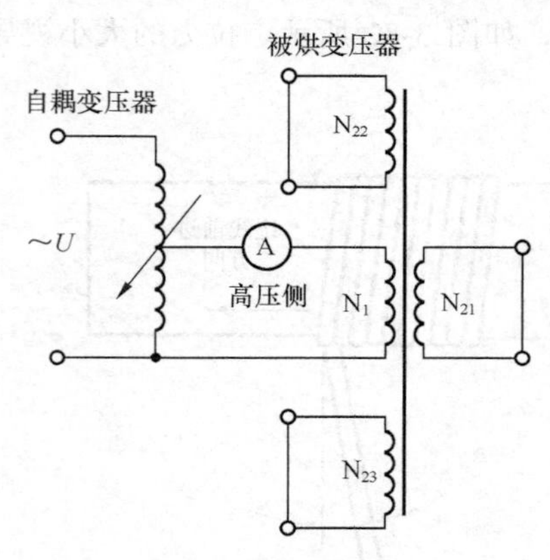

图3-83 通电烘干法

若采用浸1032或三聚氰胺醇酸树脂漆，其工艺主要工序如下。

① 预烘。将绕组放在电热干燥箱中，加热温度为110℃左右，3～4h。

② 浸漆。将预烘干燥的绕组取出，放入1032三聚氰胺醇酸树脂漆中沉浸约半小时，一直浸到不冒气泡为止，然后取出绕组滴干余漆。

③ 烘干。将滴干余漆的绕组放在电热干燥箱中，加热温度为120℃左右，加热时间8～10h，待（绕组与铁芯）绝缘电阻稳定合格后，即为烘干。

小型变压器绕组的绝缘处理也可采用电流干燥法烘干。即在绕组绕制过程中，每绕一层，就涂刷一层较薄的1032三聚氰胺醇酸树脂漆，然后垫上绝缘，继续绕下一层，绕组绕完后通电烘干。通电烘干的方法接线如图3-83所示，用一台适当容量的白耦变压器经交流电流表与欲烘干的变压器的高压绕组串联，而低压绕组短路，请注意变压器绕组中不可插硅钢片。逐渐增大自耦变压器的输出电压，使电流达到高压绕组额定电流的2～3倍，绕组通电干燥约需12h。由于电流干燥法工艺不易掌握，质量较难保证，故一般很少采用。

7. 铁芯装配

小型变压器的铁芯装配，即铁芯镶片，是将规定数量的硅钢片与绕组装配成完整的变压器。铁芯装配的要求是紧密、整齐，铁心截面应符合设计要求，以免磁通密度过大致使运行时硅钢片发热并产生振动与噪声。

（1）准备工作

① 检查硅钢片型号和厚度，要求基本符合设计要求。

② 检查硅钢片形状和尺寸，要求符合设计要求。

③ 检查硅钢片平整度和毛刺，去除毛刺及剔除不平整的硅钢片。

④ 检查硅钢片表面绝缘和锈蚀，如表面有锈蚀或绝缘不良，则应清除锈蚀及重新涂刷绝缘漆。

⑤ 检查绕组和准备装配用零件及工具。

（2）铁芯装配步骤

① 在绕组两边，两片两片地交叉对插，插到较紧时，则一片一片地交叉对插。

② 当绕组中插满硅钢片时，余下大约 1/6 比较难插的紧片，用螺丝刀撬开硅钢片夹缝插入。

③ 镶插条形片（横条），按铁芯剩余空隙厚度叠好插进去。

④ 镶片完毕后，将变压器放在平板上，两头用木锤敲打平整，然后用螺钉或夹板固定紧铁芯，并将引出线焊到焊片上或连接在接线柱上。

（3）铁芯装配工艺要点

① 硅钢片含硅量的检查。硅钢片含硅量过高，容易碎裂，影响机械性能，含硅量过低，则铁芯导磁性能受到影响，且变压器的损耗将会增大。检查硅钢片的型号，即检查硅钢片的含硅量，可用弯折的方法进行估计。

硅钢片含硅量的检查方法：用钳子夹住硅钢片的一角，将其弯成直角时即能折断，含硅量为 4%以上；弯成直角后又恢复到原状才折断的，含硅量接近 4%；反复弯 3～4 次才能折断的，含硅量约 3%。

② 铁芯的插片。应从绕组骨架的两侧交替插片。镶插紧片时，可用木锤轻轻地敲入。在镶插条形片时，不可直向插片，以免擦伤绕组。当骨架稍小或绕组体积稍大时，切不可强行将硅钢片插入，以免损伤骨架或绕组。可将铁芯中芯柱或两个边柱锤紧些，或将绕组套在木芯上用木板夹住两侧，在台虎钳上缓慢地将其稍许压扁一些再进行插片。

③ 抢片与错位的处理。插片时的抢片现象，即两边插片时一层的硅钢片交叉插在另一层的位置上，如继续对硅钢片进行敲打，则必然损坏硅钢片。因此，一旦发现抢片应立即停止敲打，将抢片的硅钢片取出，整理平直后重新插片。否则，这侧硅钢片敲不进去，另一侧的条形片也插不进去。

插片时的错位现象，即硅钢片的位置错开。在安放铁芯时，由于硅钢片的舌片没有和绕组骨架的空腔对准，发生硅钢片的位置错开，这时舌片抵在骨架上，敲打时往往给操作者铁芯已插紧的错觉，如强行将这块硅钢片敲进去，必然损坏骨架或割断导线。为此，如遇硅钢片不易敲入时，应仔细检查原因，待采用相应措施后再进行插片。

镶片完毕后，应把变压器放在平板上，两头用木锤敲打平整，对 E 字形硅钢片的对接口间不能留有空隙。最后，用螺钉或夹板固定紧铁芯，并参照如图 3-84 所示把引出线焊到焊片上或连接在接线柱上。

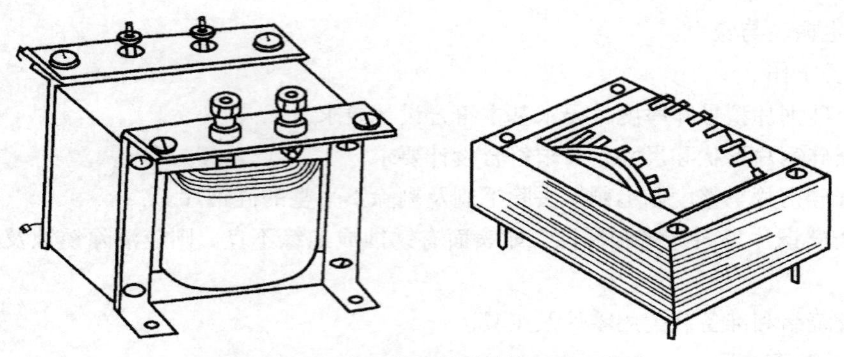

图 3-84　小型变压器的外形结构及引出线图

8. 成品测试

（1）外观质量检验

① 绕组绝缘是否良好、可靠。

② 引出线的焊接是否可靠、标志是否正确。

③ 铁芯是否整齐、紧密。

④ 铁芯的固紧是否均匀、可靠。

（2）绕组的通断检查

一般可用万用表和电桥检查各绕组的通断及直流电阻。当变压器绕组的直流电阻较小时，尤其是导线较粗的绕组，用万用表很难测出是否有短路故障，必须用电桥检测。如没有电桥时，也可用简易方法判断：在变压器一次侧绕组中串入一只灯泡，其电压和功率可根据电源电压和变压器容量确定，若变压器容量在 100VA，灯泡可用 25～40W。二次侧绕组开路，接通电源，若灯泡微红或不亮，说明变压器无短路；若灯泡很亮，则表明一次侧绕组有短路故障，应拆开绕组检查短路点。

（3）基本参数测试

① 绝缘电阻测试。用兆欧表测各绕组间和它们对铁芯（地）的绝缘电阻，对于 400V 以下的变压器，其值应不低于 90MΩ（万用表）。

② 空载电压测试。当一次电压加到额定值时，二次侧各绕组的空载电压允许误差为：二次高压绕组误差$\Delta U_1 \leqslant \pm 5\%$；二次低压绕组误差$\Delta U_2 \leqslant \pm 5\%$；中心抽头电压误差$\Delta U \leqslant \pm 2\%$。

③ 空载电流测试。当一次侧输入额定电压时，其空载电流为 5%～8%的额定电流值。

9. 小型变压器常见故障分析及检修处理

（1）引出线端头断裂

如果一次回路有电压而无电流，一般是一次线圈的端头断裂；若一次回路有较小的电流而二次回路既无电流也无电压，一般是二次线圈端头断裂。通常是由于线头折弯次数过多，或线头遇到猛拉，或焊接处霉断（焊剂残留过多），或引出线过细等原因造成的。

处理：如果断裂线头处在线圈的最外层，可掀开绝缘层，挑出线圈上的断头，焊上新的引出线，包好绝缘层即可；若断裂线端头处在线圈内层，一般无法修复，需要拆开重绕。

（2）线圈的匝间短路

如果短路发生在线圈的最外层，可掀去绝缘层后，在短路处局部加热（指对浸过漆的线圈，可用电吹风加热），待漆膜软化后，用薄竹片轻轻挑起绝缘已破坏的导线，若线芯没损伤，可插入绝缘纸，裹住后撳平；若线芯已损伤，应剪断，去除已短路的一匝或多匝导线，两端焊接后垫妥绝缘纸，撳平。用以上两种方法修复后均应涂上绝缘漆，吹干，再包上外层绝缘。如果故障发生在无骨架线圈两边沿口的上下层之间，一般也可按上述方法修复。若故障发生在线圈内部，一般无法修理，需拆开重绕。

（3）线圈对铁芯短路

存在这一故障，铁芯就会带电，这种故障在有骨架的线圈上较少出现，但在线圈的最外层会出现这一故障；对于无骨架的线圈，这种故障多数发生在线圈两边的沿口处，但在线圈最内层的四角处也较常出现，在最外层也会出现。通常是由于线圈外形尺寸过大而铁芯窗口容纳不下，或因绝缘裹垫得不佳或遭到剧烈跌碰等原因造成的。修理方法可参照匝间短路的有关内容。

（4）铁芯噪声过大

噪声有电磁噪声和机械噪声两种。电磁噪声通常是由于设计时铁芯磁通密度选用得过高，或变压器过载，或存在漏电故障等原因造成的；机械噪声通常是由于铁芯没有压紧，在运行时硅钢片发生机械振动造成的。如果是电磁噪声，属于设计原因的，可换用质量较佳的同规格硅钢片；属于其他原因的应减轻负载或排除漏电故障。如果是机械噪声，应压紧铁芯。

（5）线圈漏电

这一故障的基本特征是铁芯带电和线圈温升增高，通常是由于线圈受潮或绝缘老化所引起的。若是受潮，只要烘干后故障即可排除；若是绝缘老化，严重的一般较难排除，轻度的可拆去外层包缠的绝缘层，烘干后重新浸漆。

（6）线圈过热

通常是由于过载或漏电所引起的，或因设计不佳所致。若是局部过热，则是由于匝间短路所造成的。

（7）铁芯过热

通常是由于过载、设计不佳、硅钢片质量不佳或重新装配硅钢片时少插入片数等原因造成的。

（8）输出侧电压下降

通常是由于一次侧输入的电源电压不足（未达到额定值）、二次绕组存在匝间短路、对铁芯短路或漏电或过载等原因造成的。

3.18.5 实训报告

① 变压器的绕制工序有哪几步？

② 常用小型变压器一、二次绕组有直接联系吗？

③ 在变压器的绕制过程中遇到哪些问题，是如何解决的？

3.19 水位控制电路

3.19.1 实训目的

① 了解水位控制电路的工作原理。

② 正确连接和调试水位的控制电路。

3.19.2 实训原理

水位控制原理图如图 3-85 所示。该图由主电路与控制电路两部分构成。主电路的功能是提供动力；控制电路主要功能是控制主电路水泵电动机 M 的启动与停止。当水位达到高水位 A 点时，水泵电动机 M 停止运转；当水位下降到低水位 B 点以下时，水泵电动机 M 启动运转。水位控制动作过程如下。

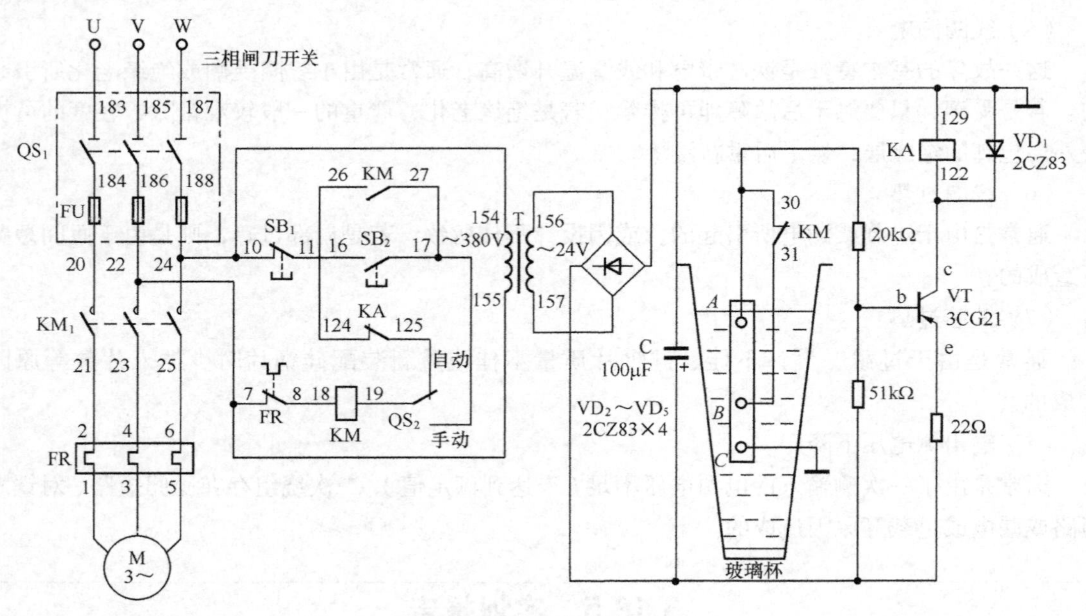

图 3-85 水位控制原理图

先将选择开关 QS_2 拨在“自动”的位置，控制水泵电动机的接触器受直流继电器的控制。合上三相开关，接触器动作，水泵电动机 M 启动运转，向水箱中注水，同时 KM（30—31）断开，当水位上升到 A 点水位时，直流电压通过电阻 22Ω 与 51kΩ 向晶体管 VT 的 e，b 极提供正向偏置电压，使晶体管 VT 导通，直流继电器 KA 通电吸合，其动断触点 KA（124—125）断开，接触器 KM 失电，水泵电动机 M 停止运转，停止向水箱中注水。当水位下降到 A 点以下 B

点以上时，晶体管 VT 的基极通过 20kΩ电阻、接触器动断触点 KM（30—31）及 B 点通过水与 C 点相通而接地，VT 仍导通，因此直流继电器 KA 继续通电吸合，水泵电动机 M 不启动。当水位继续下降到 B 点以下时，晶体管 VT 因基极开路而截止，直流继电器 KA 断电而释放，KA（124—125）恢复闭合，交流接触器 KM 通电，水泵电动机 M 重新启动，向水箱注水，一直到 A 点水位，水泵电动机 M 才停止运转，重复上述的过程。可以将水位控制在 A 与 B 点之间，达到了自动控制水位的目的。若将选择开关 QS_2 拨在“手动”位置时，可通过按钮 SB_2 来控制水泵电动机 M 的启动与停止。

3.19.3 实训仪器与元器件

三相交流异步电动机（水泵电机 JW6314）1 台，交流接触器（CJ10-10）1 只，继电器（JTX-2c）1 只，热继电器（JB16B-20/3）1 只，控制变压器（TK-50）1 台，单刀双掷开关 1 个，按钮（双联）1 个，晶体管（3CG21）1 只，二极管（2CZ83）5 只，电容器（100μF/50V）1 个，电阻（20kΩ，51kΩ，22kΩ）3 个，电烙铁（20kW）1 个，玻璃杯 1 个，方木板 1 个，铆钉板 1 个，接线端子 50 挡 1 组。

3.19.4 实训内容与步骤

读懂图 3-85 所示的水位控制电路原理图，按图 3-85 接线后调试。操作步骤如下。

① 将低压电器按照图 3-85 所示的实训接线图的对应位置固定在方木板上。

② 在方木板上把低压电器的标号 1，2，……对应地接到接线端子排 XT 的内层。

③ 将电子元器件晶体管 VT、二极管 VD_1～VD_5、电阻、电容器焊接在多用板上。

④ 根据水位控制原理图上的编号，在方木板与多用板上对号连接，接在接线端子排 XT 的外层，一个编号也不能遗漏。例如：10—24—154 连在一起，7—22—155 连在一起。

⑤ 全部连接好后，先自我检查，再经老师检查确认接线正确，把接线板 A、B、C 放在盛满水的玻璃杯内，调节选择开关 QS_2 在自动位置，再合上三相开关 QS_1，接通三相电源，观察水泵电动机 M 运转规律。自动调节水中 A、B 点的位置，达到水位自动控制的目的。

3.19.5 实训报告

1. 画出实训电路原理图和电器布置接线图。
2. 电路中有强弱电要注意哪些？为什么？
3. 实训中发现哪些问题及不正常现象？说明是怎样解决的。

参考文献

[1] 熊幸明，等. 电工电子技能训练. 第2版，北京：电子工业出版社，2013.

[2] 张咏梅，陈凌霄. 电子测量与电子电路实验. 北京：北京邮电大学出版社，2000.

[3] 鲁宇宁，等. 电路与电子技术实验指导. 武汉：华中科技大学出版社，2005.

[4] 廖先芸. 电子技术实践与训练. 北京：高等教育出版社，2000.

[5] 邱关源. 电路（第5版）. 北京：高等教育出版社，2005.

[6] 刘琴芳. 电工与电子技术实验. 北京：高等教育出版社，1994.

[7] 付家才. 电机工程实训技术. 北京：化学工业出版社，2003.

[8] 黄忠琴. 电工电子实验实训教程. 苏州：苏州大学出版社，2005.

[9] 李雅轩. 电工电子实验与实训. 北京：中国电力出版社，2007.